普通高等教育仪器类"十三五"规划教材

计算机仿真技术

主　编　付　华　屠乃威　徐耀松

副主编　桂　珺　刘春喜　刘健辰

电子工业出版社
Publishing House of Electronics Industry
北京·BEIJING

内 容 简 介

本书介绍基于 MATLAB 的计算机仿真，全书共分 11 章。第 1 章概述计算机仿真技术和 MATLAB 仿真软件，第 2 章介绍 MATLAB 程序设计的基础知识，第 3 章介绍数组和矩阵的操作，第 4 章介绍 MATLAB 函数，第 5 章重点介绍二维和三维图的绘制方法，第 6 章介绍自定义函数的实现方法，第 7 章重点介绍 MATLAB 下的微分方程求解、数值积分与微分、数据分析及多项式运算，第 8 章重点介绍 Simulink 下控制系统的模型建立与仿真方法，第 9 章重点介绍线性控制系统的模型建立方法，第 10 章重点介绍电力电子系统的模型建立与仿真方法，第 11 章重点介绍电力系统的模型建立与仿真方法。另外，本书给出大量的计算机仿真实例，同时在每章章末编有一定数量的习题，主要用以检验、理解基本概念和熟练分析方法。

本书可作为高校自动化、电气工程和测控技术等专业本科学生的教材，也可供研究生及相关科技人员学习参考。

未经许可，不得以任何方式复制或抄袭本书之部分或全部内容。
版权所有，侵权必究。

图书在版编目（CIP）数据

计算机仿真技术/付华，屠乃威，徐耀松主编. —北京：电子工业出版社，2017.6
普通高等教育仪器类"十三五"规划教材
ISBN 978-7-121-31602-9

Ⅰ. ①计… Ⅱ. ①付… ②屠… ③徐… Ⅲ. ①计算机仿真－高等学校－教材 Ⅳ. ①TP391.9

中国版本图书馆 CIP 数据核字（2017）第 118980 号

策划编辑：赵玉山
责任编辑：刘真平
印　　刷：北京七彩京通数码快印有限公司
装　　订：北京七彩京通数码快印有限公司
出版发行：电子工业出版社
　　　　　北京市海淀区万寿路 173 信箱　邮编　100036
开　　本：787×1 092　1/16　印张：19　字数：486.4 千字
版　　次：2017 年 6 月第 1 版
印　　次：2022 年 7 月第 2 次印刷
定　　价：45.00 元

凡所购买电子工业出版社图书有缺损问题，请向购买书店调换。若书店售缺，请与本社发行部联系，联系及邮购电话：（010）88254888，88258888。
质量投诉请发邮件至 zlts@phei.com.cn，盗版侵权举报请发邮件至 dbqq@phei.com.cn。
本书咨询联系方式：zhaoys@phei.com.cn。

普通高等教育仪器类"十三五"规划教材

编委会

主　任：丁天怀（清华大学）

委　员：陈祥光（北京理工大学）

　　　　王　祁（哈尔滨工业大学）

　　　　王建林（北京化工大学）

　　　　曾周末（天津大学）

　　　　余晓芬（合肥工业大学）

　　　　侯培国（燕山大学）

前　　言

　　计算机仿真技术已经成为现代科学研究和工程中的一个重要环节，本书结合目前教学和工程实际，基于计算机仿真的重要工具——MATLAB，详细地介绍了利用 MATLAB 软件进行计算机仿真的原理、方法与应用，并对其在电气、控制系统仿真中的相关应用进行了介绍。

　　本书共分 11 章。第 1 章介绍计算机仿真技术的作用、MATLAB 软件的功能及应用。第 2 章介绍 MATLAB 软件的基础知识，包括软件中常用的数据类型、运算符、字符串处理函数及程序控制方法。第 3 章介绍 MATLAB 中数组和矩阵操作的方法。第 4 章介绍 MATLAB 中常用的函数，包括内置函数、初等数学函数、三角函数、数据分析函数、随机数操作函数、复数操作函数、极限计算函数等。第 5 章介绍 MATLAB 中绘图功能的实现，包括常用数学函数、常用的绘图命令，并给出绘图实例。第 6 章介绍自定义函数的方法，以及 MATLAB 中图形用户界面的功能及设计工具的使用方法。第 7 章介绍 MATLAB 中输入与输出控制方法的实现，包括多项式的运算、数据分析方法、数值积分和微分方法、一般非线性方程组的数值求解方法及微分方程求解。第 8 章介绍基于 Simulink 的控制系统仿真方法，包括 Simulink 模块库、模块处理、仿真设置、自定义功能模块和 S 函数设计，并给出仿真实例。第 9 章介绍控制系统数学模型的建立方法，包括控制系统微分方程描述、控制系统数学模型及函数表示、控制系统结构图模型建立和模型间转换。第 10 章介绍在 MATLAB 中进行电力电子系统仿真的方法，包括常用的电力电子模块及电力电子变流系统仿真方法。第 11 章介绍电力系统仿真方法，包括仿真模型、潮流计算、电力系统短路故障分析实例。

　　本书循序渐进地介绍了 MATLAB 软件的使用方法，并针对系统建模、控制系统仿真、电力电子、电力系统中常用的仿真方法进行了介绍。内容上注重与工程实践的联系，每部分内容结合案例分析。同时采用二维码技术，对相关知识点及程序内容进行扩充，可以通过扫描二维码，学习对相关知识点的更多辅助介绍。

　　本书由付华、屠乃威、徐耀松主编。其中，1.1 节由付华执笔，1.2～1.6 节由魏林执笔，第 2～5 章由桂珺执笔，第 6、7 章由徐耀松执笔，第 8、9 章由屠乃威执笔，第 10 章由刘健辰执笔，第 11 章由刘春喜执笔。本书的写作思路由付华教授提出，全书由付华、屠乃威和徐耀松统稿。此外，参编人员还有李猛、任仁、陶艳风、代巍、汤月、司南楠、陈东、谢鸿、郭玉雯、于田、梁漪、曹坦坦、李海霞、刘雨竹、张松、杨磊、张珂、何超、于海天、夏雨升、谭满旭、董冠硕等。在此，向对本书的完成给予热情帮助的同行们表示感谢。

　　由于作者水平有限，加上时间仓促，书中难免有错误和不妥之处，敬请读者批评指正。

编　者
2017 年 2 月

目　　录

第1章　计算机仿真技术及 MATLAB 简介 ……………………………………………………（1）
　　1.1　计算机仿真技术 ………………………………………………………………………（1）
　　1.2　MATLAB 功能简介 ……………………………………………………………………（2）
　　1.3　MATLAB 在工业工程中的应用 ………………………………………………………（3）
　　1.4　工程和科学问题的求解 ………………………………………………………………（4）
　　1.5　MATLAB 环境介绍 ……………………………………………………………………（4）
　　　　1.5.1　MATLAB 的启动和退出 ………………………………………………………（4）
　　　　1.5.2　MATLAB 主菜单及功能 ………………………………………………………（4）
　　1.6　帮助功能 ………………………………………………………………………………（6）
　　　　1.6.1　在线帮助桌面系统 ……………………………………………………………（6）
　　　　1.6.2　命令查询系统 …………………………………………………………………（8）
　　　　1.6.3　联机演示系统 …………………………………………………………………（10）
　　习题 …………………………………………………………………………………………（12）

第2章　MATLAB 基础知识 ………………………………………………………………（13）
　　2.1　数据类型 ………………………………………………………………………………（13）
　　　　2.1.1　数值类型 ………………………………………………………………………（13）
　　　　2.1.2　逻辑类型 ………………………………………………………………………（20）
　　　　2.1.3　字符和字符串 …………………………………………………………………（22）
　　　　2.1.4　函数句柄 ………………………………………………………………………（23）
　　　　2.1.5　结构体类型 ……………………………………………………………………（24）
　　　　2.1.6　单元数组类型（cell）…………………………………………………………（25）
　　2.2　运算符 …………………………………………………………………………………（27）
　　　　2.2.1　算术运算符 ……………………………………………………………………（27）
　　　　2.2.2　关系运算符 ……………………………………………………………………（28）
　　　　2.2.3　逻辑运算符 ……………………………………………………………………（30）
　　　　2.2.4　运算优先级 ……………………………………………………………………（30）
　　2.3　字符串处理函数 ………………………………………………………………………（31）
　　　　2.3.1　字符串的构造 …………………………………………………………………（31）
　　　　2.3.2　字符串比较函数 ………………………………………………………………（33）
　　　　2.3.3　字符串查找和替换函数 ………………………………………………………（34）
　　　　2.3.4　字符串与数值转换 ……………………………………………………………（35）
　　2.4　程序控制 ………………………………………………………………………………（36）
　　　　2.4.1　关系运算符和逻辑运算符 ……………………………………………………（36）
　　　　2.4.2　流程图和伪码 …………………………………………………………………（37）
　　　　2.4.3　顺序结构 ………………………………………………………………………（38）

        2.4.4 选择结构 …………………………………………………………………… (38)
        2.4.5 循环结构 …………………………………………………………………… (41)
    习题 ………………………………………………………………………………………… (44)
第3章 数组和矩阵操作 …………………………………………………………………… (46)
    3.1 创建数值数组 ……………………………………………………………………… (46)
        3.1.1 一维数组的创建方法 ………………………………………………………… (46)
        3.1.2 二维数组的创建方法 ………………………………………………………… (48)
        3.1.3 三维数组的创建方法 ………………………………………………………… (48)
    3.2 操作数值数组 ……………………………………………………………………… (50)
        3.2.1 选取低维数组的对角元素 …………………………………………………… (50)
        3.2.2 低维数组的形式转换 ………………………………………………………… (51)
        3.2.3 选取三角矩阵 ………………………………………………………………… (52)
        3.2.4 高维数组的对称交换 ………………………………………………………… (52)
        3.2.5 高维数组的降维操作 ………………………………………………………… (53)
    3.3 矩阵操作 …………………………………………………………………………… (54)
        3.3.1 创建矩阵 ……………………………………………………………………… (54)
        3.3.2 改变矩阵大小 ………………………………………………………………… (58)
        3.3.3 矩阵元素的运算 ……………………………………………………………… (61)
        3.3.4 矩阵运算 ……………………………………………………………………… (62)
        3.3.5 矩阵分析 ……………………………………………………………………… (66)
    习题 ………………………………………………………………………………………… (71)
第4章 MATLAB 中的函数 ………………………………………………………………… (73)
    4.1 内置函数的使用 …………………………………………………………………… (73)
    4.2 初等数学函数 ……………………………………………………………………… (74)
    4.3 三角函数 …………………………………………………………………………… (75)
    4.4 数据分析函数 ……………………………………………………………………… (76)
    4.5 随机数 ……………………………………………………………………………… (77)
        4.5.1 基本随机数 …………………………………………………………………… (77)
        4.5.2 连续型分布随机数 …………………………………………………………… (77)
    4.6 复数 ………………………………………………………………………………… (80)
    4.7 计算的极限 ………………………………………………………………………… (81)
    4.8 特殊值和辅助功能 ………………………………………………………………… (82)
    习题 ………………………………………………………………………………………… (82)
第5章 绘图 ………………………………………………………………………………… (83)
    5.1 概要 ………………………………………………………………………………… (83)
    5.2 常用数学函数 ……………………………………………………………………… (83)
        5.2.1 基本数学函数 ………………………………………………………………… (83)
        5.2.2 三角函数与反三角函数 ……………………………………………………… (85)
    5.3 绘图命令 …………………………………………………………………………… (89)
        5.3.1 绘图命令要览 ………………………………………………………………… (89)
        5.3.2 绘图命令用法说明 …………………………………………………………… (90)

5.4 绘制实例集锦 …………………………………………………………………… （92）
习题 ………………………………………………………………………………… （101）

第6章　自定义函数 …………………………………………………………………… （102）
6.1 MATLAB 的图形用户界面简介 ………………………………………………… （102）
6.2 图形用户界面设计工具 GUIDE ………………………………………………… （103）
　　6.2.1 图形用户界面的开发环境 ……………………………………………… （103）
　　6.2.2 位置调整工具（Alignment Tool） ……………………………………… （106）
　　6.2.3 对象属性查看器（Property Inspector） ………………………………… （108）
　　6.2.4 菜单编辑器（Menu Editor） …………………………………………… （113）
　　6.2.5 对象浏览器（Object Browser） ………………………………………… （116）
　　6.2.6 对象生成 GUI 程序的设置 ……………………………………………… （116）
6.3 对话框 ……………………………………………………………………………… （117）
　　6.3.1 提问对话框（Questdlg） ………………………………………………… （117）
　　6.3.2 输入对话框（Inputdlg） ………………………………………………… （118）
　　6.3.3 列表对话框（Listdlg） …………………………………………………… （119）
　　6.3.4 其他对话框 ……………………………………………………………… （122）
习题 ………………………………………………………………………………… （123）

第7章　输入/输出控制 ………………………………………………………………… （124）
7.1 多项式的运算 ……………………………………………………………………… （124）
　　7.1.1 多项式的表达和生成 …………………………………………………… （124）
　　7.1.2 多项式的乘除 …………………………………………………………… （125）
　　7.1.3 多项式的求导 …………………………………………………………… （126）
　　7.1.4 多项式的求根 …………………………………………………………… （127）
7.2 数据分析 …………………………………………………………………………… （128）
　　7.2.1 极值、均值、标准差和中位值的计算 ………………………………… （128）
　　7.2.2 曲线的拟合 ……………………………………………………………… （130）
　　7.2.3 协方差阵和相关阵 ……………………………………………………… （131）
　　7.2.4 统计频数直方图 ………………………………………………………… （133）
7.3 数值积分和微分 …………………………………………………………………… （134）
　　7.3.1 微分和积分的物理意义及数字表达 …………………………………… （134）
　　7.3.2 函数数值微分 …………………………………………………………… （135）
　　7.3.3 数值微分 ………………………………………………………………… （138）
7.4 一般非线性方程组的数值解 ……………………………………………………… （139）
7.5 微分方程求解 ……………………………………………………………………… （141）
　　7.5.1 微分方程的意义 ………………………………………………………… （141）
　　7.5.2 一阶常微分方程求解 …………………………………………………… （141）
　　7.5.3 二阶常微分方程求解 …………………………………………………… （143）
习题 ………………………………………………………………………………… （144）

第8章　MATLAB/Simulink 下的控制系统仿真 …………………………………… （145）
8.1 MATLAB 适合控制系统仿真的特点 …………………………………………… （145）
8.2 Simulink 仿真概述 ………………………………………………………………… （146）

8.2.1　Simulink 的启动与退出……………………………………………………（146）
　　　8.2.2　Simulink 建模仿真……………………………………………………………（147）
　8.3　Simulink 模块库简介……………………………………………………………………（148）
　　　8.3.1　Simulink 模块库分类…………………………………………………………（148）
　　　8.3.2　控制系统仿真中常用的模块…………………………………………………（154）
　8.4　Simulink 功能模块的处理…………………………………………………………………（156）
　　　8.4.1　Simulink 模块参数设置………………………………………………………（156）
　　　8.4.2　Simulink 模块的基本操作……………………………………………………（157）
　　　8.4.3　Simulink 模块间的连线处理…………………………………………………（158）
　8.5　Simulink 仿真设置…………………………………………………………………………（159）
　　　8.5.1　仿真器参数设置…………………………………………………………………（159）
　　　8.5.2　工作空间数据导入/导出设置…………………………………………………（160）
　8.6　Simulink 仿真举例…………………………………………………………………………（161）
　8.7　Simulink 自定义功能模块…………………………………………………………………（163）
　　　8.7.1　自定义功能模块的创建…………………………………………………………（163）
　　　8.7.2　自定义功能模块的封装…………………………………………………………（165）
　8.8　S 函数设计与应用…………………………………………………………………………（169）
　　　8.8.1　S 函数简介………………………………………………………………………（169）
　　　8.8.2　S 函数设计模板…………………………………………………………………（170）
　　　8.8.3　S 函数设计举例…………………………………………………………………（172）
　习题……………………………………………………………………………………………………（174）

第9章　控制系统数学模型……………………………………………………………………（176）

　9.1　引言…………………………………………………………………………………………（176）
　9.2　动态过程微分方程描述……………………………………………………………………（176）
　9.3　拉斯变换与控制系统模型…………………………………………………………………（177）
　9.4　数学模型描述………………………………………………………………………………（179）
　　　9.4.1　传递函数模型……………………………………………………………………（179）
　　　9.4.2　零极点形式的数学模型…………………………………………………………（179）
　　　9.4.3　状态空间模型……………………………………………………………………（179）
　9.5　MATLAB/Simulink 在模型中的应用……………………………………………………（180）
　　　9.5.1　多项式处理相关的函数…………………………………………………………（180）
　　　9.5.2　建立传递函数相关的函数………………………………………………………（182）
　　　9.5.3　建立零极点形式的数学模型相关函数…………………………………………（184）
　　　9.5.4　建立状态空间模型相关函数……………………………………………………（185）
　　　9.5.5　Simulink 中的控制系统模型表示………………………………………………（186）
　　　9.5.6　系统模型间的转换与连接………………………………………………………（188）
　　　9.5.7　应用实例…………………………………………………………………………（190）
　习题……………………………………………………………………………………………………（191）

第10章　电力电子系统仿真……………………………………………………………………（192）

　10.1　电力电子模块………………………………………………………………………………（192）
　　　10.1.1　电力电子开关模块………………………………………………………………（194）

  10.1.2 通用桥模块 ·· (201)
  10.1.3 PWM 脉冲发生器模块（Li354）·· (204)
 10.2 电力电子变流系统仿真 ·· (206)
  10.2.1 AC-DC 系统仿真 ··· (206)
  10.2.2 DC/DC 系统仿真 ··· (225)
  10.2.3 DC/AC 系统仿真 ··· (235)
  10.2.4 AC/AC 系统仿真 ··· (248)
 习题 ··· (261)

第 11 章 电力系统仿真 ·· (266)

 11.1 电力系统元件仿真模型介绍 ··· (266)
  11.1.1 同步发电机仿真模型 ··· (267)
  11.1.2 变压器仿真模型 ·· (270)
  11.1.3 输电线路模型 ·· (270)
  11.1.4 负荷模型 ··· (271)
  11.1.5 电力图形用户分析界面模块 ·· (274)
 11.2 潮流计算的应用实例 ·· (276)
 11.3 电力系统短路故障分析的应用实例 ·· (280)
  11.3.1 无穷大电源供电系统三相短路仿真 ····································· (281)
  11.3.2 同步发电机突然短路的暂态过程仿真 ································· (285)
 习题 ··· (289)

参考文献 ·· (291)

第 1 章

计算机仿真技术及 MATLAB 简介

本章知识点：
- 计算机仿真技术的概念
- MATLAB 的功能及应用
- MATLAB 的操作环境

基本要求：
- 掌握计算机仿真技术的基本原理
- 掌握 MATLAB 软件的功能
- 熟悉 MATLAB 的软件操作环境

计算机仿真技术简介 1

能力培养目标：
通过本章的学习，掌握计算机仿真的基本概念及 MATLAB 软件的功能，熟悉软件操作环境。

1.1 计算机仿真技术

计算机仿真技术简介 2

计算机仿真技术是一门崭新的综合性信息技术，它通过专用软件整合图像、声音、动画等，将三维的现实环境、物体模拟成多维表现形式的计算机仿真，再由数字媒介作为载体传播给人们。

计算机仿真已成为系统仿真的一个重要分支，系统仿真很大程度上指的就是计算机仿真。计算机仿真技术的发展与控制工程、系统工程及计算机工程的发展有着密切的联系。一方面，控制工程、系统工程的发展，促进了仿真技术的广泛应用；另一方面，计算机的出现以及计算机技术的发展，又为仿真技术的发展提供了强大的支撑。计算机仿真一直作为一种必不可少的工具，在减少损失、节约经费开支、缩短开发周期、提高产品质量等方面发挥着重要的作用。

对于需要研究的对象，计算机一般是不能直接认知和处理的，这就要求为之建立一个既能反映所研究对象的实质，又易于被计算机处理的数学模型。关于研究对象、数学模型和计算机之间的关系，可以用图 1-1 来表示。

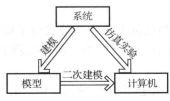

图 1-1 计算机仿真技术原理图

数学模型将研究对象的实质抽象出来，计算机再来处理这些经过抽象的数学模型，并通过输出这些模型的相关数据来展现研究对象的某些特质，当然，这种展现可以是三维立体的。由于三维显示更加清晰直观，已为越来越多的研究者所采用。通过对这些输出量的分析，就可以更加清楚地认识研究对象。通过这个关系还可以看出，数学建模的精准程度是决定计算机仿真精度的最关键因素。从模型这个角度出发，可以将计算机仿真的实现分为三个大的步骤：模型的建立、模型的转换和模型的仿真实验。

（1）模型的建立

对于所研究的对象或问题，首先需要根据仿真所要达到的目的抽象出一个确定的系统，并且要给出这个系统的边界条件和约束条件。在此之后，需要利用各种相关学科的知识，把所抽象出来的系统用数学表达式描述出来，描述的内容就是所谓的"数学模型"。这个模型是进行计算机仿真的核心。系统的数学模型根据时间关系，可划分为静态模型、连续时间动态模型、离散时间动态模型和混合时间动态模型；根据系统的状态描述和变化方式，可划分为连续变量系统模型和离散事件系统模型。

（2）模型的转换

所谓模型的转换，即是对上一步抽象出来的数学表达式通过各种适当的算法和计算机语言转换成为计算机能够处理的形式，这种形式所表现的内容，就是所谓的"仿真模型"。这个模型是进行计算机仿真的关键。

（3）模型的仿真实验

将上一步得到的仿真模型载入计算机，按照预先设置的实验方案来运行仿真模型，得到一系列的仿真结果，这就是所谓的"模型的仿真实验"。具备了上面的条件之后，仿真实验是一个很容易的事情。但是，应该如何来评价这个仿真的结果呢？这就需要来分析仿真实验的可靠性。而 MATLAB 仿真软件的强大使各种科学实验得以实现。

1.2　MATLAB 功能简介

MATLAB 发展过程

MATLAB 是美国 MathWorks 公司出品的商业数学软件，是用于算法开发、数据可视化、数据分析以及数值计算的高级技术计算语言和交互式环境，主要包括 MATLAB 和 Simulink 两大部分。它将数值分析、矩阵计算、科学数据可视化，以及非线性动态系统的建模和仿真等诸多强大功能集成在一个易于使用的视窗环境中，代表了当今国际科学计算软件的先进水平。

MATLAB 和 Mathematica、Maple 并称为三大数学软件。它在数学类科技应用软件中在数值计算方面首屈一指。MATLAB 可以进行矩阵运算、绘制函数和数据、实现算法、创建用户界面、连接其他编程语言的程序等，主要应用于工程计算、控制设计、信号处理与通信、图像处理、信号检测、金融建模设计与分析等领域。MATLAB 具有以下六个特点：

（1）编程效率高

用 MATLAB 编写程序犹如在演算纸上排列出公式与求解问题，MATLAB 语言也可通俗地称为演算纸式的科学算法语言。由于它编写简单，所以编程效率高，易学易懂。

（2）用户使用方便

MATLAB 语言把编辑、编译、连接和执行融为一体，其调试程序手段丰富，调试速度快，需要的学习时间少。它能在同一画面上进行灵活操作，快速排除输入程序中的书写错误、语法错误以至语意错误，从而加快用户编写、修改和调试程序的速度。

（3）扩充能力强

高版本的 MATLAB 语言有丰富的库函数，在进行复杂的数学运算时可以直接调用，而且 MATLAB 的库函数同用户文件在形成上一样，所以用户文件也可作为 MATLAB 的库函数来调用。因而，用户可以根据自己的需要方便地建立和扩充新的库函数，以便提高 MATLAB 的使用效率和扩充它的功能。

MATLAB 编程播放音乐

（4）语句简单、内涵丰富

MATLAB 语言中最基本、最重要的成分是函数，其一般形式为(a,b,c…)=fun(d,e,f…)，即一个函数由函数名、输入变量 d,e,f…和输出变量 a,b,c…组成，同一函数名 F，不同数目的输入变量（包括无输入变量）及不同数目的输出变量，代表着不同的含义。这不仅使 MATLAB 的库函数功能更丰富，而且大大减少了需要的磁盘空间，使得 MATLAB 编写的 M 文件简单、短小而高效。

（5）高效方便的矩阵和数组运算

MATLAB 语言像 BASIC、FORTRAN 和 C 语言一样规定了矩阵的一系列运算符，它不需定义数组的维数，并给出矩阵函数、特殊矩阵专门的库函数，使之在求解诸如信号处理、建模、系统识别、控制、优化等领域的问题时，显得大为简捷、高效、方便，这是其他高级语言所不能比拟的。

（6）方便的绘图功能

MATLAB 的绘图是十分方便的，它有一系列绘图函数（命令），使用时只需调用不同的绘图函数（命令），在图上标出图题、XY 轴标注、网格绘制也只需调用相应的命令，简单易行。另外，在调用绘图函数时调整自变量可绘出不变颜色的点、线、复线或多重线。

MATLAB 画图

1.3　MATLAB 在工业工程中的应用

MATLAB 主要功能有四种：①数值计算和符号计算功能，它是以矩阵作为数据操作的基本单元的；②绘图功能；③编程语言；④MATLAB 工具箱，它是控制系统首选的，被大量应用于工业工程当中。包括 MATLAB 优化工具箱在钢结构截面优化中的应用、MATLAB 在声音信号采集与小波降噪中的应用、在 Visual C++中不依赖 MATLAB 环境调用其函数的方法、VB 调用 MATLAB 的方法及其在故障诊断中的应用、MATLAB 在 RBF 神经网络模型中的应用、基于 MATLAB 的 RBF 神经网络在建筑物沉降预测中的应用、应用 MATLAB 优化工具箱处理附线性不等式约束的最小二乘平差问题、基于 MATLAB 的 BP 神经网络在大气环境质量评价中的应用、MATLAB 在平面机构运动解析法分析中的应用、基于 OPC 和 MATLAB 的模糊 PID 在 DCS 中的应用、可靠度指标优化计算法在岩土工程可靠度研究中的应用等，MATLAB 可以在很多工业工程应用新技术的过程中起到重要作用。

MATLAB 在工业
工程中的应用

MATLAB 在陀螺仪
仿真中的应用

三足机器人

MATLAB 仿真-3D
运动轨迹

1.4 工程和科学问题的求解

工程和科学问题的求解　　牛顿环

MATLAB 科学计算环境具有强大的计算绘图能力，提供大量的函数库、工具箱，几乎涵盖了所有的工程计算领域，被誉为"演算纸"式的工程计算工具。MATLAB 集成了几乎所有的科学研究和工程计算要用的算法，非常便于进行科学计算，而且默认的数据结构是双精度数组，能实现高精度的科学计算；MATLAB 将高性能的数值计算和可视化集成在一起，并提供大量的内置函数及开放的程序和数据接口，因而广泛地应用于科学计算、控制系统与信息处理等领域的分析、仿真和设计工作；MATLAB 包含各种能够进行常规运算的工具箱，如常用的矩阵代数运算、数组运算、方程求根、优化计算，以及函数求导积分符号运算，同时还提供了编程计算的编程特性，通过编程解决一些复杂的工程问题。在 MATLAB 中可以绘制二维、三维图形，使输出结果可视化。这些强大的功能为科学计算带来了方便。MATLAB 语言是一种解释执行的脚本语言，简单易学，使用 MATLAB 软件进行科学计算，能够极大地加快科研人员进行研究开发的进度，减少在编写程序和开发算法方面所消耗的时间和经费支出，从而获得最大的效能。

1.5 MATLAB 环境介绍

MATLAB 的有趣程序图案

MATLAB 为用户提供了全新的桌面操作环境，了解并熟悉这些桌面操作环境是使用 MATLAB 的基础，下面介绍 MATLAB 的启动、主要功能菜单、命令窗口、工作空间、文件管理和帮助管理等。

1.5.1 MATLAB 的启动和退出

以 Windows 操作系统为例，进入 Windows 后，选择"开始"→"所有程序"→"Matlab R2013a"，便可进入如图 1-2 所示的 MATLAB 主窗口。如果安装时选择在桌面生成快捷图标，也可以双击快捷图标直接启动。

退出 MATLAB 系统的方式：用鼠标单击窗口右上角的关闭图标。

1.5.2 MATLAB 主菜单及功能

（1）New Script

新建脚本文件，用来建立 MATLAB 调用函数，简化主程序复杂度以及便于对程序的修改。

（2）New

单击 New 主菜单项，弹出如图 1-3 所示的 New 下拉菜单。想要建立什么模型双击即可，其中有脚本文件、函数、例子、类、系统、GUI、Simulink 等，如图 1-3 所示。

（3）OPEN

打开一个 MATLAB 文件。

（4）Import Data

用于从其他文件导入数据，单击后弹出对话框，选择导入文件的路径和位置，如图 1-4 所示。

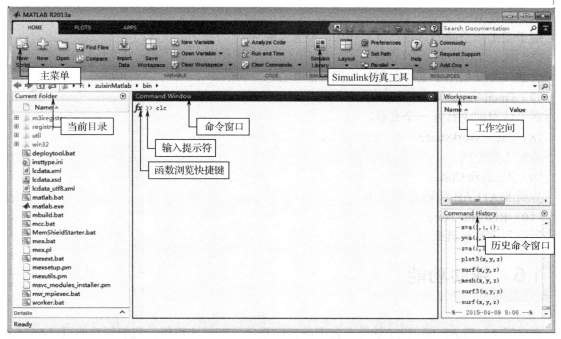

图 1-2　MATLAB 主窗口

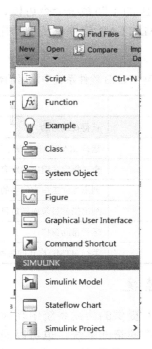

图 1-3　下拉菜单

图 1-4　导入数据

（5）Save Workspace

用于把工作空间的数据存放到相应的路径文件中。

（6）New Variable

新建一个变量用于工作空间的数据存放和修改。

（7）Open Variable

在工作空间中打开一个变量。

（8）Clear Workspace

清空工作空间。

（9）Analyze Code

分析 MATLAB 代码。

（10）Run and Time

运行程序和设置断点。

1.6 帮助功能

在学习 MATLAB 编程时，软件中自带的帮助系统可以很快地帮助我们解决问题。MATLAB 为用户提供了很多种帮助信息，如 MATLAB 在线帮助、MATLAB 帮助窗口、MATLAB 中自带的 PDF 文件等。学习使用 MATLAB 的帮助系统命令可以让读者在学习 MATLAB 编程时事半功倍，从而极大地提高学习效率。MATLAB 软件系统中常用的帮助命令如表 1-1 所示。下面将详细介绍 MATLAB 的帮助系统。

表 1-1 MATLAB 软件系统中常用的帮助命令

帮 助 命 令	功 能 说 明
help	获得在线帮助
demo	运行 MATLAB 的演示程序
lookfor	查看指定关键字的所有相关指令
who	列出当前工作空间中的变量
what	列出当前目录或指定目录下的 M\MAT 和 MEX 文件
helpwin	运行帮助窗口
helpdesk	运行 HTML 格式的帮助面板 helpdesk

1.6.1 在线帮助桌面系统

在线帮助桌面系统是 MATLAB 提供的帮助系统中功能最强、查找范围最广的帮助系统，可以访问 MATLAB 软件系统中自带的帮助系统，也可以通过互联网访问网络上的大量资源。打开 MATLAB 界面，选择 Desktophelp 命令或在命令窗口中输入 DOC 命令，即可打开在线帮助桌面。查询时只需要在 Help Navigator 窗口中输入关键字，然后按 Enter 键即可快速查询有关关键词的帮助信息。例如，需要查询差分函数 diff，则在图 1-5 中输入 diff 后，按 Enter 键即可得到图 1-6 中有关 diff 的所有信息。

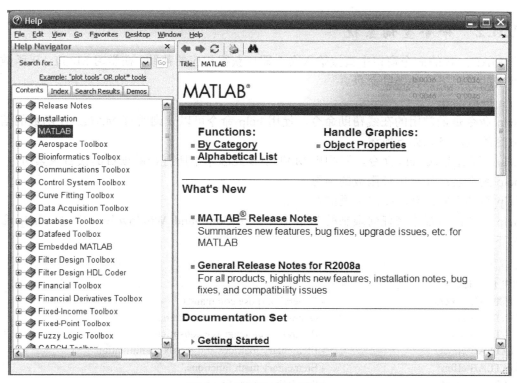

图 1-5　在线帮助桌面系统

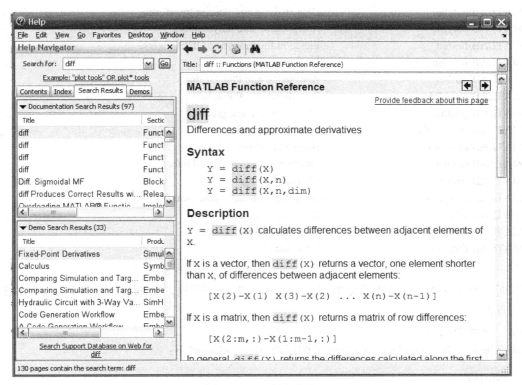

图 1-6　diff 所有信息

1.6.2 命令查询系统

在 MATLAB 的命令窗口中直接输入命令即可获得相应的帮助，在学习 MATLAB 函数的过程中常用的有以下几种帮助命令。

（1）help 命令

help 命令是最常用的在线帮助命令，使用 help 命令可以查询所有 MATLAB 函数的信息。help 命令的调用格式如下所述。

help：通过输入 help 命令，罗列出 MATLAB 此版本下所有帮助项目的根目录索引。

help 函数名：显示出该函数的信息。

help 帮助主题：获取指定主题的帮助信息。

help 命令，运行不带任何限制的 help 命令。在 Command Window 窗口中输入 help 命令，结果如下：

```
>> help
HELP topics:
MATLAB\general      - General purpose commands.
MATLAB\ops          - Operators and special characters.
MATLAB\lang         - Programming language constructs.
MATLAB\elmat        - Elementary matrices and matrix manipulation.
MATLAB\elfun        - Elementary math functions.
MATLAB\specfun      - Specialized math functions.
MATLAB\matfun       - Matrix functions - numerical linear algebra.
MATLAB\datafun      - Data analysis and Fourier transforms.
MATLAB\polyfun      - Interpolation and polynomials.
MATLAB\funfun       - Function functions and ODE solvers.
MATLAB\sparfun      - Sparse matrices.
MATLAB\scribe       - Annotation and Plot Editing.
MATLAB\graph2d      - Two dimensional graphs.
MATLAB\graph3d      - Three dimensional graphs.
MATLAB\specgraph    - Specialized graphs.
MATLAB\graphics     - Handle Graphics.
MATLAB\uitools      - Graphical User Interface Tools.
MATLAB\strfun       - Character strings.
MATLAB\imagesci     - Image and scientific data input/output.
MATLAB\iofun        - File input and output.
MATLAB\audiovideo   - Audio and Video support.
MATLAB\timefun      - Time and dates.
...                 ...
```

下面还有很多 MATLAB 的分类信息，这里不再一一列出，详细情况读者可以在 MATLAB 中自己查询。

（2）help 函数名

此查询命令是最简单的。如查询画图函数 plot，结果如下：

```
>> help plot
PLOT    Linear plot.
PLOT(X,Y) plots vector Y versus vector X. If X or Y is a matrix,
```

then the vector is plotted versus the rows or columns of the matrix,
whichever line up.   If X is a scalar and Y is a vector, disconnected
line objects are created and plotted as discrete points vertically at
X.
PLOT(Y) plots the columns of Y versus their index.
If Y is complex, PLOT(Y) is equivalent to PLOT(real(Y),imag(Y)).
In all other uses of PLOT, the imaginary part is ignored.
Various line types, plot symbols and colors may be obtained with
PLOT(X,Y,S) where S is a character string made from one element
from any or all the following 3 columns:

b	blue	.	point	-	solid
g	green	o	circle	:	dotted
r	red	x	x-mark	-.	dashdot
c	cyan	+	plus	--	dashed
m	magenta	*	star	(none)	no line
y	yellow	s	square		
k	black	d	diamond		
w	white	v	triangle (down)		
^	triangle (up)				
<	triangle (left)				
>	triangle (right)				
p	pentagram				
h	hexagram				

For example, PLOT(X,Y,'c+:') plots a cyan dotted line with a plus
at each data point; PLOT(X,Y,'bd') plots blue diamond at each data
point but does not draw any line.
....

Reference page in Help browser
doc plot

（3）lookfor 指令

如果要查看包含指定关键词的所有指令，可以使用 lookfor 指令。如查询包含数学函数差分的有关指令，结果如下：

```
>> lookfor diff
cir      - Cox-Ingersoll-Ross (CIR) mean-reverting square root diffusion class file.
diffusion    - Diffusion rate class file of stochastic differential equations.
drift    - Drift rate class file of stochastic differential equations.
hwv      - Hull-White/Vasicek (HWV) mean-reverting Gaussian diffusion class file.
sde      - Stochastic differential equation (SDE) class file.
sdeddo     Stochastic differential equation (SDE) from Drift and Diffusion objects.
sdeld    - Stochastic differential equation (SDE) from linear drift rate.
sdemrd    - Stochastic differential equation (SDE) from mean-reverting drift rate.
xregmodswitch    - Model that switches between a number of different models
setdiff    - Set difference.
diff    - Difference and approximate derivative.
polyder    - Differentiate polynomial.
createOptionsStruct     - Create options structure for different solvers
createProblemStruct     - Create problem structure for different solvers
```

```
dde23      - Solve delay differential equations (DDEs) with constant delays.
ddesd      - Solve delay differential equations (DDEs) with general delays.
deval      - Evaluate the solution of a differential equation problem.
ode113     - Solve non-stiff differential equations, variable order method.
ode15i     - Solve fully implicit differential equations, variable order method.
ode15s     - Solve stiff differential equations and DAEs, variable order method.
ode23      - Solve non-stiff differential equations, low order method.
ode23s     - Solve stiff differential equations, low order method.
ode23tb    - Solve stiff differential equations, low order method.
ode45      - Solve non-stiff differential equations, medium order method.
odextend   - Extend solution of initial value problem for differential equations.
diffuse    - Diffuse reflectance.
cast       - Cast a variable to a different data type or class.
diff2asv   - Compare file to autosaved version if it exists
...        ...
```

列出的帮助信息还有很多，由于篇幅所限，只列出上面一部分内容，读者可以通过实际操作感受 MATLAB 强大的帮助系统。

1.6.3　联机演示系统

MATLAB 中还有两个介绍 MATLAB 功能演示和漫游程序的帮助命令，即 demo 和 tour。这两个帮助系统包含了大量的案例，可以直观地为读者展示 MATLAB 强大的功能特点。这里只介绍 demo 命令，因为 tour 命令和 demo 命令一样，没有什么大的区别，对 tour 帮助系统感兴趣的读者可以参考相关资料。

直接在 Command Window 窗口中输入 demo 命令，即可很轻松地打开 MATLAB 演示系统，如图 1-7 所示。

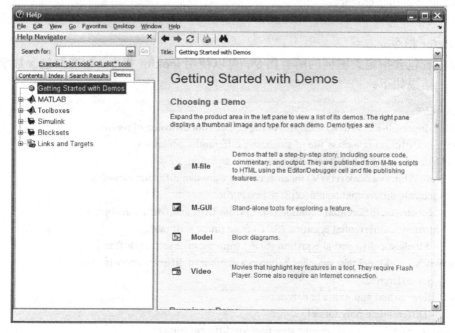

图 1-7　demo 命令窗口

例如，要查询三维画图函数的演示程序，则在图 1-7 中的 Help Navigator 窗口中输入 3-D Plots，然后按 Enter 键即可看到查询结果，如图 1-8 所示。

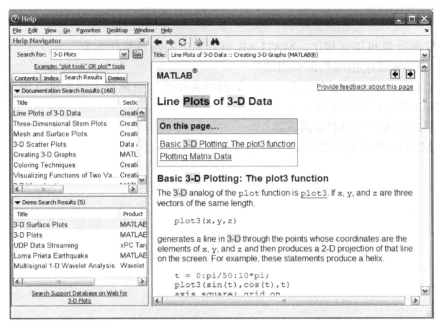

图 1-8　3-D Plots 函数

所有有关 3-D Plots 函数的程序和实例演示全部展示给读者，读者可以很轻松地学习 MATLAB 的相关编程，效率得到了极大提高。在演示系统中显示的 3-D Plots 画图案例中有如下程序：

```
t = 0:pi/50:10*pi;
plot3(sin(t),cos(t),t)
axis square; grid on
```

把上述程序输入 Command Window 中，按 Enter 键即可得到三维图形展示，如图 1-9 所示。读者也可以查询自己感兴趣的主题函数，在以后的学习中可以很快地提高自己的 MATLAB 编程能力。

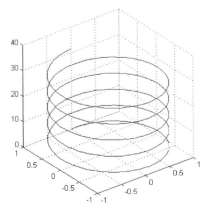

图 1-9　螺旋函数

习题

1-1　与其他计算机语言相比，MATLAB 语言突出的特点是什么？

1-2　MATLAB 系统由哪些部分组成？

1-3　MATLAB 操作桌面有几个窗口？如何使某个窗口脱离桌面成为独立窗口？又如何将脱离出去的窗口重新放置到桌面上？

1-4　如何启动 M 文件编辑/调试器？

1-5　在 MATLAB 中有几种获得帮助的途径？

第 2 章 MATLAB 基础知识

本章知识点：
- MATLAB 中常用的数据类型
- MATLAB 中的运算符
- MATLAB 中的字符串处理函数
- MATLAB 中的程序控制

基本要求：
- 掌握 MATLAB 中常用的数据类型
- 掌握 MATLAB 中常用的运算符及其使用方法
- 掌握 MATLAB 中字符串处理函数及其使用方法
- 掌握 MATLAB 中程序控制的实现方法

能力培养目标：

通过本章的学习，掌握在 MATLAB 中常用的数据类型、运算符及字符串处理函数，并掌握程序设计中的控制方法，培养 MATLAB 编程能力。

本章主要介绍 MATLAB 的数值数据类型、MATLAB 中的数组、字符串、变量和表达式等。

2.1 数据类型

2.1.1 数值类型

数据类型是掌握任何一门编程语言都必须了解的内容。MATLAB 的主要数据类型有数值、字符、逻辑等。可以在 MATLAB 命令行窗口输入 "help datatypes" 命令获得 MATLAB 的数据类型详细列表。例如：

```
>> help datatypes
Data types and structures.
Data types (classes)
  double              - Convert to double precision.
  logical             - Convert numeric values to logical.
  cell                - Create cell array.
  struct              - Create or convert to structure array.
  single              - Convert to single precision.
```

uint8	- Convert to unsigned 8-bit integer.
uint16	- Convert to unsigned 16-bit integer.
uint32	- Convert to unsigned 32-bit integer.
uint64	- Convert to unsigned 64-bit integer.
int8	- Convert to signed 8-bit integer.
int16	- Convert to signed 16-bit integer.
int32	- Convert to signed 32-bit integer.
int64	- Convert to signed 64-bit integer.
inline	- Construct INLINE object.
function_handle	- Function handle array.
javaArray	- Construct a Java Array object.
javaMethod	- Invoke a Java method.
javaObject	- Invoke a Java object constructor.
javaMethodEDT	- Invoke a Java method on the Swing Event Dispatch Thread.
javaObjectEDT	- Invoke a Java object constructor on the Swing Event Dispatch Thread.
cast	- Cast a variable to a different data type or class.

Class determination functions.

isnumeric	- True for numeric arrays.
isfloat	- True for floating point arrays, both single and double.
isinteger	- True for arrays of integer data type.
islogical	- True for logical array.
iscom	- true for COM/ActiveX objects.
isinterface	- true for COM Interfaces.

Cell array functions.

cell	- Create cell array.
celldisp	- Display cell array contents.
cellplot	- Display graphical depiction of cell array.
cell2mat	- Convert the contents of a cell array into a single matrix.
mat2cell	- Break matrix up into a cell array of matrices.
num2cell	- Convert numeric array into cell array.
deal	- Deal inputs to outputs.
cell2struct	- Convert cell array into structure array.
struct2cell	- Convert structure array into cell array.
iscell	- True for cell array.

Array functions.

arrayfun	- Apply a function to each element of an array.
cellfun	- Apply a function to each cell of a cell array.
structfun	- Apply a function to each field of a scalar structure.

Structure functions.

struct	- Create or convert to structure array.
fieldnames	- Get structure field names.
getfield	- Get structure field contents.
setfield	- Set structure field contents.
rmfield	- Remove fields from a structure array.
isfield	- True if field is in structure array.
isstruct	- True for structures.
orderfields	- Order fields of a structure array.

Function handle functions.

```
@                          - Create function_handle; use "help function_handle".
func2str                   - Construct a string from a function handle.
str2func                   - Construct a function_handle from a function name string.
functions                  - List functions associated with a function_handle.
Byte manipulation functions.
swapbytes                  - Swap byte ordering, changing endianness.
typecast                   - Convert datatypes without changing underlying data.
Object oriented programming functions.
class                      - Create object or return object class.
classdef                   - Define a new MATLAB class.
struct                     - Convert object to structure array.
methods                    - Display class method names.
methodsview                - View names and properties of class methods.
properties                 - Display class property names.
events                     - Display class event names.
enumeration                - Display class enumerated value names.
superclasses               - Display names of the superclasses of a given class.
isa                        - True if object is a given class.
isjava                     - True for Java object arrays
isobject                   - True for MATLAB objects.
inferiorto                 - Inferior class relationship.
superiorto                 - Superior class relationship.
substruct                  - Create structure argument for SUBSREF or SUBSASGN.
ismethod                   - True if method of an object.
isprop                     - Returns true if the property exists
metaclass                  - Metaclass for MATLAB class
loadobj                    - Called when loading an object from a .MAT file.
saveobj                    - Called when saving an object to a .MAT file.
```

1．整数

整数类型包括数据类型、不同类型之间的数值计算和运算溢出。

（1）数据类型

在 MATLAB 中，支持表 2-1 所示的各种整数数据类型，主要包括 8 位、16 位、32 位和 64 位的有符号和无符号类型的整数数据类型。由于 MATLAB 中默认的数据类型是双精度型的数据，因此，在定义整数数据变量时，需要指定变量的数据类型。

表 2-1 MATLAB 中的整数类型

数 据 类 型	说　　明
uint8	8 位无符号整数，数值范围 0～255（0～2^8-1）
int8	8 位有符号整数，数值范围-128～127（-2^7～2^7-1）
uint16	16 位无符号整数，数值范围 0～65535（0～$2^{16}-1$）
int16	16 位有符号整数，数值范围-32768～32767（-2^{15}～$2^{15}-1$）
uint32	32 位无符号整数，数值范围 0～4294967295（0～$2^{32}-1$）
int32	32 位有符号整数，数值范围-2147483648～2147483647（-2^{31}～$2^{31}-1$）
uint64	64 位无符号整数，数值范围 0～$2^{64}-1$
int64	64 位有符号整数，数值范围-2^{63}～$2^{63}-1$

需要说明的是，表 2-1 中定义的整数数据类型不同，但是这些类型的数据具有相同的性质。每种类型的数据都可以通过函数 intmax 和 intmin 来查询此种数据类型的上、下限。

【例 2-1】 整数类型定义。

```
>> x=int8(16)
x =
   16
>> class(x)
ans =
int8
>> intmin('int8')
ans =
  -128
>> intmax('uint8')
ans =
  255
>> intmin('int32')
ans =
  -2147483648
>> intmax('int64')
ans =
  9223372036854775807
```

以上代码中，显示 MATLAB 中的整数数据定义方法及其默认的数据类型，同时通过 intmin 及 intmax 函数来获取整型数据的上、下限。此外，class 函数可以获取所定义变量的数据类型。

（2）不同类型之间的数值计算

MATLAB 中不同类型的整型数据之间不能进行数学运算。但是，MATLAB 支持双精度标量和整型之间的数学运算，原因在于 MATLAB 将双精度类型的标量数据转化成整型数据后再进行计算。

【例 2-2】 检验整型数据的运算规则。

```
>> x=int8(19);
>> y=int16(32);
>> z=10;
>> class(z)
ans =
double
>> P=x+y
Error using  +
Integers can only be combined with integers of the same class, or scalar doubles.
>> P1=x+z
P1 =
   29
```

（3）运算溢出

在 MATLAB 的整型数据中，每种类型的整型数据都存在一定的数值范围，因此，在数学运算过程中会产生结果溢出问题。当运算过程中产生溢出问题时，MATLAB 采用饱和处理方式进行处理，即将计算结果设定为溢出方向的上、下限数值。在进行混合数据计算时，MATLAB

仅支持在双精度标量和一个整型数据之间进行计算。由于整型数据之间的运算关系，MATLAB只支持同种类型的整型数据之间的运算，因此，除 64 位的整型数据之外，整型数据的存储比双精度数据的存储速度要快很多。

【例 2-3】 整型数据运算溢出情况。

```
>> a=int8(randperm(4))
a =
    3    1    2    4
>> a=a+121
a =
   124  122  123  125
>> b=cast(a,'uint8')
b =
   124  122  123  125
>> b-123
ans =
    1    0    0    2
```

2. 浮点数

浮点数包括单精度浮点类型（Single-Precision Floating Point）和双精度浮点类型（Double-Precision Floating Point）。单精度和双精度类型的取值范围可以用函数 realmin、realmax 来得到，单精度类型浮点数的精度可以通过函数 eps 来获得。

需要注意的是，对于单精度的数据变量，创建方法和整型数据的创建方法相同。而对于单精度数据和双精度数据之间的混合运算，处理结果为单精度的数据结果。

【例 2-4】 检验单、双精度浮点数。

```
>> format long g
>> realmin('single')
ans =
    1.175494e-38
>> realmax('single')
ans =
    3.402823e+38
>> realmin('double')
ans =
    2.2250738585072e-308
>> realmax('double')
ans =
    1.79769313486232e+308
>> eps
ans =
    2.22044604925031e-16
>> a=single(1:5)
a =
    1    2    3    4    5
>> b=ones(1,5,'single')
b =
```

```
   1       1       1       1       1
>> c=rand(1,5)
c =
   Columns 1 through 3
   0.63235924622541         0.0975404049994095          0.278498218867048
   Columns 4 through 5
   0.546881519204984        0.957506835434298
>> d=a+c
d =
   1.632359   2.09754   3.278498   4.546882   5.957507
>> class(d)
ans =
   single
```

与整型数据不同的是，在双精度类型的数据中，MATLAB 中存在特殊的浮点数 Inf 和 NaN，分别表示无穷大和被零除或不确定的数。

【例 2-5】 检验特殊的双精度数据。

```
>> a=rand(1,4)
a =
0.964888535199277    0.157613081677548    0.970592781760616    0.957166948242946
>> b=rand(1,4)
b =
0.485375648722841    0.8002804688888     0.141886338627215    0.421761282626275
>> b(1:2:end)=0
b =
0    0.8002804688888    0    0.421761282626275
>> a./b
ans =
Inf    0.196947305107166    Inf    2.26945190957961
>> b./b
ans =
   NaN      1     NaN     1
```

3. 复数

MATLAB 的一个比较强大的功能是能够直接在复数域上进行运算，而不用进行任何特殊的操作。而有些编程语言在定义复数的时候，需要进行特殊的处理。在 MATLAB 中，复数的书写方法和运算表达形式与数学中复数的书写方法和运算表达形式相同，复数单位可以通过 i 或 j 来表达。

在 MATLAB 中，可以采用提供的命令来进行复数的极坐标形式和直角坐标形式之间的转化。通过欧拉恒等式，可以将复数的极坐标形式和直角坐标形式联系起来。在 MATLAB 中，利用系统所提供的内置函数转换命令，可以很方便地得到复数的一些基本数值。例如：

real(z)：计算复数的实部。
imag(z)：计算复数的虚部。
abs(z)：计算复数的模。
angle(z)：以弧度的单位给出复数的辐角。

复数可以通过以下几种方式来进行定义：

① 直接定义法，即根据复数经典的直角坐标和极坐标方式来进行定义。

② 在数值运算过程中产生复数。

③ 通过函数 complex(real,imag)来进行定义。

【例 2-6】 用直接方式创建复数。

```
>> x=pi-2i
x =
          3.14159265358979 - 2i
>> y=pi-2*j
y =
          3.14159265358979 - 2j
>> x==y      %比较 x、y 是否相同，相同返回值为 1，否则返回值为 0
ans =
    1
```

【例 2-7】 对创建的复数，求其对应的基本数值。

```
>> x=rand(3)
x =
0.915735525189067      0.655740699156587      0.933993247757551
0.792207329559554      0.0357116785741896     0.678735154857773
0.959492426392903      0.849129305868777      0.757740130578333
>> y=rand(3)*-3
y =
-2.22939740437475     -0.513560063434685     -0.83076895488267
-1.1766810586025      -2.11813826405883      -0.138514171893462
-1.96643367053267     -0.095498539132262     -0.291395343707543
>> z=complex(x,y)
z =
  Column 1
          0.915735525189067 -        2.22939740437475i
          0.792207329559554 -        1.1766810586025i
          0.959492426392903 -        1.96643367053267i
  Column 2
          0.655740699156587 -        0.513560063434685i
          0.0357116785741896 -       2.11813826405883i
          0.849129305868777 -        0.095498539132262i
  Column 3
          0.933993247757551 -        0.83076895488267i
          0.678735154857773 -        0.138514171893462i
          0.757740130578333 -        0.291395343707543i
>> zr=real(z)     %提取复数矩阵 z 的实部
zr =
0.915735525189067      0.655740699156587       0.933993247757551
0.792207329559554      0.0357116785741896      0.678735154857773
0.959492426392903      0.849129305868777       0.757740130578333
>> zi=imag(z)     %提取复数矩阵 z 的虚部
```

```
zi =
  -2.22939740437475    -0.513560063434685    -0.83076895488267
  -1.1766810586025     -2.11813826405883    -0.138514171893462
  -1.96643367053267    -0.095498539132262   -0.291395343707543
>> za=abs(z)      %求复数矩阵的模
za =
  2.41014197480691    0.832910441335326    1.25000817727467
  1.41851005166752    2.11843929100098     0.692724755047152
  2.1880327001464     0.854482620690197    0.811838254717839
>> zn=angle(z)    %求复数矩阵的相角
zn =
  -1.18105315074205   -0.66439759062542   -0.726972833750485
  -0.97824588809757   -1.55393798662589   -0.201312572824807
  -1.11684696820422   -0.111995808946856  -0.367124204827827
```

2.1.2 逻辑类型

MATLAB 中逻辑数据类型用 "0" 和 "1" 分别代表逻辑 "假" 和 "真" 状态。在 MATLAB 中存在一些函数和符号，如表 2-2 所示，通过返回逻辑 "真" 或逻辑 "假" 作为某种条件可否执行的判断依据。例如：

```
>>str='HELLO MATLAB';
>>if isempty(str)&&ischar(str)    %判断 str 是否为空，是否为零字符串类空
>>sprintf('Input string is"%s"',str)    %显示 str
>>end
ans =
Input string is"HELLO MATLAB"
```

表 2-2　MATLAB 中的常用逻辑类型

函数（运算符）	说　　明
true, false	设置真值或假值
logical	数值类型转换为逻辑类型
&（and），|（or），~（not），xor，any，all	逻辑运算符
&&，||	短路式运算符
==（eq），~=（ne），<（lt），>（gt），<=（le），>=（ge）	关系运算符
strcmp，strncmp，strcmpi，strncmpi	字符串比较

逻辑类型数据常以标量形式出现，但有时也可以是逻辑数组。采用 true 和 false 可以直接创建逻辑矢量，只需将矢量的每一个元素设置为 true 或 false 即可，true 和 false 分别代表逻辑真和逻辑假。例如：

```
>>x=[true,false,true,true,false]
x =
  1   0   1   1   0
```

通过逻辑运算符可以生成逻辑矩阵，例如：

```
>> x=randn(4)>1      %生成逻辑矩阵
x =
```

```
    1   0   0   0
    0   0   0   1
    0   0   0   1
    1   0   0   0
>> whos
  Name      Size        Bytes   Class      Attributes
    x       4x4           16    logical
```

通过函数生成逻辑矢量或矩阵,例如:

```
>>x=[2 3.4 pi nan inf 4.9];
>> isinf(x)
ans =
     0    0    0    0    1    0
>> whos
  Name     Size        Bytes   Class      Attributes
   ans     1x6            6    logical
```

【例 2-8】 求解关系运算。

```
>> magic(4)>4*ones(4)    %矩阵与矩阵比较
ans =
    1    0    0    1
    1    1    1    1
    1    1    1    1
    0    1    1    0
>> magic(4)<4     %矩阵与标量关系运算
ans =
    0    1    1    0
    0    0    0    0
    0    0    0    0
    0    0    0    1
```

返回结果中等于 1 的位置上,表示此处 magic(4)矩阵的元素大于 4,当其中一个操作数为标量时,MATLAB 将标量与另一个操作数的每一个元素进行比较,返回结果是非标量操作数具有相同规模的矩阵。

【例 2-9】 逻辑运算。

```
>> A=[0 1 1;0 0 1;1 1 1];
   B=eye(3);
>> A&B
ans =
    0    0    0
    0    0    0
    0    0    1
>> A|B
ans =
    1    1    1
    0    1    1
    1    1    1
```

```
>> ~A
ans =
     1     0     0
     1     1     0
     0     0     0
>> xor(A,B)
ans =
     1     1     1
     0     1     1
     1     1     0
```

MATLAB 的元素方式逻辑运算符只对具有相同规模的两个操作数或者其中一个操作数为标量的操作数进行操作。

2.1.3 字符和字符串

在 MATLAB 中，字符和字符串分别用 char 和 string 表示，MATLAB 中的 char 类型都是以 2 字节的 Unicode 统一字符编码来存储的，一般用单引号括注一个字符变量，如以下代码所示：

```
>>a='p'
a=
  p
```

在 MATLAB 中，对于每个字符，系统都有其对应的 ASCII 数值。一般情况下，用户可以不用关心此数值，而直接针对显示的字符进行操作。如果用户需要获得此数值，可以调用 abs 函数。例如，对于字符 'c'，调用 abs 指令，得到其对应底层 ASCII 数值为 99；而字符 'B' 对应的数值则为 66，如以下代码所示。如需查询 ASCII 数值对应的字符类型数据，则可以调用 char 函数。

```
>> abs('c')
ans =
    99
>> abs('C')
ans =
    67
>> char(99)
ans =
    c
>> char(67)
ans =
    C
```

文本字符串

字符串是字符类型数组，是单引号括注的一系列字符的组合，每个字符都是该字符串的一个元素，如果字符串本身包含单引号，则需要双写此单引号，否则会产生错误，如以下代码所示。

```
>> a='this is a string containing 'B''
???a='this is a string containing 'B''
Error: Unexpected MATLAB expression.
>>   a='this is a string containing ''B''' %字符串本身为 this is a string containing 'B'
```

a =
this is a string containing "B"

2.1.4 函数句柄

函数句柄实际上提供了一种间接调用函数的方法。创建函数句柄需用操作符@，其语法格式如下：

```
变量名=@函数名
fhandle=@function_filename
```

其中：

"function_filename"是函数所对应的 M 文件的名称或 MATLAB 内部函数的名称；

"@"是句柄创建操作符；

"fhandle"变量保存这一函数句柄。

这里，函数名可以是当前 MATLAB 中使用的任意函数，如 mycos=@cos，此后 mycos 就和 cos 同样使用，mycos(pi)和 cos(pi)的含义相同。对 MATLAB 提供的各种 M 文件函数和内部函数，可以创建函数句柄，从而可以通过函数句柄对这些函数实现间接调用。函数句柄的优点如下：

① 方便地实现函数间的相互调用；
② 兼容函数加载的所有方式；
③ 拓宽子函数，包括局部函数的使用范围；
④ 提高函数调用的可靠性；
⑤ 减少程序设计中的冗余；
⑥ 提高重复执行的效率。

【例 2-10】 编写函数求出数组 arr1 和 arr2 的标准差（std）。

首先，编写如下文件并保存为 c2_10.m。

```
function [s1,s2]=c2_10(err,arr1,arr2)
s1=feval(err,arr1);
s2=feval(err,arr2);
% feval 函数最通常的应用是以下形式：
%feval_r('functionname',parameter)，举个简单的例子：
%比如要计算 sin(2)，当然可以直接用命令 y=sin(2)；利用 feval，还可以这样来做：
%y＝feval_r('sin',2)；另外这里的函数名字还可以是一个函数句柄，即 h=2sin；
%y=feval_r(h,2)；或者直接写成 y=feval_r(@sin,2)；
```

此文件的输入包含"函数变量"，通过函数句柄实现函数变量 err 的赋值。运行时先运行如下命令建立数组 arr1 和 arr2：

```
>>arr1=[1;2;3];
>>arr2=[10;20;30];
```

然后输入

```
>> [std1,std2]=c2_10(@std,arr1,arr2)
```

得出结果

```
std1 =
     1
std2 =
    10
```

2.1.5 结构体类型

结构数组能在一个数组里存放各类数据。从一定意义上讲,结构数组组织数据的能力很强且富于变化。结构数组的基本成分是结构。数组中的每个结构是平等的,它们以下标区分。结构必须在划分"域"后才能使用。数据不能直接存放于结构中,而只能存放在域中。结构的域可以存放任何类型、任何大小的数组。而且,不同结构的同名域中存放的内容可以不同。与数值数组一样,结构数组维数不受限制,可以是一维、二维或更高维,不过一维结构数组用得更多。结构数组对结构的编址方法也有单下标编址和全下标编址两种。在 MATLAB 中,一个结构体对象就是一个结构数组,因此,可以创建具有多个结构体对象的二维或多维结构数组。

结构数组可以通过两种方法进行创建,即通过直接赋值方式创建或通过 struct 函数创建。

(1) 直接赋值创建结构数组

采用直接赋值法创建结构数组时,在给结构体成员元素直接赋值的同时定义该元素的名称,并使用点将结构型变量和成员元素名连接。

【例 2-11】 利用直接法创建结构数组。

```
LNTU_c1{1,1,1}='FU';
LNTU_c1{2,1,1}='303';
LNTU_c1{3,1,1}=[40,50];
LNTU_c1{4,1,1}={'XU';'WANG';'CHEN'};
LNTU_c1{1,1,2}='YANG';
LNTU_c1{2,1,2}='302';
LNTU_c1{3,1,3}=[40,50];
LNTU_c1{4,1,1}={'XU';'WANG';'ZHANG'};
LNTU_c1      %显示结构数组
LNTU_c1(:,:,1) =
         'FU'
         '303'
         [1x2 double]
         {3x1 cell   }
LNTU_c1(:,:,2) =
         'YANG'
         '302'
         [ ]
         [ ]
LNTU_c1(:,:,3) =
         [ ]
         [ ]
         [1x2 double]
         [ ]
```

(2) 调用函数创建结构数组

除了可直接赋值创建结构数组外,在 MATLAB 中还提供专门函数 struct 用于创建结构数组。

struct 函数的调用格式如下。

s=struct('field1',values1,'field2',values2⋯): field1 表示字段名; values1 表示对应于 field 的字段值, 必须是同样大小的元胞数组或标量。

s=struct('field1',{},'field2',{}⋯): 用指定字段 field1、field2 等建立一个空结构。

s=struct([]): 建立一个没有字段的空结构。

s=struct(obj): 将对象 obj 转换为它的等价结构。

【例 2-12】 调用函数创建结构数组。

```
>> s=struct('type',{'big','little'},'color',{'red'},'x',{5,6})
s =
    1x2 struct array with fields:
    type
    color
    x
>> s(1)
    ans =
        type: 'big'
        color: 'red'
        x: 5
>> s(2)
    ans =
        type: 'little'
        color: 'red'
        x: 6
```

2.1.6 单元数组类型 (cell)

单元数组又叫元胞数组, 元胞数组具有处理复杂字符串的能力。其作用类似于在银行经常会有的保险箱库。保险箱库的最小单位是箱柜, 它可以存放任何东西。每个箱柜被编号, 一个个编号的箱柜组合成排, 一排排编号的箱柜组合成室, 一个个编号的室便组合成银行的保险箱库。元胞数组如同银行里的保险箱库一样。该数组的基本组成是元胞。每个元胞本身在数组中是平等的, 它们只能以下标区分。元胞可以存放任何类型、任何大小的数组。而且, 同一个元胞数组中各元胞的内容可以不同。与数值数组一样, 元胞数组维数不受限制, 可以为一维、二维或更高维, 不过一维元胞数组用得最多。元胞数组对元胞的编址方法也有单下标编址和全下标编址两种。

以三维元胞数组为例, 全下标编址由 3 个序号组成。编址中的第 1 序号是"行"号, 第 2 序号是"列"号, 第 3 序号是"页"号。而单下标编址中, 第 1 行、第 1 列、第 1 页的元胞序号为 1, 然后沿第 1 列往下记号为 2、3、4 等; 直到第 1 列的元胞全部编完, 接下去编第 2 列的第 1 行元胞, 然后再沿第 2 列往下编, 以此类推。直到第 1 页的元胞全部编完, 紧接着往下的是第 2 页上的第 1 行、第 1 列元胞, 再沿列而下, 如此进行, 直到全部编完。图 2-1 所示为包含 6 个单元的元胞数组。

在图 2-1 所示的单元数组中包含 6 个单元: cell 1, 1 存储无符号整数数组; cell 1, 2 存储字符串; cell 1, 3 为复数; cell 2, 1 为浮点数矢量; cell 2, 2 为有符号整数数组; cell 2, 3 为一个嵌套单元数组。

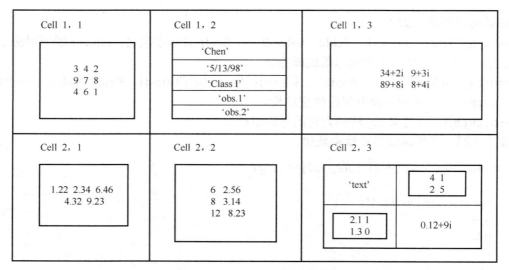

图 2-1 包含 6 个单元的元胞数组

创建一个元胞数组，常用方法有两种，即直接赋值创建和调用函数创建。

（1）直接赋值创建元胞数组

最简单、最直接的方法是直接输入元胞数组的各个元胞。例如，创建一个元胞数组，其包含 4 个元胞，元素类型分别为标量、整型数组、字符串和元胞数组，代码如下：

```
>>a={9,eye(3);'MATLAB Cell array',cell(2,2)}
a =
    [              9]    [3x3 double]
    'MATLAB Cell array'  {2x2 cell  }
```

注意：与一般数值数组的生成方法相同点和区别如下。

相同的是，用逗号或者空格分隔列，用分号分隔行；不同的是，包含数组的符号不是小括号，而是大括号。以上代码是直接输入元胞数组的所有元胞来创建元胞数组，如果元胞数组较复杂，用户可以使用直接赋值法，即通过给元胞逐个进行赋值来创建元胞数组。根据对元胞访问方式的不同，此方法又细分为元胞索引法和内容索引法。以元胞数组 a 为例，如果用户要使用元胞索引法建立 a，大括号出现在赋值的右边，其中的表达式分别对应元胞的内容，而生成的元胞数组 a 不变。

```
>> a(1,1)={9};
>> a(1,2)={eye(3)};
>> a(2,1)={'MATLAB Cell array'};
>> a(2,2)={cell(2,2)};
>> a
a =
    [              9]    [3x3 double]
    'MATLAB Cell array'  {2x2 cell  }
```

使用内容索引法，大括号出现在赋值号的左边，同样生成元胞数组 a，a{1,1} 表明元胞数组 a 的第 1 行、第 1 列的元胞内容，代码如下：

```
>> a{1,1}=9;
>> a{1,2}=eye(3);
```

```
>> a{2,1}='MATLAB Cell array';
>> a{2,2}=cell(2,2)
a =
    [                9]    [3x3 double]
    'MATLAB Cell array'    {2x2 cell  }
```

注意：{ }用来访问元胞的值，而（）只用来标识元胞。元胞索引和内容索引虽然索引方法不同，但是功能是等效的，所创建的数组完全一样，这两种方法也可以互相转换。这两种方法的区别可以简单理解为大括号的位置不同，一个在赋值号右，一个在赋值号左。

（2）调用函数创建元胞数组

在 MATLAB 中提供了专门的 cell 函数，用于创建能够预先分配指定大小的空单元数组。其调用格式如下。

c=cell(n)：建立一个空矩阵元胞数组 c。如果 n 不是标量，即产生错误。

c=cell(m,n)或 c=cell([m,n])：建立一个空矩阵元胞数组 c，m 与 n 必须为标量。

c=cell(m,n,p…)或 c=cell([m n p …])：创建一个空矩阵元胞数组 c，m,n,p…必须都为标量。

c=cell(size(A))：建立一个元胞数组 c，其大小与数组 A 一样，也就是说，c 中的空矩阵单元数等于 A 的元素数。

c=cell(javaobj)：将 Java 数组或 Java 对象 javaobj 转换为 MATLAB 单元数组。结果元胞数组的元素将是最接近于 Java 数组元素或 Java 对象的 MATLAB 类型。

【例 2-13】 利用 cell 函数创建元胞数组。

```
>>strArray=java_array('java.lang.String',3);
>>strArray(1)=java.lang.String('one');
>>strArray(2)=java.lang.String('two');
>>strArray(3)=java.lang.String('three');
>> cellArray=cell(strArray)
cellArray =
    'one'
    'two'
    'three'
```

2.2 运算符

MATLAB 中的运算符包括算术运算符、关系运算符、逻辑运算符和操作符。不同的运算符在 MATLAB 程序设计中有着不同的用处。

2.2.1 算术运算符

算术运算符用于处理两个运算单元的数学运算，如加、减、乘、除等。基本的运算符有矩阵的四则运算、矩阵的幂以及一般的单个数的四则运算和幂运算。算术运算符及其功能如表 2-3 所示。

表 2-3 算术运算符及其功能

算术运算符	功　能	算术运算符	功　能
+	加	^	幂
-	减	*	矩阵乘
.*	乘	'	逆
./	右除	/	矩阵右除
.\	左除	\	矩阵左除
:	冒号运算符		

2.2.2 关系运算符

关系运算符用于比较两个运算单元之间的关系，如大于、小于、等于。MATLAB 中的关系运算符及其功能如表 2-4 所示。

表 2-4 关系运算符及其功能

关系运算符	功　能	关系运算符	功　能
==	等于	<	小于
~=	不等于	<=	小于等于
>	大于	>=	大于等于

【例 2-14】 关系运算示例。

程序如下：

```
>>A=1:9,B=10-A,r0=(A<4),r1=(A==B)
A =
     1    2    3    4    5    6    7    8    9
B =
     9    8    7    6    5    4    3    2    1
r0 =
     1    1    1    0    0    0    0    0    0
r1 =
     0    0    0    0    1    0    0    0    0
```

找出 A 中大于 4 的元素。0 出现在 A<=4 的地方，1 出现在 A>4 的地方。

```
>>tf=(A==B)
tf =
     0    0    0    0    1    0    0    0    0
```

找出 A 中的元素等于 B 中的元素。注意，"=" 和 "==" 的不同。"==" 用来比较两个变量，当它们相等时返回 1，当它们不相等时返回 0；另一方面，"=" 被用来将运算的结果赋给一个变量。

```
>>tf=B-(A>2)
tf =
     9    8    6    5    4    3    2    1    0
```

找出 A>2，并从 B 中减去所求得的结果向量。这个例子说明，由于逻辑运算的输出是 1 和 0 的数组，所以它们也能用在数学运算中。

```
>>B=B+(B==0)*eps
B =
     9    8    7    6    5    4    3    2    1
```

这个演示，表明如何使用特殊的 MATLAB 数 eps 来代替在一个数组中的零元素，eps 近似为 2.2e-16。这种特殊的表达式在避免被 0 除时是很有用的。

```
>>x=(-3:3)/3
x=
    -1.0000   -0.6667   -0.3333   0   0.3333   0.6667   1.0000
>>sin(x)./x
ans =
    0.8415    0.9276    0.9816    NaN    0.9816    0.9276    0.8415
```

由于第 4 个数据是 0，所以 MATLAB 返回 NaN。用 eps 代替 0 以后再试一次。

```
>> x=x+(x==0)*eps;
>>sin(x)./x
ans =
    0.8415    0.9276    0.9816    1.0000    0.9816    0.9276    0.8415
```

现在 sin(x)./x 在 x=0 处给出了正确的极限。

【例 2-15】 求近似极限，修补图形缺口。

程序如下：

```
>>t=-2*pi:pi/10:2*pi;%该自变量数组中存在 0 值
>>y=sin(t)./t;%在 t=0 处，按 IEEE 规则计算将产生 NaN
>>tt=t+(t==0)*eps;%逻辑数组参与运算，使 0 元素被一个"机器零"小数代替
>>yy=sin(tt)./tt;%用数值可算的 sin(eps)./eps 近似代替 sin(0)./0 极限
>>subplot(1,2,1),plot(t,y),axis([-7,7, -0.5,1.2]),
>>xlabel('t'),ylabel('y'),title('残缺图形')
>>subplot(1,2,2),plot(tt,yy),axis([-7,7, -0.5,1.2]),
>>xlabel('t'),ylabel('yy'),title('正确图形')
```

运行结果如图 2-2 所示。

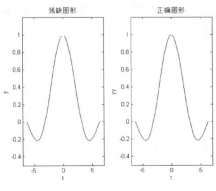

图 2-2　运行结果

2.2.3 逻辑运算符

逻辑运算符用于处理两个运算单元之间的逻辑运算，如与、或等，其返回值为 true、false。MATLAB 中提供的逻辑运算符及其功能如表 2-5 所示。

关系和逻辑运算符

表 2-5　逻辑运算符及其功能

逻辑运算符	功　　能
&	逻辑与
|	逻辑或
~	逻辑非

```
>>x=10*rand(1,10)    %产生一个一行十列的随机数（0~1）
x =
    8.1472    9.0579    1.2699    9.1338    6.3236    0.9754    2.7850    5.4688    9.5751    9.6489
>> y=(x>3)&(x<6)     %返回 x 大于 3 小于 6 的逻辑值 0 或者 1
y =
     0     0     0     0     0     0     0     1     0     0
```

上面的操作用来判断 x 中大于 3 且小于 6 的数的位置，符合条件输出为 1，否则为 0。

【例 2-16】 逻辑操作示例。

程序如下：

```
>>A=1:9,L1=~(A>5)    %判断 A 中哪些元素不大于 5
>>L2=(A>3)&(A<7)     %判断 A 中哪些元素大于 3 小于 7
A =
     1     2     3     4     5     6     7     8     9
L1 =
     1     1     1     1     1     0     0     0     0
L2 =
     0     0     0     1     1     1     0     0     0
```

2.2.4 运算优先级

和其他高级语言一样，当用多个运算符和运算量写出一个 MATLAB 表达式时，运算符的优先次序是一个必须明确的问题。

优先级从低到高分别为：

① 先决或（||）；

② 先决与（&&）；

③ 逻辑或（|）；

④ 逻辑与（&）；

⑤ 等于类（<, <=, >, >=, ==, ~=）；

⑥ 冒号运算（:）；

⑦ 加减（+, -）；

⑧ 乘除类(点乘.*,矩阵乘*,元素左右除.\,/.,矩阵左右除\,/);
⑨ 正负号(+,-);
⑩ 转置类(矩阵转置.',共轭转置',幂次^,矩阵幂次^)。

2.3 字符串处理函数

2.3.1 字符串的构造

构造字符串前首先要了解字符串的生成方式,然后了解如何合并字符串。

(1) 字符串的生成方式

字符串要用单引号生成,字符串可以有多行,但每行必须有相同数目的列数。如果像普通矩阵一样中间加逗号或空格,则默认为一个字符串。必须注意的是,在字符数组中是要计算空格的,它的每个字符(包括空格)都是字符数组的一个元素,可以使用 size 命令来查看字符数组的维数。一对单引号算作一个字符。字符串数组可以采用直接输入法创建,也可以使用 char 函数创建,可以用 cellstr 函数创建字符串元胞数组,使用 class 函数可查看类型。

【例 2-17】 检验字符串的生成方式。

```
>>A=['asd';'MATLAB';'abddddss';'g']
Error using vertcat    %产生错误,因为列数不同
Dimensions of matrices being concatenated are not consistent.
>>A=['a  s  d ';'MA TL AB';'abddddss';'    g    '] %用空格使列数一致
A =
a  s  d
MA TL AB
abddddss
     g
>>B=['M','At','LAB';'is','we','ll']
B =
MAtLAB
iswell
>> C=['I am a teacher!']
C =
I am a teacher!
>> D=char('MATLAB and Mathwork')
D =
MATLAB and Mathwork
>>S=['ABC ';'defg';'hI   ']
S =
ABC
defg
hI
>> E=cellstr(S)
E =
    'ABC'
    'defg'
```

```
         'hI'
>> class(E)%查看字符串 E 的类型
ans =
cell    %类型是元胞数组
```

（2）合并字符串函数

可以用字符串合并函数 strcat 来得到一个水平连接的新字符串，值得注意的是，函数 strcat 在合并字符串的同时会合并字符串结尾的空格，可以使用矩阵合并符[]来实现字符串的完整合并。如果想实现字符串的上、下合并（连接）（即二维数组的生成），可采用 strvcat 函数，且行之间的默认长度相同，以最长的为准，不够长度的自动补空格。如果采用[；]格式垂直连接，两个字符串必须要有相同的长度。

【例 2-18】 字符串的合并。

```
>> t1='first';t2='string';t3='maxtrix';t4='second';
>> S1=strvcat(t1,t2,t3)
S1 =
first
string
maxtrix

>> S2=strvcat(t4,t2,t3)
S2 =
second
string
maxtrix

>> S3=strvcat(S1,S2)
S3 =
first
string
maxtrix
second
string
maxtrix

>> S4=[S1,S2]
S4 =
first  second
string string
maxtrixmaxtrix

>> S5=[S1;S2]
S5 =
first
string
maxtrix
second
string
```

```
maxtrix
>> S6=strcat(S1,S2)
S6 =
firstsecond
stringstring
maxtrixmaxtrix
```

2.3.2 字符串比较函数

在 MATLAB 中，如果需要进行字符串或字符子串的比较，可用以下几种方法。
① 直接比较两字符串的全部或部分是否相等。
② 比较字符串中的单个字符是否相等。
③ 对字符串中的每个元素进行识别，判断其是字符串还是空白符号。可以使用关系运算符"=="进行字符数组的比较，但是要求比较的数组具有相同的维数或者其中一个数组为标量。

【例 2-19】 直接判断两个字符串数组是否相等。

```
>> s1='what';
>> s2='when';
>> s1==s2    %对应字符返回 1 表示相等，返回 0 表示不等
ans =
     1     1     0     0
```

除了使用关系运算符比较这种方式外，还有一种功能更加强大、使用更加广泛的方法，即使用专门函数来比较。专门的字符串比较函数如表 2-6 所示。

表 2-6 专门的字符串比较函数

函 数	说 明
strcmp	比较两个字符串是否相等
strcmpi	比较两个字符串是否相等，不区分大小写
strncmp	比较两个字符串的前 n 个字符是否相等
strncmpi	比较两个字符串的前 n 个字符是否相等，不区分大小写

【例 2-20】 使用函数比较两个字符串的异同。

```
>> s1='binornd';
>> s2='binopdf';
>> n=strcmp(s1,s2)
n =
     0
>> n1=strncmp(s1,s2,4)    %比较字符串的前 4 个字符
n1 =
     1
>> n2=strncmp(s1,s2,5)
n2 =
     0
>> s3='MATlab';
>> s4='matLBA';
```

```
>> n3=strcmpi(s3,s4)
n3 =
     0
>> n4=strncmpi(s3,s4,4)
n4 =
     1
```

注意：返回值为 1 时，表示对应字符串相等；返回值为 0 时，表示对应字符串不相等。

2.3.3 字符串查找和替换函数

MATLAB 中提供了多个字符串查找和替换函数，如表 2-7 所示。

表 2-7 字符串查找和替换函数

函数	说明
findstr	在现有字符中寻找需要的字符串
strfind	在字符串内查找部分字符串
strtok	查找字符串的分隔符
strmatch	查找匹配指定字符串
strrep	替换字符串

【例 2-21】 使用字符串查找功能。

```
>> s1='Mathwork';
>> s2='w';
>> k1=findstr(s1,s2)
k1 =
     5
>> k2=findstr(s2,s1)
k2 =
     5
>> k3=strfind(s1,s2)    %在 s1 内查找 s2，并返回地址
k3 =
     5
>> k4=strfind(s2,s1)    %在 s2 内查找 s1
k4 =
     []
```

【例 2-22】 使用字符串替换功能。

```
>> s1='xuesheng';
>> s2='e';
>> s3='E';
>> strrep(s1,s2,s3)                   %在 s1 中找到 s2，用 s3 替换
ans =
xuEshEng
>> repeats='abc2def22ghi22jil2222';
>> indices=strfind(repeats,'22')  %在字符串 repeats 中找到字符串 22，并返回地址
>> using_strrep=strrep(repeats,'22','*')    %用*替换 22
```

```
indices =
     8    13    18    19    20
using_strrep =
abc2def*ghi*jil***
```

函数 strtok 找出由特定字符指定的字符串内的标记，空格是默认限定字符。例如：

```
>> b= 'Pter Piper picked apeck of pickled peppers ';
>> disp(b)
        Peter Piper picked apeck of pickled peppers
>> strtok(b)    %找到 b 中第一个分隔符，并返回其前面字符串
ans = Peter
>> [c,r]=strtok(b)   %找到 b 中第一个分隔符，返回其前面字符串保存在 c 中，并把剩下的字符串保存在 r 中
>>c=Peter
>>r=Piper picked a peck of pickled peppers
>> [d,s]=strtok(r) %找到 r 中第一个分隔符，并返回其前面字符串保存在 d 中，把剩下的字符串保存在 s 中
d=Piper
s=picked a peck of pickled peppers
```

2.3.4 字符串与数值转换

MATLAB 中支持字符串与数值之间的转换，num2str 函数用于将数字转换成字符，t=num2str(x) 可将矩阵 x 转换成一个字符串 t，其精度为 4 位小数；t=num2str(x,n)同上，只是精度为 n 位小数。S=int2str(x)函数用于先将矩阵 x 中的元素取整后再将其转换成一个字符串矩阵 S，按四舍五入的原则。S 为字符型矩阵时，将其转换为一个数字矩阵型字符串，其数值为 ASCII 码。另外，str2num(x)函数用于先将一个字符串转换成数值类型；str2double(x)函数用于将字符串转换为双精度的数值；mat2str 函数用于将数组转换为相应的字符串；利用 v=eval(f)函数对字符串表达式进行求值，f 必须是字符串表达式。表 2-8 列出了 MATLAB 中将数值转换为字符串的函数。

表 2-8 MATLAB 中将数值转换为字符串的函数

函　　数	说　　明
char	把截去小数部分正整数数值转换为等值字符
int2str	把小数部分四舍五入的正、负整数转换为字符类型
num2str	把数值类型数据转换成指定精度和形式的字符类型
mat2str	把数值类型数据转换为指定精度和形式的字符串类型，并返回 MATLAB 可以识别的格式
dec2hex	把正整数转换成十六进制的字符类型
dec2bin	把正整数转换成二进制的字符类型
dec2base	把正整数转换成任意进制的字符类型

表 2-9 列出了 MATLAB 中将字符串转换为数值的函数。

表 2-9　MATLAB 中将字符串转换为数值的函数

函数	说明
abs	把字符串转换为等值的数值
str2num	把字符串转换为等值数值类型
str2double	把字符串转换为数值类型，同时提供对元胞数组的支持
hex2num	把字符类型数据转换成指定精度和形式的数值类型
hex2dec	把十六进制的字符类型转换为正整数
bin2dec	把二进制的字符类型转换为正整数
base2dec	把任意进制字符串转换为十进制整数

2.4　程序控制

程序控制

要理解计算机程序，必须先了解程序的结构。一般来说，程序结构主要有三种：顺序结构、选择结构和循环结构。

顺序结构就是按照输入命令的顺序依次执行。

选择结构就是根据不同的逻辑条件选择运行部分代码。如果条件满足，则执行相应语句；如果条件不满足，则执行其他语句。在条件语句中常常包含关系运算符和逻辑运算符。

循环结构就是根据逻辑表达式的值，重复执行一组代码。

2.4.1　关系运算符和逻辑运算符

MATLAB 中的选择结构和循环结构都要用到关系运算符和逻辑运算符。MATLAB 中有六种关系运算符用于比较两个相同规模矩阵的大小。比较的结果可能是 true，也可能是 false。绝大多数编程语言用数字 1 表示 true，用数字 0 表示 false。在 MATLAB 中所有非 0 的数都视为 true。

逻辑运算符用于对包含关系运算符的表达式进行合并或取非。对于使用逻辑运算符的表达式，返回 0 表示"假"，返回 1 表示"真"。关于逻辑运算符的解释请注意：任何使用两个字符做符号的运算符，两字符之间不应有空格。假设一个程序在同时满足条件 a<10 和 b=7 时，必须执行某些操作，应使用关系运算符和逻辑运算符"与"来写这个条件的代码。该条件代码如下：

(a<10) & (b==7)

类似地，"或"是用于检查两个条件中是否有一个为真的运算符。如果上例改为：如果任一语句为真，则程序需执行某些操作，则条件代码如下：

(a<10) | (b==7);

逻辑运算符"非"用一个波浪号（~）表示。这个运算符对表达式的真值取反。例如，如果变量 s 小于 10，程序需执行某些操作，则条件代码如下：

(s<10) 或（~(s>10)）

"异或"运算的规则是相异为 1，相同为 0。

0 xor 0=0   1 xor 1=0   0 xor 1=1   1 xor 0=1

2.4.2 流程图和伪码

通常在编写程序之前，要先画出程序的流程图或编写伪码，对程序进行设计。流程图就是以图形化的方法表现编程思路，伪码是用文字的形式对程序算法进行描述。在编写程序时，可以任意选择其中一种或两种方法对程序进行设计。

当编写复杂程序时，最好使用流程图和伪码进行程序设计。可以先把设计思路用流程图体现出来，再把整个过程写成伪码，作为程序中的注释信息。

编写简单程序时，最好使用伪码的方法：
① 用句子描述程序实现的步骤；
② 将步骤转换成 M 文件中的注释信息；
③ 在注释行之间加入恰当的 MATLAB 程序代码。

例如：编写把速度单位 mph 换算成 ft/s 的程序。输出为一个具有表名和列名的换算表。下面是实现这一功能的步骤：
① 定义存储 mph 值的矢量。
② 把 mph 换算成 ft/s。
③ 把矢量 mph 和 ft/s 合并成一个矩阵。
④ 给输出的表格加上标题。
⑤ 添加列标题。
⑥ 显示输出表格。

把上面的步骤写成 M 文件中的注释信息：

```
%Define a vector of mph values
%Convert mph to ft/s
%Combine the mph and ft/s vectors into a matrix
%Create a table title
% Create column headings
%Display the table
```

在 M 文件的注释信息后添加恰当的程序代码：

```
% Define a vector of mph values
>>mph=0:10:100;
%convert mph to ft/s
>>fps=mph*5280/3600;
%Combine the mph and ft/s vectors into a matrix
>>table=[mph;fps]
%Create a table title
>>disp('Velocity Conversion Table')
%Create column headings
>>disp('    mph      f/s')
%Display the table
>>fprintf('%8.0f    %8.2f  \n', table)
```

2.4.3 顺序结构

顺序结构语句是最简单的程序结构，MATLAB 程序编好后，系统将按照程序语句的先后顺序执行。顺序结构非常容易编写，其结构比较简单，功能比较有限，在一般的程序中都需要包含顺序结构，下面通过例子来了解顺序结构语句。

【例 2-23】 顺序结构语句。

```
>> x=11;
>> y=20;
>> z=10;
>> w=x+y+z
w =
    41
>> t=w*z
t =
    410
```

2.4.4 选择结构

与顺序语句一样，选择结构也是程序设计中常见的结构之一，程序中如果有选择意向，需要条件选择语句来表达算法意图。

（1）if 语句

if 语句常常用于检查逻辑运算、逻辑函数等逻辑表达式的真假，命令的序列必须根据关系的检验有条件地执行。如果逻辑为真，则继续执行下面的命令，在编程语言中，这种逻辑由某种 if-else-end 结构来提供。最简单的 if-else-end 结构如下：

```
if conditional expression
{commands}
end
```

如果在上述表达式中的所有元素为真，那么就执行 if 和 end 语言之间的语句；若条件为假，则不执行下面的表达式语句。在表达式包含几个逻辑子表达式时，即使前一个子表达式决定了表达式的最终逻辑状态，仍要计算所有的子表达式。例如：

```
>> clear
>> x=5;
>> y=10;
>> z=x*y
z =
    50
>> if x<10
>> w=z-x-y;
>> end
>> w=x+y+z
w =
    65
>> if x<10
>> w=z-x-y;
```

```
>> end
>> w
w =
    35
```

上述是只有一个选择时的 if 结构语句,假如有两个选择,if-else-end 结构如下:

```
if expression          %表达式
    commands evaluated if True        %执行语句 1
else
    commands evaluated if False       %执行语句 2
end
```

此时,如果表达式为真,则执行第一组语句;如果表达式为假,则执行第二组语句。

【例 2-24】 有两个选择时的选择结构的实现。

```
>> x=5;
>> y=10;
>> if x<5
>> w=x-y;
>> else
>> w=y-x;
>> end
>> w
w =
     5
```

当有 3 个或者更多的选择时,if-else-if 结构采用的形式如下:

```
if expression1
    commands evaluated if expression1 is True
elseif expression2
    commands evaluated if expression2 is True
elseif expression3
    commands evaluated if expression3 is True
elseif expression4
    commands evaluated if expression4 is True
elseif…
        ⋮
else
    commands evaluated if no other expression is True
end
```

在这种选择结构中,程序执行到某一表达式为真时,执行其后的相关语句,如此将不再检验其他的关系表达式,跳出此选择结构,而且最后的 else 命令可有可无。

【例 2-25】 有 3 种或 3 种以上选择时的选择语句的实现。

```
>> x=10*rand(1);           %产生一个 0~1 的随机数
>> if x<5
>> y=x+10;
>> elseif   x>8
```

```
>> y=10-x;
>> elseif  5<x<7
>> y=10*x
>> else
>> y=100*x;
>> end
>> y
y =
   10.9754
```

（2）switch 语句

MATLAB 中除了 if-else-end 结构语句外，还有另一种分支语句，即 switch 语句。switch 语句是 MATLAB 中常用的多分支结构语句，常常用于针对变量的不同取值以进行不同的操作，switch 语句多用于条件比较多的情况，如分类、分层计算等。switch 语句的格式如下：

```
switch    expression        %开关语句
    case    value1          %条件语句
            statements1     %执行语句
    case    value2          %条件语句
            statements2     %执行语句

    case    value3          %条件语句
            statements3     %执行语句
            ⋮
    case valuen
            statementsn
otherwise
        statements
end
```

在上面的分支结构中，expression 语句必须是一个标量或者字符串，此语句执行后，MATLAB 将 expression 的值与各个 case 后的值进行比较，如果相等，即结果为真时，则系统执行此 case 后的语句；否则结果为假，系统取下一个 case 的 value 值继续进行比较，以此类推，如果所有 case 后的值都与 expression 的值不相等，则执行 otherwise 后面的语句。

【例 2-26】 分支结构语句的实现。

```
>> x=90;
>> switch x
>> case   50
>> disp('不合格')
>> case   60
>> disp('及格')
>> case   70
>> disp('良好')
>> case   90
>> disp('优秀')
>> otherwise
>> disp('error')
>> end
```

(3) try 语句

try 语句的格式如下：

```
try
   语句 1
catch
   语句 2
end
```

try 语句先试探性地执行语句 1，如果语句 1 在执行过程中出现错误，则将错误信息赋给保留的 lasterr 变量，并转去执行语句 2。

【例 2-27】 矩阵乘法运算要求两矩阵的维数相容，否则会出错。先求两矩阵的乘积，若出错，则自动转去两矩阵的点乘。程序如下：

```
>> A=[1,2,3;4,5,6];
>> B=[7,8,9;10,11,12];
>> try
>> C=A*B;
>> catch
>> C=A.*B;
>> end
>> C
C =
     7    16    27
    40    55    72
>> lasterr           %显示出错原因
ans =
Error using   *
Inner matrix dimensions must agree.
```

【例 2-28】 try-catch 结构应用实例。

```
>> N=4;A=magic(3);          %设置三行三列魔方阵
>> try
>> A_N=A(N,:),
>> catch
>> A_end=A(end,:),
>> end
>> lasterr
A_end =
     4     9     2
ans =
Attempted to access A(4,:); index out of bounds because size(A)=[3,3].
```

2.4.5 循环结构

在 MATLAB 编程过程中一定会碰到迭代或者对某一变量进行迭代处理的情况。在 MATLAB 中循环结构语句有 4 种，即 for、while、continue 和 break 语句。循环结构可以很方便地重复执行某一程序。

（1）for 循环

for 循环允许一组命令以固定的和预定的次数重复。for 循环的一般形式如下：

```
for  x=array   %初始量：增量：结束值
  {commands}
end
```

array 为数组形式。在 for 和 end 语句之间的 {commands} 是需要迭代循环执行的语句。在每一次迭代中，x 被指定为数组 array 的下一列，即在第 n 次循环，x=array(:,n)。如果增量缺省，则系统默认为 1，例如：

```
>> for i=1:1:10
>> x(i)=i^2;
>> end
>> x
x =
     1    4    9   16   25   36   49   64   81   100
```

对于 for 循环，可以定义多重嵌套的语句。

【例 2-29】 利用嵌套循环来生成矩阵 A。

```
>> for n=1:4
>> for m=1:5
>> A(n,m)=n^3+m^2;
>> end
>> end
>> A
A =
     2    5   10   17   26
     9   12   17   24   33
    28   31   36   43   52
    65   68   73   80   89
```

另外，for 循环的循环次数也可以利用数组来控制。设 A 为 m*n 的数组，for 循环的结构如下：

```
for  k=A
statements;
end
```

A 的列数为循环次数，执行循环时，数组 A 的列向量 A(:,i)赋值给 k，其中 i 为循环次数，i 的范围是 1~n，k 按照列向量中的元素取值，每取到元素，则执行一次循环。

【例 2-30】 用 for 循环指令来寻求 Fibonacc 数组中第一个大于 10000 的元素。

```
>> n=100;a=ones(1,n);
>> for i=3:n
>>    a(i)=a(i-1)+a(i-2);
>>    if a(i)>=10000
>>       a(i);
>>       break;   %跳出所在一级的循环
>>    end
```

```
>> end
>> i
i =
    21
>> a(i)
ans =
    10946
```

（2）while 循环

与 for 循环以固定次数求一组命令的值相反，while 循环以不定的次数求一组语句的值。while 循环的一般形式如下：

```
while   expression
    {commands}
end
```

只要表达式 expression 中的所有元素为真，就执行 while 和 end 语句之间的 {commands}。通常，表达式的求值给出一个标量值，但数组值也同样有效。在数组情况下，所得到数组的所有元素必须都为真。考虑如下例子：

```
>> num=0;EPS=1;
>> while(1+EPS)>1
>> EPS=EPS/2;
>> num=num+1;
>> end
>> num
num =
    53
>> EPS=2*EPS
EPS =
    2.2204e-16   %找到 matlab 最小机器数
```

（3）break 语句和 continue 语句

在 MATLAB 程序设计中，break 用于终止循环的执行，当在循环体内执行到 break 语句的时候，程序将跳出该循环体，继续执行循环体外的下一个语句。

break 语句的作用如下：

① 只能在循环体内和 switch 语句体内使用 break 语句。

② 当 break 出现在循环体中的 switch 语句体内时，其作用只是跳出该 switch 语句体。

③ 当 break 出现在循环体中，但并不在 switch 语句体内时，则在执行 break 后，跳出本层循环体。

④ 在循环结构中，应用 break 语句使流程跳出本层循环体，从而提前结束本层循环。

continue 语句控制跳过循环体中的某些语句。当在循环体内执行到该语句的时候，程序将跳过循环体内剩下的所有语句，继续执行下一次循环。注意执行 continue 语句并没有使整个循环终止。一般情况下 continue 语句与 if 语句配合使用。

【例 2-31】 求 [100,200] 之间第一个能被 21 整除的整数。

```
>> for n=100:200
>>    if rem(n,21)~=0   %求余数
```

```
            continue
>>     end
>>     break
>> end
>> n
n =
    105
```

习题

2-1 创建 double 的变量，并进行计算。

（1）$a=87$，$b=190$，计算 $a+b$、$a-b$、$a*b$。

（2）创建 uint8 类型的变量，数值与（1）中相同，进行相同的计算。

2-2 设 $u=2$，$v=3$，计算：

（1）$4\dfrac{uv}{\log v}$

（2）$\dfrac{(e^u+v)^2}{v^2-u}$

（3）$\dfrac{\sqrt{u-3v}}{uv}$

2-3 计算如下表达式：

（1）$(3-5i)(4+2i)$

（2）$\sin(2-8i)$

2-4 判断下面语句的运算结果。

（1）4<20

（2）4<=20

（3）4==20

（4）4~=20

（5）b'<'B'

2-5 设 $a=39$，$b=58$，$c=3$，$d=7$，判断下面表达式的值。

（1）a>b

（2）a<c

（3）a>b&&b>c

（4）a==d

（5）a|b>c

（6）~~d

2-6 在命令提示符下输入以下两条命令：

```
>>x=[9 3 0 6 3]
>>y=mod((sqrt(length(((x+5).*[1 2 3 4 5]))*5)),3)
```

求 y 值为多少？

2-7 编写函数,计算 1!+2!+⋯+50!。

2-8 编写一个转换成绩等级的程序,其中成绩等级转换标准为:考试分数在[90,100]的显示为优秀;分数在[80,90]的显示为良好;分数在[60,80]的显示为及格;分数在[0,60]的显示为不及格。

第 3 章　数组和矩阵操作

本章知识点：
- MATLAB 中数值数组的创建方法
- 数值数组的操作方法
- MATLAB 中矩阵的操作方法

基本要求：
- 掌握 MATLAB 中常用数值数组的创建方法
- 掌握 MATLAB 中数值数组的常用操作方法
- 掌握 MATLAB 中矩阵的创建、处理与运算方法

能力培养目标：

通过本章的学习，掌握在 MATLAB 中进行数值数组、矩阵的创建与操作，培养对 MATLAB 的数学运算的编程能力。

3.1　创建数值数组

在 MATLAB 中，数组的外观与矩阵毫无差异，但它们却代表完全不同的两种变量。数组具有行与列的概念，其运算多为元素间的运算，这与矩阵是不同的，矩阵作为一个整体，按照线性代数的方法参与运算。另外，数组的输入和保存与矩阵是一致的，要具体区分参与运算的是矩阵还是数组，可以参看运算符。其中数组的概念指的是一组 n 维矩形的实数或者复数阵列（n 为大于等于 1 的整数），显然矩阵是一个特殊的数组，指的是二维的实数或复数数组。但是在 MATLAB 中，矩阵的运算和数组的运算差别很大。

3.1.1　一维数组的创建方法

常见的数组创建方法有直接输入法、增量法、利用函数创建数组和利用 M 文件创建数组。

（1）直接输入法

直接在 MATLAB 窗口中输入数组。例如：

```
>>x=[1 34 56 5 76]
x =
     1    34    56     5    76
```

（2）增量法

格式为："first：increment：last"，表示创建的数组由 first 开始到 last 结束，其中 increment

为增量。

【例 3-1】 用增量法创建一维数组。

```
>>x=(1:0.5:5)
x =
  1.0000  1.5000  2.0000  2.5000  3.0000  3.5000  4.0000  4.5000  5.0000
```

（3）利用函数创建数组

利用函数 linspace 或者函数 logspace 创建数组，格式为"y=linspace(a,b,n)"和"y=logspace(a,b,n)"。

【例 3-2】 利用函数创建一维数组。

```
>>x=linspace(1,2,20)    %创建一个取值从 a~b 共 n 个元素的数组
x =
    Columns 1 through 10
     1.0000   1.0526   1.1053   1.1579   1.2105   1.2632   1.3158   1.3684   1.4211  1.4737
    Columns 11 through 20
     1.5263   1.5789   1.6316   1.6842   1.7368   1.7895   1.8421   1.8947   1.9474  2.0000
>> x=logspace(1,10,10)   %创建一个取值从 10^a 到 10^b 共 n 个数值的数组
x =
    1.0e+10 *
    0.0000   0.0000   0.0000   0.0000   0.0000   0.0001   0.0010   0.0100   0.1000  1.0000
```

（4）利用 M 文件创建数组

直接在 MATLAB 的 M-file 编辑器中编辑数组即可，如图 3-1 所示。

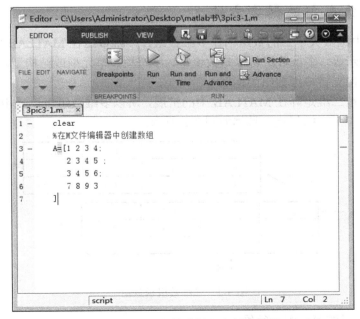

图 3-1 在 M 文件编辑器中创建数组

3.1.2 二维数组的创建方法

二维数组实际上也是一个矩阵，因此直接创建一个矩阵就行。直接按行方式输入每个元素：同一行中的元素用逗号（,）或者用空格符来分隔，且空格个数不限；不同的行用分号（;）分隔。所有元素处于一个方括号（[ ]）内。比如，创建一个3×5的矩阵（对应3×5的二维数组）。

```
>>A = [12 62 93 -8 22; 16 2 87 43 91; -4 17 -72 95 6]
A =
    12    62    93    -8    22
    16     2    87    43    91
    -4    17   -72    95     6
```

也可以用专门用来创建多维数组的 cat 函数来创建。

格式：A=cat(n,A1,A2,…,Am)

说明：n=1 和 n=2 时分别构造[A1；A2]和[A1，A2]，都是二维数组，而 n=3 时可以构造出三维数组。

例如：

```
>> A1=[1,2,3;4,5,6;7,8,9];A2=A1';
>> A3=cat(2,A1,A2)
A3 =
     1     2     3     1     4     7
     4     5     6     2     5     8
     7     8     9     3     6     9
```

这样 A3 就是一个二维数组。

详细的创建二维数组的方法将在创建矩阵中讲述。

3.1.3 三维数组的创建方法

在 MATLAB 中维数大于二的数组叫作多维数组，多维数组在 MATLAB 中的应用也很广，如多变量数据的表示等，多维数组可以是数值型、字符型、单元型或结构型。MATLAB 中提供了一系列的函数直接支持多维数组的运算。

多维数组通常是二维矩阵在 MATLAB 中的扩展，所以多维数组可以采用下标索引来创建，如三维数组可以用 3 个下标创建，具体如图 3-2 所示。

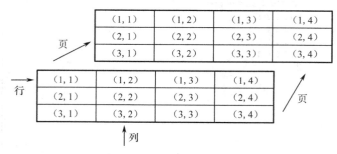

图 3-2 三维数组示意图

① 第一个为数组的第一维：行维。
② 第二个为数组的第二维：列维。

③ 第三个为数组的第三维：页。

以维数为 3×4×2 的三维数组为例，其寻址方式如图 3-3 所示。

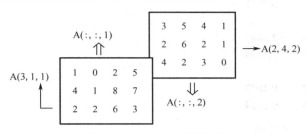

图 3-3 3×4×2 的三维数组

数组 A 是三维数组，其中 A(:,:,1)代表第一页的二维数组，A(:,:,2)代表第二页的二维数组。有了上面的表示后，可以很方便地访问数组的元素。

多维数组的建立主要有三种方法，即利用索引生成数组、利用函数生成数组和利用 cat 函数生成数组。

（1）利用索引生成数组

首先创建一个二维数组 x，然后将 x 进行扩展。

【例 3-3】 利用索引创建数组。

```
>> x=rand(3)
x =
    0.8147    0.9134    0.2785
    0.9058    0.6324    0.5469
    0.1270    0.0975    0.9575
>> x(:,:,1)        %给出各个元素的索引
ans =
    0.8147    0.9134    0.2785
    0.9058    0.6324    0.5469
    0.1270    0.0975    0.9575
>>x(:,:,2)=rand(3)
x(:,:,1) =
    0.8147    0.9134    0.2785
    0.9058    0.6324    0.5469
    0.1270    0.0975    0.9575
x(:,:,2) =
    0.9649    0.9572    0.1419
    0.1576    0.4854    0.4218
    0.9706    0.8003    0.9157
```

（2）利用函数生成数组

在 MATLAB 中有 randn 函数、ones 函数和 zeroe 函数可以生成多维数组。

【例 3-4】 利用函数创建多维数组。

```
>> x=randn(2,3,4)       %randn 函数生成多维数组
x(:,:,1) =
    1.4090    0.6715    0.7172
    1.4172   -1.2075    1.6302
```

```
x(:,:,2) =
    0.4889    0.7269    0.2939
    1.0347   -0.3034   -0.7873
x(:,:,3) =
    0.8884   -1.0689   -2.9443
   -1.1471   -0.8095    1.4384
x(:,:,4) =
    0.3252    1.3703   -0.1022
   -0.7549   -1.7115   -0.2414
```

（3）利用 cat 函数生成数组

cat 函数使用一个简单的方式创建多维数组，将一系列的数组沿特定的维连接成一个数组，格式如下：

```
x=cat(dim,A1,A2,…)    % A1,A2,…是要连接的数组，dim 为连接到第几维
```

【例 3-5】 利用 cat 函数创建多维数组。

```
>> x=cat(3,[1,2;5,9],[3,4;67,8])
x(:,:,1) =
    1    2
    5    9
x(:,:,2) =
    3    4
    67   8
```

3.2 操作数值数组

在 MATLAB 中，除了需要创建数组之外，还需要对数组进行各种操作，包括重组、元素变换、提取、旋转等操作，MATLAB 都提供了对应的函数命令，本节中将通过简单的实例来说明这些命令的使用方法。由于数组维度的不同会有不同的操作要求，因此，将按不同的数组维度来讨论数组的操作。

3.2.1 选取低维数组的对角元素

低维数组的操作比高维数组的操作在运算或者使用上要简单，因此在本节中将首先通过实例来介绍如何操作低维数组。

【例 3-6】 使用 diag 命令来选取对角元素或者创建矩阵。

在 MATLAB 的命令窗口中输入以下代码：

```
>>Data=[1,2,3,4;5,6,7,8;9,10,11,12];
>>A1=diag(Data,1),A2=diag(Data),    %diag(A,k)
>>A3=diag(Data,-1)
A1 =
    2
    7
   12
A2 =
```

```
           1
           6
          11
A3 =
           5
          10
```

从结果中可以看出，diag 命令的功能可以是选取矩阵对角线的数组，也可以将某个数组创建矩阵，用户可以很方便地利用该命令来处理矩阵对角线的数据。

对于 diag 命令中参数 k 的含义，可以用图 3-4 来形象地说明。

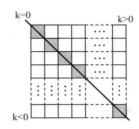

图 3-4 diag 命令中参数 k 的含义

3.2.2 低维数组的形式转换

低维数组的形式转换有转置、左右列调换、上下行调换、逆时针旋转 90°等。

【例 3-7】 低维数组的形式转换。

```
>> D=[1,2,3,4;5,6,7,8;9,10,11,12];
>> B=D'              % 转置
B =
     1     5     9
     2     6    10
     3     7    11
     4     8    12
>> C=fliplr(D)       % 左右列调换
C =
     4     3     2     1
     8     7     6     5
    12    11    10     9
>> D=flipud(D)       % 上下行调换
D =
     9    10    11    12
     5     6     7     8
     1     2     3     4
>> E=rot90(D)        % 逆时针旋转 90°
E =
     4     8    12
     3     7    11
     2     6    10
     1     5     9
```

3.2.3 选取三角矩阵

在 MATLAB 中通过 tril 和 triu 函数来选取下三角和上三角矩阵。

【例 3-8】 选取三角矩阵。

```
>>tril(rand(3,3),0)              %其中 0 参考 3.2.1 节 diag 命令中参数 k 的含义
ans =
    0.7655    0.0000    0.0000
    0.7952    0.4456    0.0000
    0.1869    0.6463    0.2760
>>triu(ones(3,3),0)
ans =
    1    1    1
    0    1    1
    0    0    1
```

3.2.4 高维数组的对称交换

对于高维数组，由于在结构上多了维度，因此在操作方法上多了一些操作其他维度的命令，在本节中还是以简单的实例来介绍这些函数的使用方法。

【例 3-9】 对三维数组进行对称交换。

```
>>Data=[1,2,3,4;5,6,7,8;9,10,11,12]
>>A=reshape(Data,2,2,3)
>>B=flipdim(A,1)
>>C=flipdim(A,2)
>>D=flipdim(A,3)
Data =
    1    2    3    4
    5    6    7    8
    9   10   11   12
A(:,:,1) =
    1    9
    5    2
A(:,:,2) =
    6    3
   10    7
A(:,:,3) =
   11    8
    4   12
B(:,:,1) =
    5    2
    1    9
B(:,:,2) =
   10    7
    6    3
B(:,:,3) =
    4   12
```

```
         11     8
C(:,:,1) =
          9     1
          2     5
C(:,:,2) =
          3     6
          7    10
C(:,:,3) =
          8    11
         12     4
D(:,:,1) =
         11     8
          4    12
D(:,:,2) =
          6     3
         10     7
D(:,:,3) =
          1     9
          5     2
```

例如，reshape(t,5,6)形成 5 行 6 列的数组。先把 t 的数据依次填充到第一列，再填充到第二列。

在 MATLAB 中，flipdim(A,k)命令的第一个输入变量 A 表示的是被操作的数组；第二个输入变量 k 指定的是对称面，1 表示的是与数组行平行的平分面，2 表示的是与数据列平行的平分面，3 表示的是与数据页平行的平分面。即 flipdim(x,1)是按列作为第一维，每一列上下颠倒；那 flipdim(x,2)就是按行作为第二维，每一行左右颠倒；而 lipdim(x,3)按页作为第三维，每一页进行颠倒。

3.2.5 高维数组的降维操作

在本章中，依次介绍了如何在 MATLAB 中创建和操作数值数组，这些内容都是 MATLAB 的基础知识，因此希望读者能够熟练掌握。本节介绍高维数组的降维操作。

【例 3-10】 使用 squeeze 命令来撤销"孤维"，使高维数组降维。

```
>>Data=[1,2,3,4;5,6,7,8;9,10,11,12];
>>A=reshape(Data,2,2,3) ;
>>B=cat(4,A(:,:,1),A(:,:,2),A(:,:,3));
>>C=squeeze(B);
>>sizesize_B=size(B);
>>sizesize_C=size(C);
>>B
B(:,:,1,1) =
          1     9
          5     2
B(:,:,1,2) =
          6     3
         10     7
B(:,:,1,3) =
```

```
            11     8
             4    12
>> C
C(:,:,1) =
             1     9
             5     2
C(:,:,2) =
             6     3
            10     7
C(:,:,3) =
            11     8
             4    12
>> sizesize_C
sizesize_C =
     2     2     3
>> sizesize_B
sizesize_B =
     2     2     1     3
```

B = squeeze(A)，B 与 A 有相同的元素，但所有只有一行或一列的维度被去除掉了。二维阵列不受 squeeze 影响。比如，rand(4,1,3)产生一个均匀分布的阵列，共 3 页，每页 4 行 1 列，经过 squeeze 后，1 列的那个维度就没有了，只剩下 4 行 3 列的一个二维阵列。而 rand(4,2,3)因为没有 1 列或 1 行的维度，所以 squeeze 后没有变化。

3.3 矩阵操作

3.3.1 创建矩阵

MATLAB 的矩阵及数值计算

1. 实矩阵输入

对于实矩阵可以直接按行方式输入每个元素，同一行的元素用逗号（,）或者用空格符来分隔，不同行用分号（;）分隔；所有元素处于一个方括号（[]）内。

【例 3-11】 实矩阵输入。

```
>> x=[34 55 56 44 343 6 6 6 23 ]
x =
    34    55    56    44   343     6     6     6    23
>> y=[12 45;34,78]
y =
    12    45
    34    78
```

2. 复数矩阵输入

复数矩阵有两种生成方式，即直接输入和运算得到。

【例 3-12】 复数矩阵的创建。

```
>> x=[1+2*i  2+8*i;3+5*i  3+6.5*i]    %直接输入
x =
    1.0000 + 2.0000i   2.0000 + 8.0000i
    3.0000 + 5.0000i   3.0000 + 6.5000i
>> y=rand(3)
y =
    0.8147    0.9134    0.2785
    0.9058    0.6324    0.5469
    0.1270    0.0975    0.9575
>> z=rand(3)
z =
    0.9649    0.9572    0.1419
    0.1576    0.4854    0.4218
    0.9706    0.8003    0.9157
>> w=y+i*z       %算术运算生成
w =
    0.8147 + 0.9649i   0.9134 + 0.9572i   0.2785 + 0.1419i
    0.9058 + 0.1576i   0.6324 + 0.4854i   0.5469 + 0.4218i
    0.1270 + 0.9706i   0.0975 + 0.8003i   0.9575 + 0.9157i
```

3．特殊矩阵的生成

MATLAB 中自带了一些特殊的函数来建立各种矩阵，主要有全零阵、单位阵、全 1 阵、随机阵、魔方阵、对角阵等。

（1）全零阵

创建函数为 zeros，其格式如下：

A=zeros(n)：生成全零阵。

A=zeros(m,n)：生成全零阵。

A=zeros([m n])：生成全零阵。

A=zeros(d1,d2,d3…)：生成全零阵或数组。

A=zeros([d1 d2 d3…])：生成全零阵或数组。

A=zeros(size(B))：生成与矩阵 B 相同大小的全零阵。

【例 3-13】 全零阵的创建。

```
>>A=zeros(3,4)        %3 和 4 是矩阵的行数和列数
A =
    0    0    0    0
    0    0    0    0
    0    0    0    0
```

（2）单位阵

单位阵是特殊矩阵中最常用的矩阵，用 I 或 E 来表示，其创建函数为 eye，格式如下：

A=eye(n)：生成单位阵。

A=eye(m,n)：生成单位阵。

A=eye(size(B))：生成与矩阵 B 相同大小的单位阵。

【例 3-14】 单位阵的创建。

```
>> A=eye(3)
A =
     1     0     0
     0     1     0
     0     0     1
>> A=eye(4,5)
A =
     1     0     0     0     0
     0     1     0     0     0
     0     0     1     0     0
     0     0     0     1     0
```

（3）全 1 阵

创建函数为 ones，其格式如下：

A=ones(n)：生成全 1 阵。

A=ones(m,n)：生成全 1 阵。

A=ones([m n])：生成全 1 阵。

A=ones(d1,d2,d3…)：生成全 1 阵或数组。

A=ones([d1 d2 d3…])：生成全 1 阵或数组。

A=ones(size(B))：生成与矩阵 B 相同大小的全 1 阵。

【例 3-15】 全 1 阵的创建。

```
>> A=ones(3,4)
A =
     1     1     1     1
     1     1     1     1
     1     1     1     1
```

（4）均匀分布随机矩阵

随机阵在 MATLAB 统计计算中有着重要的作用，包括均匀分布随机矩阵、正态分布随机矩阵以及其他分布的随机矩阵。均匀分布随机矩阵的创建函数为 rand，格式如下：

A=rand(n)：生成随机矩阵，其元素在（0,1）内。

A=rand(m,n)：生成随机矩阵。

A=rand([m n])：生成随机矩阵。

A=rand(m,n,p…)：生成随机矩阵或数组。

A=rand([m n p…])：生成随机矩阵或数组。

A=rand(size(B))：生成与矩阵 B 相同大小的随机矩阵。

rand：无变量输入时只产生一个随机数。

【例 3-16】 均匀分布随机矩阵的创建。

```
>> A=rand(4,5)
A =
    0.7922    0.8491    0.7431    0.7060    0.0971
    0.9595    0.9340    0.3922    0.0318    0.8235
    0.6557    0.6787    0.6555    0.2769    0.6948
    0.0357    0.7577    0.1712    0.0462    0.3171
```

(5) 正态分布随机矩阵

创建函数为 randn，其格式如下：

A=randn(n)：生成正态分布随机矩阵。

A=randn(m,n)：生成正态分布随机矩阵。

A=randn([m n])：生成正态分布随机矩阵。

A=randn(m,n,p…)：生成正态分布随机矩阵或数组。

A=randn([m n p…])：生成正态分布随机矩阵或数组。

A=rand(size(B))：生成与矩阵 B 相同大小的正态分布随机矩阵。

randn：无变量输入时只产生一个正态分布随机数。

【例 3-17】 正态分布随机矩阵的创建。

```
>> randn(4,5)
ans =
    1.3703    0.3192   -0.1649   -0.8637   -0.0068
   -1.7115    0.3129    0.6277    0.0774    1.5326
   -0.1022   -0.8649    1.0933   -1.2141   -0.7697
   -0.2414   -0.0301    1.1093   -1.1135    0.3714
```

(6) 产生随机排列

创建函数为 randperm，其格式如下：

p=randperm(n)：产生 1~n 之间整数的随机排列。

【例 3-18】 创建随机排列。

```
>> randperm(5)
ans =
     1     3     4     5     2
```

(7) 魔方阵

创建函数为 magic，其格式如下：

A=magic(n)：产生 n 阶魔方阵。

【例 3-19】 创建魔方阵。

```
A=magic(4)
A =
    16     2     3    13
     5    11    10     8
     9     7     6    12
     4    14    15     1
```

除了上述几种特殊的矩阵创建函数外，表 3-1 中列出了其他的特殊矩阵创建函数。

表 3-1 其他的特殊矩阵创建函数

其他特殊矩阵	函数	说明
对角阵	diag()	对角线上为任意实数，其他为 0
上三角和下三角	triu()和 tril()	对角线下面或上面全为 0
范德蒙阵	vander()	范德蒙阵
伴随阵	compan()	矩阵的伴随矩阵

3.3.2 改变矩阵大小

在 MATLAB 中，用户可以方便地对矩阵的大小进行扩大和缩小，也可以方便地对矩阵的形状进行改变。

（1）扩大矩阵尺寸

在 MATLAB 中，矩阵易于直接修改和操作，但是，如果对于矩阵元素的访问超出了矩阵的范围，系统会报错。

【例 3-20】 创建矩阵，并扩大矩阵尺寸。

```
>> A=eye(4)
A =
     1     0     0     0
     0     1     0     0
     0     0     1     0
     0     0     0     1
>> A(5,4)        %寻访元素超出矩阵尺寸
Index exceeds matrix dimensions.
>> A(5,4)=5      %对矩阵进行扩大
A =
     1     0     0     0
     0     1     0     0
     0     0     1     0
     0     0     0     1
     0     0     0     5
>> A(:,5)=22     %对矩阵进行扩大
A =
     1     0     0     0    22
     0     1     0     0    22
     0     0     1     0    22
     0     0     0     1    22
     0     0     0     5    22
```

（2）缩小矩阵尺寸

在实际应用中，有时需要将矩阵"变小"，也就是删除矩阵的某行或某列，只要把目标行或列赋予一个空矩阵[]即可。

【例 3-21】 创建矩阵，并缩小矩阵尺寸。

```
>> m1=magic(6)
m1 =
    35     1     6    26    19    24
     3    32     7    21    23    25
    31     9     2    22    27    20
     8    28    33    17    10    15
    30     5    34    12    14    16
     4    36    29    13    18    11
>> m1(:,4)=[]        %删除矩阵的第 4 列元素
m1 =
```

```
    35     1     6    19    24
     3    32     7    23    25
    31     9     2    27    20
     8    28    33    10    15
    30     5    34    14    16
     4    36    29    18    11
>> m1(5,:)=[]       %删除矩阵的第 5 行元素
m1 =
    35     1     6    19    24
     3    32     7    23    25
    31     9     2    27    20
     8    28    33    10    15
     4    36    29    18    11
```

和矩阵扩大不同,用户不能用这种方法删除单个元素,否则系统会报错,例如:

```
>> m1(3,4)=[]
Subscripted assignment dimension mismatch.
```

(3) 改变矩阵形状

矩阵形状和矩阵的尺寸一样是可以改变的,MATLAB 为用户提供了若干函数,用来改变矩阵的形状,函数名称及说明如表 3-2 所示。

表 3-2 改变矩阵形状的操作函数

函 数	描 述	函 数	描 述
reshape	按指定的行列重新排列矩阵	flipud	以水平方向为轴将矩阵旋转 180°
rot90	逆时针旋转矩阵 90°	flipdim	以指定方向为轴旋转矩阵
fliplr	以垂直方向为轴将矩阵旋转 180°		

【例 3-22】 利用 reshape 函数改变矩阵的形状。

```
>> A=rand(4,5)
A =
    0.8147    0.6324    0.9575    0.9572    0.4218
    0.9058    0.0975    0.9649    0.4854    0.9157
    0.1270    0.2785    0.1576    0.8003    0.7922
    0.9134    0.5469    0.9706    0.1419    0.9595
>> B=reshape(A,2,10)    %将矩阵 A 修改为 2×10 的矩阵
B =
  Columns 1 through 10
    0.8147    0.1270    0.6324    0.2785    0.9575    0.1576    0.9572    0.8003    0.4218    0.7922
    0.9058    0.9134    0.0975    0.5469    0.9649    0.9706    0.4854    0.1419    0.9157    0.9595

>> C=reshape(A,5,4)
C =
    0.8147    0.0975    0.1576    0.1419
    0.9058    0.2785    0.9706    0.4218
    0.1270    0.5469    0.9572    0.9157
```

```
    0.9134    0.9575    0.4854    0.7922
    0.6324    0.9649    0.8003    0.9595
```

【例3-23】 创建矩阵,并使用函数对矩阵进行旋转。

```
>> A=randn(4,5)
A =
    0.6715    0.4889    0.2939   -1.0689    0.3252
   -1.2075    1.0347   -0.7873   -0.8095   -0.7549
    0.7172    0.7269    0.8884   -2.9443    1.3703
    1.6302   -0.3034   -1.1471    1.4384   -1.7115
>> B=rot90(A,1)        %将原矩阵逆时针旋转90°
B =
    0.3252   -0.7549    1.3703   -1.7115
   -1.0689   -0.8095   -2.9443    1.4384
    0.2939   -0.7873    0.8884   -1.1471
    0.4889    1.0347    0.7269   -0.3034
    0.6715   -1.2075    0.7172    1.6302
>> C=rot90(A,-1)       %将矩阵顺时针旋转90°
C =
    1.6302    0.7172   -1.2075    0.6715
   -0.3034    0.7269    1.0347    0.4889
   -1.1471    0.8884   -0.7873    0.2939
    1.4384   -2.9443   -0.8095   -1.0689
   -1.7115    1.3703   -0.7549    0.3252
>> D=rot90(A,2)        %将矩阵逆时针旋转180°
D =
   -1.7115    1.4384   -1.1471   -0.3034    1.6302
    1.3703   -2.9443    0.8884    0.7269    0.7172
   -0.7549   -0.8095   -0.7873    1.0347   -1.2075
    0.3252   -1.0689    0.2939    0.4889    0.6715
```

【例3-24】 对所创建的矩阵进行翻转运算。

```
>> m1=magic(5)
m1 =
    17    24     1     8    15
    23     5     7    14    16
     4     6    13    20    22
    10    12    19    21     3
    11    18    25     2     9
>> m2=flipud(m1)
m2 =
    11    18    25     2     9
    10    12    19    21     3
     4     6    13    20    22
    23     5     7    14    16
    17    24     1     8    15
>> m3=fliplr(m1)
m3 =
```

15	8	1	24	17
16	14	7	5	23
22	20	13	6	4
3	21	19	12	10
9	2	25	18	11

（4）对角矩阵

对角矩阵是特殊的矩阵，具备很多特殊的性质。在 MATLAB 中提供了 trace 函数，用于计算主对角线元素之和；提供了 tril 函数，用于返回下三角矩阵；提供了 triu 函数，用于返回上三角矩阵。

【例 3-25】 对创建矩阵进行对角操作。

```
>> A=magic(5)
A =
    17    24     1     8    15
    23     5     7    14    16
     4     6    13    20    22
    10    12    19    21     3
    11    18    25     2     9
>> t=trace(A)
t =
    65
>> B=tril(A)
B =
    17     0     0     0     0
    23     5     0     0     0
     4     6    13     0     0
    10    12    19    21     0
    11    18    25     2     9
>> C=triu(A)
C =
    17    24     1     8    15
     0     5     7    14    16
     0     0    13    20    22
     0     0     0    21     3
     0     0     0     0     9
```

3.3.3 矩阵元素的运算

在 MATLAB 中提供了若干函数用于判断矩阵元素的类型，其功能如表 3-3 所示。

表 3-3 MATLAB 矩阵元素类型判断函数

函　　数	功　　能
isa	判断输入数据是否为某种指定数据类型
iscell	判断输入数据是否为元胞数组类型
isceller	判断输入数据是否为元胞字符串类型
ischar	判断输入数据是否为字符类型

函 数	功 能
Isfloat	判断输入数据是否为浮点数类型
isinteger	判断输入数据是否为整数类型
islogical	判断输入数据是否为逻辑类型
isnumeric	判断输入数据是否为数值类型
isreal	判断输入数据是否为实数类型
isstruct	判断输入数据是否为结构体类型

【例 3-26】 获取矩阵元素的数据类型。

```
>> S=['MATLAB,Mathwork']
S =
MATLAB,Mathwork
>> ischar(S)
ans =
     1
>> isnumeric(S)
ans =
     0
>> isinteger(S)
ans =
     0
```

3.3.4 矩阵运算

矩阵是 MATLAB 数据组织和运算的基本单元，矩阵的加、减、乘、除四则运算及幂运算等代数运算是 MATLAB 数值计算最基本的部分。

(1) 矩阵的加、减运算

【例 3-27】 对已创建矩阵进行加、减运算。

```
>> A=[2 3 4 5;2 3 1 6;6 8 4 1];
>> B=[3 22 4 5;1 2 4 6;8 7 5 2];
>> C=A+B
C =
     5    25     8    10
     3     5     5    12
    14    15     9     3
>> D=A-B

D =
    -1   -19     0     0
     1     1    -3     0
    -2     1    -1    -1
>> E=B'    %矩阵的转置
E =
     3     1     8
```

```
    22     2     7
     4     4     5
     5     6     2
>> F=A+E    %A 与 E 的大小不相等,不能进行加、减运算
Error using  +
Matrix dimensions must agree.
>> G=B+11   %每个元素都加 11
G =
    14    33    15    16
    12    13    15    17
    19    18    16    13
```

（2）矩阵乘法运算

阶矩阵 A 与阶矩阵 B 的乘积 C 为一个阶矩阵,且 C 中的任意元素的值为 A 的第 m 行和 B 的第 n 列对应的元素乘积的和,即 n 是 A 的列数,也是 B 的行数,又称两相乘矩阵的内阶数,两矩阵相乘的必要条件是它们的内阶数相等。一般来说矩阵乘法不具有交换性,即对于标量 x,矩阵的数相乘是可交换的。

【例 3-28】 对已创建矩阵进行乘法运算。

```
>> A=[2 4 5 9;4 1 3 0;3 2 8 10];
>> B=[2 11 3 8;2 4 2 3;1 3 8 0];
>> C=A*B
Error using   *
Inner matrix dimensions must agree.
>> E=B'
E =
     2     2     1
    11     4     3
     3     2     8
     8     3     0
>> D=E*A
D =
    15    12    24    28
    47    54    91   129
    38    30    85   107
    28    35    49    72
>> G=7*A
G =
    14    28    35    63
    28     7    21     0
    21    14    56    70
```

（3）矩阵除法运算

矩阵除法是矩阵乘法的逆运算,MATLAB 中的矩阵除法运算符有两种,如表 3-4 所示。

表 3-4 矩阵除法运算符

运 算 符	名 称
/	右除
\	左除

MATLAB 提供了用于求矩阵的逆矩阵的函数 inv，因此，可以用 inv(A)求矩阵 A 的逆矩阵。

【例 3-29】 对所创建的矩阵进行除法运算。

```
>> A=hilb(3)           %创建 3 阶 Hilbert 矩阵
A =
    1.0000    0.5000    0.3333
    0.5000    0.3333    0.2500
    0.3333    0.2500    0.2000
>> B=[1 2 3]';
>> C=A/B
Error using  /
Matrix dimensions must agree.
>> D=A\B
D =
   27.0000
 -192.0000
  210.0000
>> E=A*D
E =
    1
    2
    3
>> F=B'/A
F =
   27.0000  -192.0000   210.0000
>> H=E*A
Error using  *
Inner matrix dimensions must agree.
>> H=F*A
H =
    1    2    3
```

（4）矩阵的幂运算

矩阵的幂运算仅对方阵有意义。MATLAB 中幂运算符为^，对方阵 A，其 n 次幂表示为 A^n，A^n 为方阵。

【例 3-30】 矩阵的幂运算。

```
>> A=[2,3;3,2];
>> B=[1,2;3,4;1,5];
>> C=A^2
C =
   13    12
```

```
        12        13
>> D=A^3
D =
        62        63
        63        62
>> E=B^2       %非方阵的 2 次幂
Error using  ^
Inputs must be a scalar and a square matrix.
To compute elementwise POWER, use POWER (.^) instead.
```

（5）按位运算

按位运算是 MATLAB 为矩阵设计的一种简单、高效、安全的运算模式，实际上是对多重循环的高效封装，从而提高代码执行的效率和安全程度。按位运算符一般由一个"."作为前导符，表 3-5 列出了几种常见的矩阵按位运算。

表 3-5 几种常见的矩阵按位运算

运 算 符	说 明
+	加
-	减
.*	按位乘
./	按位右除
.\	按位左除
.^	按位幂

【例 3-31】 对所创建的矩阵进行按位运算。

```
>> A=[1,2;3,4];
>> B=[2,4;5,6];
>> A.*B       %按位乘
ans =
        2        8
       15       24
>> A.^2
ans =
        1        4
        9       16
>> A./B,A.\B,A.\2
ans =
    0.5000    0.5000
    0.6000    0.6667
ans =
    2.0000    2.0000
    1.6667    1.5000
ans =
    2.0000    1.0000
    0.6667    0.5000
```

3.3.5 矩阵分析

线性代数中有一些矩阵特征量用于刻画矩阵某方面的性质，如行列式、范数、条件数、秩等。

1. 范数计算

一维数组或二维数组范数的大小，直接影响到 MATLAB 求解数值问题的精度。对于范数，在线性代数中有着非常详细的介绍，它也是线性代数的基础之一。

（1）矢量的范数

在 MATLAB 中，求这三种矢量范数的函数分别如下：

norm(V,1)：计算矢量 V 的 1 范数。

norm(V)或 norm(V,2)：计算矢量 V 的 2 范数。

norm(V,inf)：计算矢量 V 的范数。

【例 3-32】 求解矢量的范数。

```
>>clear all;
>>x=randperm(6);      %产生矢量 0~6 之间随机 6 个数
>>n=norm(x);
>>n1=norm(x,inf)
n1 =
     6
>>n
n =
9.5394
```

（2）矩阵的范数

在 MATLAB 中提供了求三种矩阵范数的函数，其函数调用格式与求矢量的范数的函数完全相同。

【例 3-33】 求解 Hilbert 矩阵范数。

注：Hilbert 矩阵的分量满足 H(i,j)=1/(i+j-1)。

比如，3 阶 Hilbert 矩阵是：

```
    1/1 1/2 1/3
    1/2 1/3 1/4
    1/3 1/4 1/5
>>H=hilb(5)
>>n1=norm(H,1)           %1 范数
>>n2=norm(H,2)           %2 范数
>>ninf=norm(H,inf)       %无穷范数
>>nfro=norm(H,'fro')     %Frobenius 范数
H =
    1.0000    0.5000    0.3333    0.2500    0.2000
    0.5000    0.3333    0.2500    0.2000    0.1667
    0.3333    0.2500    0.2000    0.1667    0.1429
    0.2500    0.2000    0.1667    0.1429    0.1250
    0.2000    0.1667    0.1429    0.1250    0.1111
```

```
n1 =
    2.2833
n2 =
    1.5671
ninf =
    2.2833
nfro =
    1.5809
```

2. 条件数

在 MATLAB 中，计算 A 的三种条件数的函数如下：

cond(A,1)：计算 A 的 1 范数下的条件数。

cond(A)或 cond(A,2)：计算 A 的 2 范数下的条件数。

cond(A,inf)：计算 A 的范数下的条件数。

【例 3-34】 以 MATLAB 产生的 magic 及 Hilbert 矩阵为例，使用矩阵的条件数来分析对应的线性方程解的精度。

```
>>M=magic(5);
>>b=ones(5,1);        %利用左除 M 求解近似解
>>x=M\b               %准确的求解
>>xinv=inv(M)*b       %计算实际相对误差
>>ndb=norm(M*x-b);
>>nb=norm(b);
>>ndx=norm(x-xinv);
>>nx=norm(x);
>>er=ndx/nx;
>>k=cond(M)           %计算最大可能的近似相对误差
>>errk1=k*eps         %计算最大可能的相对误差
>>erk2=k*ndb/nb
x =
    0.0154
    0.0154
    0.0154
    0.0154
    0.0154
xinv =
    0.0154
    0.0154
    0.0154
    0.0154
    0.0154
k =
    5.4618
errk1 =
    1.2128e-15
erk2 =
    6.6426e-16
```

从以上结果可以看出，矩阵 M 的条件数为 5.4618，这种情况下引起的计算误差是很小的，其误差是完全可以接受的。

修改矩阵，重新计算求解的精度。

```
>>M=hilb(12);
>>b=ones(12,1);        %利用左除 M 求解近似解
>>x=M\b                %准确的求解
>>xinv=inv(M)*b        %计算实际相对误差
>>ndb=norm(M*x-b);
>>nb=norm(b);
>>ndx=norm(x-xinv);
>>nx=norm(x);
>>er=ndx/nx;
>>k=cond(M)            %计算最大可能的近似相对误差
>>errk1=k*eps          %计算最大可能的相对误差
>>erk2=k*ndb/nb
x =
    1.0e+08 *
   -0.0000
    0.0000
   -0.0006
    0.0093
   -0.0742
    0.3525
   -1.0560
    2.0447
   -2.5528
    1.9833
   -0.8718
    0.1656
Warning: Matrix is close to singular or badly scaled. Results may be inaccurate. RCOND = 2.642241e-17.
xinv =
    1.0e+10 *
   -0.0000
    0.0000
   -0.0000
   -0.0000
   -0.0071
   -0.1490
   -1.3149
   -4.3182
   -5.5076
   -2.3321
   -0.2471
    0.0015
k =
    1.7796e+16
errk1 =
```

```
     3.9514
erk2 =
     2.8456e+07
```

从以上结果可以看出,该矩阵的条件数为 1.7796e+16,该矩阵在数学理论中就是高度病态的,这样会生成比较大的计算误差。

3. 全矩阵特征值和特征矢量

在 MATLAB 中,特征值和特征矢量的求解过程一般可以通过以下方式求解:对矩阵 A 进行一系列的 House-Holder 变换,产生一个上三角矩阵,然后使用 QR 正交分解方法进行对角化。在 MATLAB 中提供了 eig 函数求解特征值和特征矢量。其调用格式如下:

d=eig(A):求矩阵 A 的全部特征值,构成矢量 d。

d=eig(A,B):求矩阵 A 与矩阵 B 的特征值,且 A、B 为方阵。

[V,D]=eig(A):求矩阵 A 的全部特征值,构成对角阵 D,并求 A 的特征矢量,构成 B 的列矢量。

[V,D]=eig(A,'nobalance'):直接求矩阵 A 的特征值与特征矢量。

[V,D]=eig(A,B):求方阵 A、B 的特征值,构成对角阵 D,并求特征矢量构成 V 的列矢量,且 A*V=B*V*D。

[V,D]=eig(A,B,flag):指定算法 flag 计算特征值和特征矢量,flag 取值如下:

chol:利用 cholesky 分解法求解矩阵的特征值与特征矢量。

qz:利用 qz 分解法求解矩阵的特征值与特征矢量。

【例 3-35】 对所创建的矩阵求解特征值与特征矢量。

```
>>A=[3 -2 -0.8 2*eps; -2 4 1 -eps; -eps/4 eps/2 -1 0; -0.5 -0.6 0.1 1];
>>d=eig(A)
d =
     5.5616
     1.4384
     1.0000
    -1.0000
>> [V,D]=eig(A)
V =
     0.6150   -0.3926   -0.0000   -0.0945
    -0.7877   -0.3065   -0.0000    0.1134
    -0.0000   -0.0000   -0.0000   -0.7563
     0.0362    0.8671    1.0000    0.6374
D =
     5.5616        0        0        0
          0   1.4384        0        0
          0        0   1.0000        0
          0        0        0  -1.0000
```

4. 矩阵的行列式

对 n 阶方阵 A,MATLAB 提供 det 函数用于求解矩阵的行列式,其调用格式为:

d=det(X)

求矩阵 X 的行列式值 d。

【例 3-36】 求创建矩阵的行列式。

```
>>V=(1:5)';
>>A=vander(V)      %范德蒙矩阵
A =
     1     1     1     1     1
    16     8     4     2     1
    81    27     9     3     1
   256    64    16     4     1
   625   125    25     5     1
>>det(A)
ans =
  288.0000
>>B=repmat(V,1,5)
B =
     1     1     1     1     1
     2     2     2     2     2
     3     3     3     3     3
     4     4     4     4     4
     5     5     5     5     5
>> det(B)
ans = 0
```

范德蒙（Vandermonde）矩阵最后一列全为 1，倒数第二列为一个指定的向量，其他各列是其后列与倒数第二列的点乘积，可以用一个指定向量生成一个范德蒙矩阵。在 MATLAB 中函数 vander(V) 生成以向量 V 为基础向量的范德蒙矩阵。

5. 矩阵的逆

在 MATLAB 中提供了 inv 函数用于求解矩阵的逆。长方形矩阵 A 没有逆矩阵，但在 MATLAB 中可以用 pinv 函数求解长方形矩阵 A 的伪逆矩阵 B=pinv(A)，B 一定满足 B*A=I 或 A*B=I 中的一个等式。

【例 3-37】 求矩阵的逆与伪逆。

```
>>A=[1 3 45 5;2 3 4 5;1 2 6 7;0 5 7 4];
>>B=inv(A)
B =
    0.0288    0.6487   -0.3262   -0.2760
   -0.0190    0.1040   -0.1891    0.2246
    0.0251   -0.0086   -0.0080   -0.0067
   -0.0202   -0.1151    0.2503   -0.0190
>>A*B
ans =
    1.0000         0         0   -0.0000
         0    1.0000         0   -0.0000
         0         0    1.0000   -0.0000
         0    0.0000   -0.0000    1.0000
>>C=randn(2,4)
```

```
C =
   -0.4336    3.5784   -1.3499    0.7254
    0.3426    2.7694    3.0349   -0.0631
>>D=pinv(C)
D =
   -0.0406    0.0336
    0.1975    0.0976
   -0.1745    0.2362
    0.0553   -0.0220
>>C*D
ans =
    1.0000   -0.0000
    0.0000    1.0000
>>D*C
ans =
    0.0291   -0.0522    0.1566   -0.0315
   -0.0522    0.9771    0.0297    0.1371
    0.1566    0.0297    0.9523   -0.1415
   -0.0315    0.1371   -0.1415    0.0415
```

习题

3-1 有几种建立矩阵的方法？各有什么优点？

3-2 在进行算术运算时，数组运算和矩阵运算各有什么要求？

3-3 数组运算和矩阵运算的运算符有什么区别？

3-4 在 MATLAB 中如何建立矩阵 $\begin{bmatrix} 5 & 7 & 3 \\ 4 & 9 & 1 \end{bmatrix}$，并将其赋予变量 a？

3-5 计算矩阵 $\begin{bmatrix} 5 & 3 & 5 \\ 3 & 7 & 4 \\ 7 & 9 & 8 \end{bmatrix}$ 和 $\begin{bmatrix} 2 & 4 & 2 \\ 6 & 7 & 9 \\ 8 & 3 & 6 \end{bmatrix}$ 之和。

3-6 求 $x = \begin{bmatrix} 4+8i & 3+5i & 2-7i & 1+4i & 7-5i \\ 3+2i & 7-6i & 9+4i & 3-9i & 4+4i \end{bmatrix}$ 的共轭转置。

3-7 计算 $a = \begin{bmatrix} 6 & 9 & 3 \\ 2 & 7 & 5 \end{bmatrix}$ 与 $b = \begin{bmatrix} 2 & 4 & 1 \\ 4 & 6 & 8 \end{bmatrix}$ 的数组乘积。

3-8 "左除"与"右除"有什么区别？

3-9 对于 $AX = B$，如果 $A = \begin{bmatrix} 4 & 9 & 2 \\ 7 & 6 & 4 \\ 3 & 5 & 7 \end{bmatrix}$，$B = \begin{bmatrix} 37 \\ 26 \\ 28 \end{bmatrix}$，求解 X。

3-10 已知：$a = \begin{bmatrix} 1 & 2 & 3 \\ 4 & 5 & 6 \\ 7 & 8 & 9 \end{bmatrix}$，分别计算 a 的数组平方和矩阵平方，并观察其结果。

3-11　$a = \begin{bmatrix} 5 & 0.2 & 0 & -8 & -0.7 \end{bmatrix}$，在进行逻辑运算时，$a$ 相当于什么样的逻辑量？

3-12　用四舍五入的方法将数组[2.4568 6.3982 3.9375 8.5042]取整。

3-13　已知矩阵 $A = \begin{bmatrix} 1 & 2 \\ 3 & 4 \end{bmatrix}$，实现下列操作：

（1）添加零元素使之成为一个 3×3 的方阵。

（2）在以上操作的基础上，将第三行元素替换为（1 3 5）。

（3）在以上操作的基础上，提取矩阵中第 2 个元素以及第 3 行第 2 列的元素。

第 4 章 MATLAB 中的函数

本章知识点:
- 内置函数的使用
- MATLAB 中的帮助功能
- 初等数学函数、三角函数、数据分析函数
- MATLAB 中随机数、复数、极限的表示与处理

基本要求:
- 掌握 MATLAB 中内置函数的使用方法
- 掌握帮助功能的使用方法
- 掌握 MATLAB 中常用的数学函数的表示与处理方法

能力培养目标:

通过本章的学习,掌握在 MATLAB 中内置函数的使用,掌握软件中帮助功能的使用,并学习初等数学函数、三角函数、数据分析函数、随机数、复数、极限的表示与处理方法,培养对 MATLAB 的掌握能力。

MATLAB 函数大全

4.1 内置函数的使用

1. 单个输入,单个输出

例如:sin(x)

其中,x 为输入参数,是常量或者已赋值的变量,可能是标量、一维矩阵、二维矩阵甚至多维矩阵类型;sin( ) 为函数名,整个表达式计算后会产生一个计算结果。

典型使用方法:

```
y=sin(x)
f=2+sin(x)^2
```

2. 多个输入,单个输出

例如:mod(x,y)

其中,x、y 为输入参数,顺序严格规定,以逗号隔开;mod( ) 为函数名,整个表达式计算后会产生一个计算结果。

典型使用方法:

MATLAB 函数大全

```
a=mod(x,y)
f=2+mod(x,y)^2
```

3．多个输出

例如：[m,n]=size(x)

其中，x 为输入参数；size( )为函数名；[m,n]为多个计算结果，顺序严格规定，以逗号或空格隔开，中括号。

典型使用方法：

```
[m,n]=size(x)
```

4．其他说明

一个函数可能支持多种使用的格式，例如：

```
sort(x)
y=sort(x,dim,mode)
[y,z]=sort(x,dim,mode)
```

多个输出时，不要直接参与表达式计算，例如，以下是错误的：

```
2+size(x)
```

4.2 初等数学函数

MATLAB 中初等数学函数在前面已经陆续讲解，现在补充一些函数，如指数函数。MATLAB 中的指数函数如表 4-1 所示，其中需要注意对数运算的函数名称。

表 4-1 指数函数

函 数	说 明	函 数	说 明
exp	幂运算	log	自然对数
pow2	以 2 为底的指数	log10	以 10 为底的对数
sqrt	开平方运算	log2	以 2 为底的对数

【例 4-1】 实现指数函数的计算。

```
>> y=exp(i*pi)
y =
   -1.0000 + 0.0000i
>> exp([1 7 8 ;6 9 3])
ans =
  1.0e+003 *
    0.0027    1.0966    2.9810
    0.4034    8.1031    0.0201
>> log([2.476 7.978 2.496;0 9.342 11.56])
ans =
    0.9066    2.0767    0.9147
     -Inf    2.2345    2.4476
```

```
>> log10([10 100 1000;10000 100000 1000000])
ans =
     1     2     3
     4     5     6
>> log2([5 6 9;7 8 16])
ans =
    2.3219    2.5850    3.1699
    2.8074    3.0000    4.0000
>> pow2([1 4 6 ;7 8 9])
ans =
     2    16    64
   128   256   512
>> sqrt([1 0 9;12 34 67])
ans =
    1.0000         0    3.0000
    3.4641    5.8310    8.1854
```

4.3 三角函数

MATLAB 中的三角函数如表 4-2 所示,函数的用法及名称与高等数学中的基本一致,值得注意的是,计算三角函数值时采用的是弧度。

表 4-2 三角函数

函 数	说 明	函 数	说 明
sin	正弦函数	acos	反余弦函数
sinh	双曲正弦函数	acosh	反双曲余弦函数
cos	余弦函数	acot	反余切函数
cosh	双曲余弦函数	acoth	反双曲余切函数
cot	余切函数	acsc	反余割函数
coth	双曲余切函数	asec	反正割函数
csc	余割函数	asin	反正弦函数
csch	双曲余割函数	asinh	反双曲正弦函数
sec	正割函数	atan	反正切函数
sech	双曲正割函数	atan2	4 象限内反正切
tan	正切函数	atanh	反双曲正切函数
tanh	双曲正切函数		

【例 4-2】 实现三角函数的计算。

```
>> sin(pi/5)
ans =    0.5878
>> sin(65)
ans =    0.8268
>> cos(pi/3)
```

```
ans =    0.5000
>> tan(pi/3)
ans =    1.7321
>> asin(0.25)
ans =    0.2527
>> acos(0.25)
ans =    1.3181
>> sinh(0.8)
ans =    0.8881
>> asinh(1.8476)
ans =    1.3733
>> z=4+3i
>> r=abs(z
>> theta=atan2(imag(z),real(z))
r=       5
theta=    0.6435
```

从上面的结果可以看出，在 MATLAB 中进行三角函数运算时，角度都采用弧度制来表示。

4.4 数据分析函数

- corrcoef 相关系数
- cov 协方差矩阵
- max 最大元素的数组
- mean 平均或中值的数组
- median 中值数组
- min 最小的元素的数组
- mode 最常见的数组值
- std 标准偏差
- var 方差

【例 4-3】 矩阵分析。

```
>>a=rand(4,5)
>>b=min(a)
>>c=max(a)
>>d=std(a)
a =
    0.6557    0.6787    0.6555    0.2769    0.6948
    0.0357    0.7577    0.1712    0.0462    0.3171
    0.8491    0.7431    0.7060    0.0971    0.9502
    0.9340    0.3922    0.0318    0.8235    0.0344
b =
    0.0357    0.3922    0.0318    0.0462    0.0344
c =
    0.9340    0.7577    0.7060    0.8235    0.9502
```

```
d =
    0.4057    0.1706    0.3399    0.3557    0.4045
```

4.5 随机数

4.5.1 基本随机数

前已述及 MATLAB 中有两个最基本生成随机数的函数。

(1) rand()

生成 (0,1) 区间上均匀分布的随机变量。基本语法为：

```
rand([M,N,P···])
```

生成排列成 M*N*P···多维向量的随机数。如果只写 M，则生成 M*M 矩阵；如果参数为 [M,N] 可以省略掉方括号。例如：

```
>>rand(5,1)      %生成5个随机数排列的列向量
>>rand(5)        %生成5行5列的随机数矩阵
>>rand([5,4])    %生成一个5行4列的随机数矩阵
```

通过下面语句可查看生成随机数大致的分布。

(2) randn()

生成服从标准正态分布（均值为 0，方差为 1）的随机数。基本语法和 rand() 类似。

```
randn([M,N,P ···])
```

生成排列成 M*N*P···多维向量的随机数。如果只写 M，则生成 M*M 矩阵；如果参数为[M,N]可以省略掉方括号。例如：

```
>>randn(5,1)     %生成5个随机数排列的列向量
>>randn(5)       %生成5行5列的随机数矩阵
>>randn([5,4])   %生成一个5行4列的随机数矩阵
```

4.5.2 连续型分布随机数

如果安装了统计工具箱（Statistic Toolbox），除了这两种基本分布外，还可以用 MATLAB 内部函数生成符合下面分布的随机数。

(1) unifrnd()

和 rand() 类似，这个函数生成某个区间内均匀分布的随机数。基本语法为：

```
unifrnd(a,b,[M,N,P···])
```

生成的随机数区间在 (a,b) 内，排列成 M*N*P···多维向量。如果只写 M，则生成 M*M 矩阵；如果参数为[M,N]可以省略掉方括号。例如：

```
>>unifrnd(-2,3,5,1)     %生成5个随机数排列的列向量
>>unifrnd(-2,3,5)       %生成5行5列的随机数矩阵
>>unifrnd(-2,3,[5,4])   %生成一个5行4列的随机数矩阵
```

上述语句生成的随机数都在 (-2,3) 区间内。

(2) normrnd()

和 randn()类似，此函数生成指定均值、标准差的正态分布的随机数。基本语法为：

normrnd(mu,sigma,[M,N,P…])

生成的随机数服从均值为 mu，标准差为 sigma（注意标准差是正数）正态分布，这些随机数排列成 M*N*P…多维向量。如果只写 M，则生成 M*M 矩阵；如果参数为[M,N]可以省略掉方括号。例如：

```
>>normrnd(2,3,5,1)      %生成 5 个随机数排列的列向量
>>normrnd(2,3,5)        %生成 5 行 5 列的随机数矩阵
>>normrnd(2,3,[5,4])    %生成一个 5 行 4 列的随机数矩阵
```

上述语句生成的随机数所服从的正态分布都是均值为 2，标准差为 3。

(3) chi2rnd()

此函数生成服从卡方（Chi-square）分布的随机数。卡方分布只有一个参数：自由度 v。基本语法为：

chi2rnd(v,[M,N,P…])

生成的随机数服从自由度为 v 的卡方分布，这些随机数排列成 M*N*P…多维向量。如果只写 M，则生成 M*M 矩阵；如果参数为[M,N]可以省略掉方括号。例如：

```
>>chi2rnd(5,5,1)        %生成 5 个随机数排列的列向量
>>chi2rnd(5,5)          %生成 5 行 5 列的随机数矩阵
>>chi2rnd(5,[5,4])      %生成一个 5 行 4 列的随机数矩阵
```

上述语句生成的随机数所服从的卡方分布的自由度都是 5。

(4) frnd()

此函数生成服从 F 分布的随机数。F 分布有两个参数：v1, v2。基本语法为：

frnd(v1,v2,[M,N,P…])

生成的随机数服从参数为（v1,v2）的卡方分布，这些随机数排列成 M*N*P…多维向量。如果只写 M，则生成 M*M 矩阵；如果参数为[M,N]可以省略掉方括号。例如：

```
>>frnd(3,5,5,1)         %生成 5 个随机数排列的列向量
>>frnd(3,5,5)           %生成 5 行 5 列的随机数矩阵
>>frnd(3,5,[5,4])       %生成一个 5 行 4 列的随机数矩阵
```

上述语句生成的随机数服从参数为（v1=3,v2=5）的 F 分布。

(5) trnd()

此函数生成服从 t（Student's t Distribution，这里 Student 不是学生的意思，而是 Cosset.W.S.的笔名）分布的随机数。t 分布有一个参数：自由度 v。基本语法为：

trnd(v,[M,N,P…])

生成的随机数服从参数为 v 的 t 分布，这些随机数排列成 M*N*P…多维向量。如果只写 M，则生成 M*M 矩阵；如果参数为[M,N]可以省略掉方括号。例如：

```
>>trnd(7,5,1)       %生成 5 个随机数排列的列向量，一般用这种格式
>>trnd(7,5)         %生成 5 行 5 列的随机数矩阵
>>trnd(7,[5,4])     %生成一个 5 行 4 列的随机数矩阵
```

上述语句生成的随机数服从参数为（v=7）的 t 分布。

（6）betarnd()

此函数生成服从 Beta 分布的随机数。Beta 分布有两个参数，分别是 A 和 B。生成 Beta 分布随机数的语法是：

betarnd(A,B,[M,N,P…])

（7）exprnd()

此函数生成服从指数分布的随机数。指数分布只有一个参数：mu。生成指数分布随机数的语法是：

exprnd(mu,[M,N,P…])

（8）gamrnd()

生成服从 Gamma 分布的随机数。Gamma 分布有两个参数：A 和 B。生成 Gamma 分布随机数的语法是：

gamrnd(A,B,[M,N,P…])

（9）lognrnd()

生成服从对数正态分布的随机数。它有两个参数：mu 和 sigma，服从这个分布的随机数取对数后就服从均值为 mu，标准差为 sigma 的正态分布。生成对数正态分布随机数的语法是：

lognrnd(mu,sigma,[M,N,P…])

（10）raylrnd()

生成服从瑞利（Rayleigh）分布的随机数。其分布有一个参数：B。生成瑞利分布随机数的语法是：

raylrnd(B,[M,N,P…])

（11）wblrnd()

生成服从威布尔（Weibull）分布的随机数。其分布有两个参数：scale 参数 A 和 shape 参数 B。生成 Weibull 分布随机数的语法是：

wblrnd(A,B,[M,N,P…])

（12）unidrnd()

此函数生成服从离散均匀分布的随机数。unifrnd 是在某个区间内均匀选取实数（可为小数或整数），unidrnd 是均匀选取整数随机数。离散均匀分布随机数有一个参数：n，表示从{1, 2, 3, …, N}这 n 个整数中以相同的概率抽样。基本语法为：

unidrnd(n,[M,N,P…])

这些随机数排列成 M*N*P…多维向量。如果只写 M，则生成 M*M 矩阵；如果参数为[M,N]可以省略掉方括号。例如：

```
>>unidrnd(5,5,1)       %生成 5 个随机数排列的列向量，一般用这种格式
>>unidrnd(5,5)         %生成 5 行 5 列的随机数矩阵
>>unidrnd(5,[5,4])     %生成一个 5 行 4 列的随机数矩阵
```

（13）binornd()

此函数生成服从二项分布的随机数。二项分布有两个参数：n 和 p。考虑一个打靶的例子，每枪命中率为 p，共射击 N 枪，那么一共击中的次数就服从参数为（N,p）的二项分布。注意 p 要小于等于 1 且非负，N 要为整数。基本语法为：

binornd(n,p,[M,N,P⋯])

生成的随机数服从参数为（N,p）的二项分布，这些随机数排列成 M*N*P⋯多维向量。如果只写 M，则生成 M*M 矩阵；如果参数为[M,N]可以省略掉方括号。例如：

```
>>binornd(10,0.3,5,1)      %生成 5 个随机数排列的列向量，一般用这种格式
>>binornd(10,0.3,5)        %生成 5 行 5 列的随机数矩阵
>>binornd(10,0.3,[5,4])    %生成一个 5 行 4 列的随机数矩阵
```

上述语句生成的随机数服从参数为（10,0.3）的二项分布。

（14）geornd()

此函数生成服从几何分布的随机数。几何分布的参数只有一个：p。几何分布的现实意义可以解释为，打靶命中率为 p，不断地打靶，直到第一次命中目标时没有击中的次数之和。注意 p 是概率，所以要小于等于 1 且非负。基本语法为：

geornd(p,[M,N,P⋯])

这些随机数排列成 M*N*P⋯多维向量。如果只写 M，则生成 M*M 矩阵；如果参数为[M,N]可以省略掉方括号。例如：

```
geornd(0.4,5,1)      %生成 5 个随机数排列的列向量，一般用这种格式
geornd(0.4,5)        %生成 5 行 5 列的随机数矩阵
geornd(0.4,[5,4])    %生成一个 5 行 4 列的随机数矩阵
```

上述语句生成的随机数服从参数为（0.4）的二项分布。

（15）poissrnd()

此函数生成服从泊松（Poisson）分布的随机数。泊松分布的参数只有一个：lambda。此参数要大于零。基本语法为：

poissrnd(p,[M,N,P⋯])

这些随机数排列成 M*N*P⋯多维向量。如果只写 M，则生成 M*M 矩阵；如果参数为[M,N]可以省略掉方括号。例如：

```
>>poissrnd(2,5,1)      %生成 5 个随机数排列的列向量，一般用这种格式
>>poissrnd(2,5)        %生成 5 行 5 列的随机数矩阵
>>poissrnd(2,[5,4])    %生成一个 5 行 4 列的随机数矩阵
```

上述语句生成的随机数服从参数为（2）的泊松分布。

其他离散分布还有超几何分布（Hyper-geometric，函数是 hygernd）等，详见 MATLAB 帮助文档。

4.6 复数

复数可以通过函数 complex(real,imag)来进行定义。

【例 4-4】 用复数函数创建复数。

```
>> x=rand(4)
x =
    0.8147    0.6324    0.9575    0.9572
    0.9058    0.0975    0.9649    0.4854
    0.1270    0.2785    0.1576    0.8003
    0.9134    0.5469    0.9706    0.1419
>> y=rand(4)-4
y =
   -3.5782   -3.3443   -3.3213   -3.3445
   -3.0843   -3.9643   -3.2423   -3.8288
   -3.2078   -3.1509   -3.2569   -3.2940
   -3.0405   -3.0660   -3.6078   -3.9682
>> z=complex(x,y)
z =
   0.8147 - 3.5782i   0.6324 - 3.3443i   0.9575 - 3.3213i   0.9572 - 3.3445i
   0.9058 - 3.0843i   0.0975 - 3.9643i   0.9649 - 3.2423i   0.4854 - 3.8288i
   0.1270 - 3.2078i   0.2785 - 3.1509i   0.1576 - 3.2569i   0.8003 - 3.2940i
   0.9134 - 3.0405i   0.5469 - 3.0660i   0.9706 - 3.6078i   0.1419 - 3.9682i
```

4.7 计算的极限

MATLAB 中求极限有以下几种方法，见表 4-3。

表 4-3 MATLAB 中函数的极限

命　令	功　能	命　令	功　能
L=limit(fun,x,x_0)	求自变量 x→x_0 时单变量函数 fun 的极限值	L=limit(limit(fun,y,y_0),x,x_0)	求自变量 x→x_0 和 y→y_0 时多变量函数 fun 的极限值
L=limit(fun,x,x_0,'left')	求自变量 x→x_0^- 时单变量函数 fun 的极限值	L=limit(limit(fun,x,x_0),y,y_0)	求自变量 x→x_0 和 y→y_0 时多变量函数 fun 的极限值
L=limit(fun,x,x_0,'right')	求自变量 x→x_0^+ 时单变量函数 fun 的极限值		

【例 4-5】 用 MATLAB 软件求下列函数的极限：

$$\lim_{x \to 0} \frac{\arctan x}{x}$$

```
>>syms  x
>>f=atan(x)/x;
>>limit(f)
ans =
   1
```

4.8 特殊值和辅助功能

MATLAB 的一些函数返回重要的特殊值，这些值可以直接在 M 文件中使用。
① eps：浮点数相对精度，MATLAB 计算时的容许误差。
② intmax：本计算机能表示的 8 位、16 位、32 位、64 位的最大整数。
③ intmin：本计算机能表示的 8 位、16 位、32 位、64 位的最小整数。
④ realmax：本计算机能表示的最大浮点数。
⑤ realmin：本计算机能表示的最小浮点数。
⑥ pi：圆周率，3.1415926…
⑦ i、j：虚数单位。
⑧ inf：无穷大。当 n>0 时，n/0 为 inf；当 n<0 时，n/0 为-inf。
⑨ NaN：非数，无效数值。比如：0/0、inf/inf。
⑩ computer：MATLAB 运行平台。当返回字符为 PCWIN 时，操作系统为 Microsoft Windows。
⑪ version：MATLAB 运行版本字符串。

由于浮点数的计算存在容许误差，因此在比较浮点数的值是否相等时，应当考虑容许误差。例如，查找数组 a 中是否存在 1.01 这个元素，不要采用以下方法：

```
>>find(a==1.01)
```

而应考虑容许误差：

```
>>find(abs(a-1.01)<=eps)
```

此外，MATLAB 的各种工具箱可以实现想要的辅助功能，在此不再多述。

习题

4-1 如何查看函数的帮助信息？
4-2 联机显示系统如何使用？
4-3 试练习常用初等数学函数的使用方法。
4-4 计算表达式 $\tan(-x^2)\arccos x$ 在 $x=0.25$ 和 $x=0.78$ 时的函数值。
4-5 角度 $x=[30\ 45\ 60]$，求 x 的正弦、余弦、正切和余切。
4-6 在 $\sin(x)$ 运算中，x 是角度还是弧度？
4-7 求 $\lim\limits_{n\to\infty}10\left(1+\dfrac{0.05}{n}\right)^n$。
4-8 已知某工厂生产 x 个汽车轮胎的成本（单位：元）$C(x)=300+\sqrt{1+x^2}$，生产 x 个汽车轮胎的平均成本为 $\dfrac{C(x)}{x}$，当产量很大时，每个轮胎的成本大致为 $\lim\limits_{x\to+\infty}\dfrac{C(x)}{x}$，求这个极限。

第 5 章

绘 图

本章知识点：
- 常用数学函数
- 常用绘图命令

基本要求：
- 掌握 MATLAB 中常用数学函数的表示方法
- 掌握绘图常用的函数

能力培养目标：

通过本章的学习，掌握在 MATLAB 中常用的数学函数，掌握一些基本的绘图命令，培养在 MATLAB 中进行常用数学运算和对运算结果进行图形绘制的能力。

5.1 概要

所有的数学函数都有其函数图像，使用图像来表达一个函数要比用数学公式表达的函数更能给人以清晰而深刻的印象，并且这种表达直接，让人一目了然。要想明了地掌握一个数学函数，先从了解该函数的图像开始，明确地了解该函数的特性曲线以后，则自然能充分地掌握该函数的实质。

MATLAB 在绘制函数图像上提供了相当丰富的命令，在本章中将介绍一些较为基本的绘图命令，并提供详细的示例。MATLAB 具有非常强大的绘图功能，并且极为方便。

5.2 常用数学函数

5.2.1 基本数学函数

- abs(x)：取实数的绝对值
- sign(x)：取实数的符号
- sqrt(x)：取 x 的平方根
- exp(x)：e^x
- log(x)：$\ln x$

- log10(x)：以 10 为底 x 的对数
- log2(x) ：以 2 为底 x 的对数

【例 5-1】 请设计一段程序，求下列各数 10、-25、30 的 abs、sign、sqrt 值。
程序设计：

```
>>clear              %清除内存中保存的变量（%引导注释行）
>>x=[10 -25 30];     %定义变量（数组变量）
>>a=abs(x)           %对变量 x 取绝对值
>>b=sign(x)          %取变量 x（其元素）的符号
>>c=sqrt(x)          %取变量 x 的平方根，负数的方根为虚数
```

运行结果：

```
a=
    10              25              30
b=
    1              -1               1
c=
    3.1623          0+5.0000i       5.4772
```

【例 5-2】 设计一段程序，求 ln100、100 和 256 的值。
程序设计：

```
>>clear              %清除内存中保存的变量
>>a=exp(2);          %计算
>>b=log(100);        %计算 ln100
>>c=log10(100);      %计算 100
>>d=log2(256);       %计算 256
>> [a b c d]         %使计算结果以数组的形式输出
```

运行结果：

```
ans=
    7.3891          4.6052          2.0000          8.0000
```

程序说明：本例采用的都是非常简单的算式，每个结果都可以用笔算出来，自然常数 e≈2.7183。可以把自己计算的结果和用 MATLAB 计算的结果比较一下，看输出结果是否正确。

【例 5-3】 设计程序，画出函数 y=exp(x)和 y=lnx 的特性曲线。
程序设计：

```
>>clear;             %清除内存中保存的变量
>>x1=(0:0.01:5);     %设置变量 x1 的范围
>>y1=log(x1);        %计算变量 x1 的对数值
>>x2=(-2:0.01:2);    %设置变量 x2 的范围
>>y2=exp(x2);        %计算变量 x2 的指数值
>>plot(x1,y1,x2,y2); %画出相应对数和指数函数的特性曲线
```

运行结果：如图 5-1 所示。
程序说明：

① 上面的那条曲线是指数函数 y=exp(x)的特性曲线，下面的曲线是对数函数 y=lnx 的特性曲线。变量 y 和自变量 x 的关系一目了然。

② X1=(0:0.01:5); 产生一组从 0～5 的数,每隔 0.01 产生一个数值。

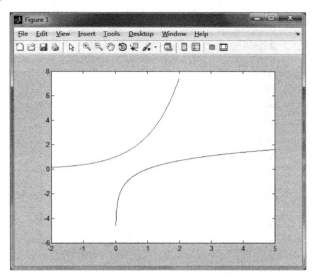

图 5-1　指数和对数函数的图像

5.2.2　三角函数与反三角函数

MATLAB 提供了十分完整的三角函数与反三角函数在运用上的各项功能,针对数、向量、矩阵等进行有关三角函数的运算。不过这里需要注意的是,所有的三角函数及其基本运算功能,所采用的都是"弧度"而不是"角度",若要将弧度转换为角度则需要乘以"180/pi"。

各函数值计算命令如下:
- sin(x): 正弦函数
- cos(x): 余弦函数
- tan(x): 正切函数
- cot(x): 余切函数
- sec(x): 正割函数
- csc(x): 余割函数
- asin(x): 反正弦函数
- acos(x): 反余弦函数
- atan(x): 反正切函数
- acot(x): 反余切函数
- asec(x): 反正割函数
- acsc(x): 反余割函数

【例 5-4】 设计一段程序,画出一个周期的正弦函数和余弦函数的图像。
程序设计:

```
>>clear              %清除内存中保存的变量
>>x=(0:0.01:2*pi);   %设置变量 x 的范围
>>y1=sin(x);
>>y2=cos(x);
>>plot(x,y1,x,y2)    %绘制 y1 和 y2 的图像
```

运行结果：如图 5-2 所示。

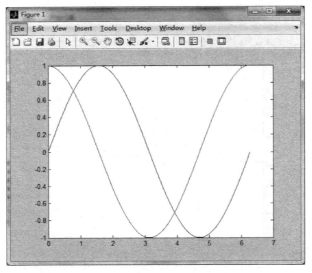

图 5-2　正弦和余弦的图像

程序说明：

① 本例中计算正弦函数值和余弦函数值用的都是弧度，这里的 pi 就是在数学教材中常见到的圆周率。注意弧度与角度之间的转换，弧度 pi 就等于角度的 180°。

② plot(x)命令是常用到的绘制二维函数图像的命令。

【例 5-5】设计一段程序，在同一个坐标系下画出正切函数 tan(x)和余切函数 cot(x)的图像。

程序设计：

```
>>clear
>>fplot('[tan(x),cot(x)]',2*pi*[-1,1,-1,1])
```

运行结果：如图 5-3 所示。

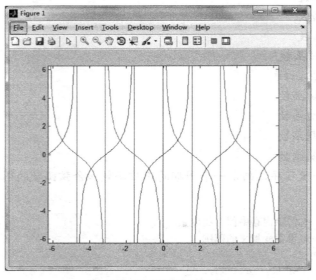

图 5-3　正切和余切的图像

程序说明：fplot()是绘制指定函数在指定区域里的图像的命令，其具体用法为：

fpolt('f(x)',[a,b])

本例中 fplot('[tan(x),cot(x)]',2*pi*[-1,1,-1,1])是同时画出两个函数的特性曲线，并分别指出它们的区间。要充分注意这种使用格式。

【例5-6】 设计一段程序，计算自 0 开始每隔 15° 取值至 90° 的正弦函数值，然后对该组数只求反正弦函数。

程序设计：

```
>>clear                %清除内存中保存的变量
>>t=0:15:90;           %产生从 0～90 每隔 15 取值的数列
>>A=sin(t.*pi/180);    %计算变量 t 的正弦函数值
>>B=asin(A).*180./pi;  %计算变量 A 的反正弦函数值
>>A
>>B
```

运行结果：

```
A =
    0    0.2588    0.5000    0.7071    0.8660    0.9659    1.0000
B =
    0   15.0000   30.0000   45.0000   60.0000   75.0000   90.0000
```

程序说明：需要注意的地方是"B=asin(A).*180./pi;"中是点乘和点除，点号要放在括号的外边。

【例5-7】 设计一段程序，产生一个振幅递减的正弦波，并分别用 fill()、stem()、errorbar() 和 feather()命令画出其图像来。

程序设计：

```
>>clear
>>x=linspace(0,10,50);
>>y=sin(x).*exp(-x/3);        %产生振幅递减的正弦波
>>fill(x,y,'b')               %参数'b'在这里表示蓝色 blue
>>figure,stem(x,y)
>>figure,stairs(x,y)
>>figure,errorbar(x,y,y)      %最后一个 y 为误差量
>>figure,feather(x,y)
```

运行结果：如图 5-4～图 5-8 所示。

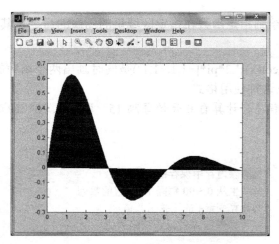

图 5-4 fill 命令绘出的图像

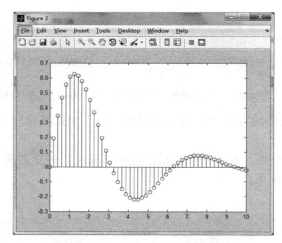

图 5-5 stem 命令绘出的图像

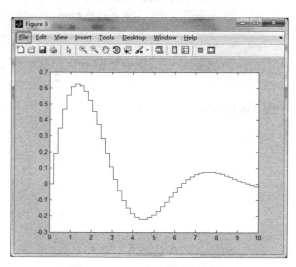

图 5-6 stairs 命令绘出的图像

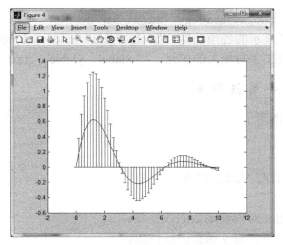

图 5-7 errorbar 命令绘出的图像

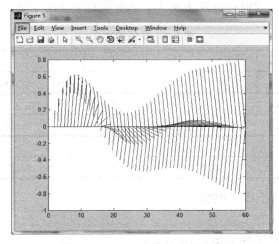

图 5-8 feather 命令绘出的图像

程序说明:

① linspace()命令的格式为:linspace(x1,x2,N),用于产生 x1、x2 之间的 N 点行矢量,相邻数据跨度相同。其中 x1、x2、N 分别为起始值、终止值、元素个数。若缺省 N,默认点数为 100。

② 用 sin(x).*exp(-x/3)来产生一个振幅递减的正弦曲线。

③ 要同时输出若干个图像,用 figure 把这些绘图隔开。要注意它的后面是逗号不是空格。

④ 图 5-4~图 5-8 分别为 fill()、stem()、stairs()、errorbar()和 feather()绘出的函数图形。

5.3 绘图命令

5.3.1 绘图命令要览

MATLAB 绘图

MATLAB 的绘图命令大致可以分为以下三大类:

绘制图像:此命令用以绘制所需要的图像,尤其是绘制线性代数与函数图像时极为便捷,如 plot、fplot、loglog、senilogx、senilogy、mesh、bar 等。

屏幕控制：控制屏幕显示的各项功能，如 clg、grid、hold、subplot 等。

文字输出：显示指定文字与相关的信息，如 xlabel、ylable、gtext、title 等。

5.3.2 绘图命令用法说明

（1）plot：绘制线性图形

语法：plot(X)

　　　plot (X,Y)

　　　plot (X1,Y1,S1,X2,Y2,S2,X3,Y3,S3…)

　　　plot (X,Y,S)

说明：plot (X)：绘出 x 对内建函数的线性图。

　　　plot (X,Y)：绘出 x 对 y 函数的线性图。

　　　plot (X1,Y1,S1,X2,Y2,S2,X3,Y3,S3…)：绘出多组 x 对 y 的线性曲线图。

　　　plot (X,Y,S)：S 的值可分别由表 5-1 中所示的字义而定义。

表 5-1　S 值的定义

符号	y	m	c	r	g	b	w	k	O
意义	黄色	深红色	青绿色	红色	绿色	蓝色	白色	黑色	圆形
符号	d	xx	+	*	.	v	-	:	
意义	钻石形	记号	加号	星号	点形	倒三角	实心线	小圆点	
符号	S	.	---	^	<	>	p	h	
意义	方形	长点	虚线	正三角	左三角	右三角	五角星	六角形	

（2）mesh：绘制 3D（三维）网状立体图

语法：mesh(x,y,z,c)

说明：x、y、z 分别为立体坐标。

　　　c 为彩色矩阵。

（3）bar：绘制条状直方图

语法：bar(x,y,width)

说明：x 为一递增或递减的向量，y 为一 mn 矩阵。

（4）stairs：绘制阶梯图形

语法：stairs(x,y)

说明：于 x 所述位置绘制向量 y 的阶梯图。

（5）title：标示文字

语法：title('text','property1',propertyvalue1…)

说明：text 是在图像的上方标注的文字。

　　　property 用以设置 text 的属性。

（6）xlabel：对 x 轴做标示

语法：xlabel('text','property1',propertyvalue1…)

说明：text 是在 x 轴上标注的文字。

　　　property 用以设置 xlabel 的属性。

（7）ylabel：对 y 轴做标示
语法：ylabel('text','property1',propertyvalue1…)
说明：text 是在 y 轴上标注的文字。
property 用以设置 ylabel 的属性。
（8）gtext：由鼠标定出文字的位置
语法：gtext('string')
说明：string 是一连串的文字。
例如，gtext({'第一行','第二行'})。
（9）grid：在图表中加格线
语法：grid
说明：grid on 在目前的坐标上加格线。
grid off 则去除格线。
（10）clg：清除图形或图表
语法：clg
说明：请参阅 clf 命令。
（11）clf：清除现有的一切图形或图表
语法：clf
说明：clf 清除现有的一切图形或者图表，含子图形与图表，同时清除图形与图表的所有相关属性与变量值。
（12）hold：保持目前的图表
语法：hold
说明：hold on 保持目前的图表以便往后可以附加。
hold off 回到初始值状态。
（13）subplot：另外绘制显示子窗口图像
语法：subplot(m,n,p)
说明：子窗口图形的大小为 m*n 的矩阵。
其坐标系的位置为第 p 坐标。
（14）figure：产生图形窗口
语法：figure(x)
说明：强迫立即显示目前的 x 图像。
gcf 命令可恢复原来显示的图表。
get(x)命令可以显示图像的属性与相关数据。
（15）refresh：更新图标
语法：refresh
说明：强迫立即更新图表，refresh(fig)更新制定图表 fig。
（16）close：关闭图表
说明：close all 关闭所有图表。
close('name')关闭指定名称的图表。
close 关闭目前使用的图表。
（17）line：绘制线段
语法：line

说明：line(x,y)以 x,y 向量绘制线段。
　　　　line(x,y)在 3D（三维）坐标中绘制线段。
（18）fplot：绘制指定函数的图像
语法：fplot('fn',[a,b])
　　　fplot('fn',[x1 x2 y1 y2])
说明：fplot('fn',[a,b])在[a,b]区间绘出函数 fn 的特性曲线图。
　　　fplot('fn',[x1 x2 y1 y2])在[x1,x2]的 x 区间与[y1,y2]的 y 区间绘出函数 fn 的特性曲线图。
（19）patch：增贴图形
语法：patch(x,y,c)
说明：在 x、y 向量指定的地方贴上图形。
　　　c 为指定的色彩。
（20）surface：绘制表面图形
语法：surface(x,y,z,c)
说明：在目前的坐标系上加入 x,y,z,c 所指定的表面。
（21）surf：绘制 3D 彩色表面图
语法：surf(x,y,z,c)
说明：绘制由 x,y,z,c 四个矩阵所定义的彩色表面。
　　　若不输入 c，则默认 c=z，表示表面高度与色彩成比例。
（22）shading：彩色遮光模式
语法：shading
说明：shading 命令用以产生表面遮光效果。
　　　shading plat 以平坦方式做表面遮光。
　　　shading faceted 以初值在表面产生遮光。
（23）view：指定 3D 图形的观察角度
语法：view(az,e1)
说明：az 为水平旋转角度。
　　　e1 为垂直旋转角度。
　　　例如，az=-35.2，el=55.3。

5.4　绘制实例集锦

应用 MATLAB 图形函数和绘图实例

【例 5-8】绘出 RLC 电路中欠阻尼现象的图像。
程序设计：

```
>>clear
>>t=1:0.01:10;
>>y=8*(exp(0.8.*(-t)).*cos(10.*t));    %生成欠阻尼曲线的数据
>>plot(t,y)                             %绘出图形
>>axis([1 10 -1 1])                     %定义 x 轴与 y 轴的显示范围
>>xlabel('Times-(t)');                  %显示 x 轴的标签'Times-(t)'
>>ylabel('Current-(i)');                %显示 y 轴的标签'Current-(i)'
>>title('2-Dimension');                 %显示本图的标题'2-Dimension'
```

运行结果：如图 5-9 所示。

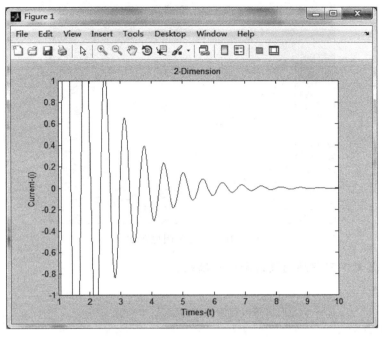

图 5-9　欠阻尼图像

程序说明：

① 电路分析中，RLC 回路响应有三种状况，分别是过阻尼、临界阻尼和欠阻尼。本例示范的是欠阻尼的图像，主要特征是振幅逐渐减小，最后趋于零。

② t=1:0.01:10；时间的分割要注意，时间段若是太长则曲线会变成折线而不光滑了。

③ 生成欠阻尼曲线数据的函数形式，是一个指数函数和一个正弦（或余弦）函数的乘积。

【例 5-9】　用三维的方式画出 RLC 电路的欠阻尼振荡现象。

程序设计：

```
>>clear
>>t=1:0.01:15;
>>y=2*(exp(-0.2.*(t)).*cos(8.*t));
>>z=2*(exp(-0.4.*(t)).*cos(8.*t));
>>plot3(t,y,z)                    %绘制三维线性图像
>>axis([1 15 -1.5 1.5 -1.5 1.5]); %设置三个坐标的显示范围
>>xlabel('X-Axis')                %显示 x 轴的标签
>>ylabel(Y-Axis');                %显示 y 轴的标签
>>zlabel('Z-Axis');               %显示 z 轴的标签
>>title('3-Dimension');           %显示图像的标题
```

运行结果：如图 5-10 所示。

程序说明：可以尝试一下把 axis([1 15 -1.5 1.5 -1.5 1.5]);中 axis()命令的参数改为'equal'后再运行，看看结果。

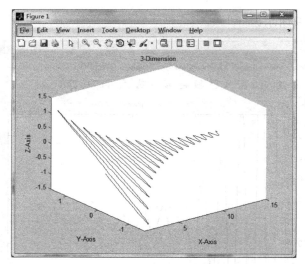

图 5-10 三维欠阻尼图像

【例 5-10】 思考下列程序的设计和运行结果。

程序设计：

```
>>clear                  %清除内存中保存的变量
>>a=[1 2 3;4 5 6;7 8 9];
>>surf(a)                %注意参数 a 必须为矩阵
>>xlabel('X-Axis')       %显示 x 轴的标签
>>ylabel('Y-Axis');      %显示 y 轴的标签
>>zlabel('Z-Axis');      %显示 z 轴的标签
>>title('3-Dimension');  %显示图像的标题
```

运行结果：如图 5-11 所示。

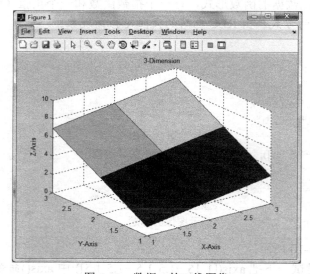

图 5-11 数据 a 的三维图像

【例 5-11】 思考下列程序的设计和运行结果。

程序设计：

```
>>clear
>>x=-pi:0.1:pi;
>>y=-pi:0.1:pi;
>>z=sin(x).*cos(y);
>>plot3(x,y,z)
>>figure,bar(z)
```

程序说明：
① x 与 y 值的大小直接与它的周期有着密切的关系。
② 函数图像的重点是在 z 变量上，所以 bar(z)是展示函数式 sin(y).*cos(x)真正的特性曲线。
③ figure 用来强制同时显示两幅图像。
运行结果：如图 5-12、图 5-13 所示。

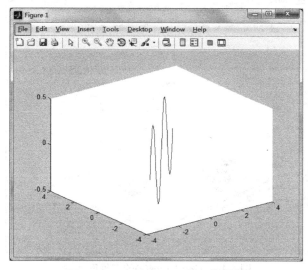

图 5-12 sin(x).*cos(y)的三维图像

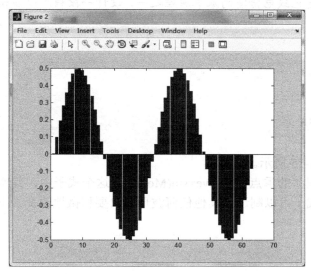

图 5-13 用 bar 命令绘制的 sin(x).*cos(y)图像

【例 5-12】 用 3D 的绘图方法，使 z= sin(x).*cos(y)的分布以立体的方式清晰地展现出来。
程序设计：

```
>>clear
>>x=-pi:0.1:pi;
>>y=-pi:0.1:pi;
>>z=sin(y).*cos(x);
>> [X,Y]=meshgrid(x,y);     %取得 x 与 y 数组（array），换成 3D 图形
>>Z= sin(Y).*cos(X);
>>figure,mesh(X,Y,Z)        %显示 3D 网状图，高度不同色彩也不同
```

运行结果：如图 5-14 所示。

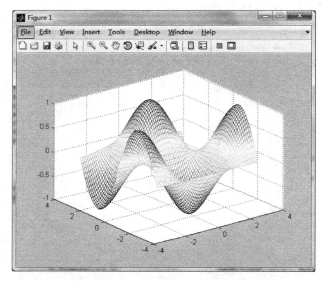

图 5-14 sin(y).*cos(x)的三维网状图

【例 5-13】 调幅是无线电传输的基本原理之一，设计一段程序以显示正弦波调幅的现象和结果。
程序设计：

```
>>clear
>>Modul=30;
>>t=0:0.1:15;
>>Wave=sin(Modul.*t);
>>plot(t,Wave)
```

运行结果：如图 5-15 所示。

程序说明：这段程序的重点在 Wave=sin(Modul.*t)这个式子中，其实它就是调幅的基本原理所在。事实上这个式子可以制造出其他任何波形，只要稍微地改变一下变量 Modul 或 t 就可以了。

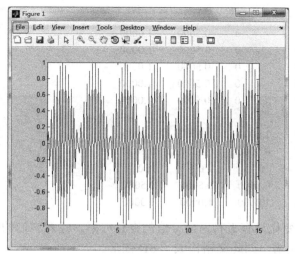

图 5-15 正弦调幅图像

【例 5-14】 设计一段程序，绘制出 3D 立体图形，可将一平面的四个角向上折起。
程序设计：

```
>>clear
>> [x,y]=meshgrid(-3.14:0.1:3.14);
>>z=sqrt((x.^2).*(y.^2));
>>mesh(x,y,z)
>>title('z=sqrt((x.^2).*(y.^2))')
```

运行结果：如图 5-16 所示。

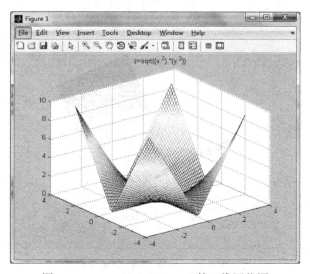

图 5-16 z=sqrt((x.^2).*(y.^2))的三维网状图

程序说明：meshgrid(x,y)这个命令是针对 3D 绘图所使用的，可以将 x 与 y 数列转换成 3D 图形。为了理解 meshgrid()函数的功能，计算[x,y]= meshgrid(-1:0.5:1)，看看结果：

```
x =
    -1.0000   -0.5000        0    0.5000    1.0000
    -1.0000   -0.5000        0    0.5000    1.0000
    -1.0000   -0.5000        0    0.5000    1.0000
    -1.0000   -0.5000        0    0.5000    1.0000
    -1.0000   -0.5000        0    0.5000    1.0000
y =
    -1.0000   -1.0000   -1.0000   -1.0000   -1.0000
    -0.5000   -0.5000   -0.5000   -0.5000   -0.5000
         0         0         0         0         0
     0.5000    0.5000    0.5000    0.5000    0.5000
     1.0000    1.0000    1.0000    1.0000    1.0000
```

x 的值从-1～+1 的变化只有五种，而 y 值的变化亦然，注意它们的分配状态刚好是纵横分开的。x 变量自左而右递增，如此交错构成了 3D 图形。

【例 5-15】 已知 y=(x.^2+x.^1)是一个二次曲线，下面用 3D 立体图形来显示其图形。

程序设计：

```
>>clear
>> [x]=meshgrid(-2:0.01:2);
>>z=(x.^2+x.^1);
>>mesh(z,x)              %注意 z 和 x 的顺序颠倒了，结果就完全不同了
```

运行结果：如图 5-17 所示。

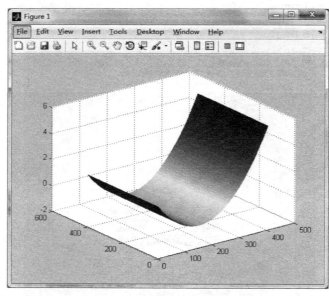

图 5-17　图像 z=(x.^2+x.^1)

【例 5-16】 设计一段程序，将一个图形分为四个象限，第一个象限绘制 sin 图形，第二个象限绘制 cos 图形，第三个象限绘制 tan 图像，第四个象限绘制 sec 图形。

程序设计：

```
>>clear
>>subplot(2,2,1),fplot('[6*sin(x)]',2*pi*[-1 1 -1 1])
```

```
>>subplot(2,2,2), fplot('[3* cos(x)]',2*pi*[-1 1 -1 1])
>>subplot(2,2,3),fplot('[tan(x)]',pi*[-1 1 -1 1])
>>subplot(2,2,4),fplot('[sec(x)]',pi*[-1 1 -1 1])
```

运行结果：如图 5-18 所示。

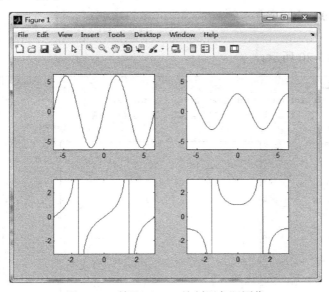

图 5-18 利用 subplot 绘制四象限图像

【例 5-17】 使用极坐标的方式绘制 sin(t).*cos(t)的函数图样。

程序设计：

```
>>clear
>>t=0:0.01:2*pi;
>>polar(t,abs(sin(t).*cos(t)))    %前一个参数表示极坐标的角度，后一个表示相对应的半径
```

运行结果：如图 5-19 所示。

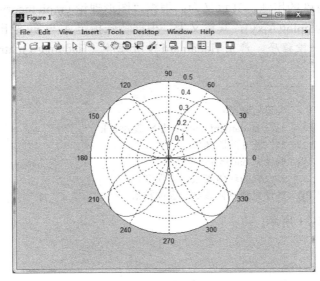

图 5-19 使用 polar 命令绘制的 sin(t).*cos(t)图像

【例 5-18】 设计一段程序,画出一个蜂窝六角形结构体。

程序设计:

```
>>clear
>> [A,xy]=bucky;
>>gplot(A(1:30,1:30),xy(1:30,:))
>>axis square
```

运行结果:如图 5-20 所示。

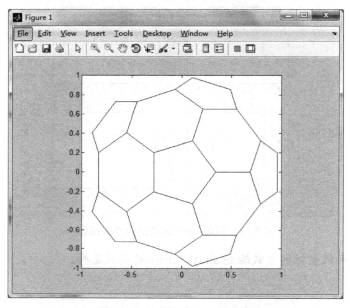

图 5-20　蜂窝六角形结构图像

程序说明:

① bucky 是一个内建函数,其格式为[A,xy]=bucky。

② gplot 是一种特殊的用法,其意义为:根据"图形理论 graph theory"绘出图形。

③ gplot 的格式为 gplot(A,xy),其意义为:根据特殊指定 A 与 xy 绘出图形。

【例 5-19】 设计一段程序,产生 Hadamard N 阶矩阵(Hadamard matrix of order N)。

程序设计:

```
>>clear
>>k=5;                  %设置常数
>>n=2^k;                %设 Hadamard matrix 的 N 值为 2^k
>> [x,y,z]=sphere(n);   %设置 n 阶圆球体
>>c=hadamard(2^k);      %设置 hadamard 数值
>>surf(x,y,z,c);        %设置圆球体参数与表面颜色
>>colormap([1 0 0;0 1 0])  %设置圆球体参数与表面数值
```

运行结果:如图 5-21 所示。

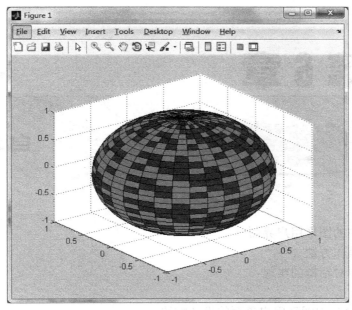

图 5-21 hadamard 圆球图像

程序说明：
① 变更 k 值会改变球体表面的方格数。
② k 值越大，方格越密。
③ 改变 colormap([1 0 0;0 1 0])中的参数，可以改变球体外表的颜色。

习题

5-1 绘制曲线 $y = x^3 + x + 1$，x 的取值范围为[-5,5]。

5-2 有一组测量数据满足 $y = e^{-at}$，t 的变化范围为 0～10，用不同的线型和标记点画出 $a = 0.1$、$a = 0.2$ 和 $a = 0.5$ 三种情况下的曲线。

5-3 在题 5-1 结果图中添加标题 $y = e^{-at}$，并用箭头线标出各曲线 a 的取值。

5-4 在题 5-1 结果图中添加标题 $y = e^{-at}$ 和图例框。

5-5 绘制 peaks 函数的表面图，用 colormap 函数改变预置的色图，观察色彩的分布情况。

5-6 用 sphere 函数产生球表面坐标，绘制不透明网线图、透明网线图、表面图和带剪孔的表面图。

5-7 已知三维图形视角的默认值是方位角为-37.5°，仰角为 30°，将观察点顺时针旋转 20°角的命令是什么？

5-8 画一双峰曲面（peaks）图，加灯光 light，改变光源的位置观察图形的变化。

5-9 用[c,hc]=contour(peaks(30))语句绘制双峰曲面的等高线图，通过控制图形句柄的方法将第四条等高线加粗为 2 磅，将第六条等高线表示为虚线，在第十条等高线上加星号标记。

第 6 章

自定义函数

本章知识点:
- MATLAB 中的图形用户界面
- GUIDE 的操作方法
- MATLAB 中对话框的实现

基本要求:
- 掌握 MATLAB 中图形用户界面的设计方法
- 掌握 GUIDE 的常用操作方法

能力培养目标:

通过本章的学习,掌握 MATLAB 中图形用户界面的操作方法以及常见界面元素的实现方法,培养在 MATLAB 中进行界面设计的能力。

6.1 MATLAB 的图形用户界面简介

MATLAB 以它强大的科学计算机图像生成功能著称,它同时也提供了图形用户界面的设计和开发功能。MATLAB 的科学计算功能不仅仅是通过输入一个个的函数代码来实现的,还可以通过单击按钮和对话框等直观的图形来实现。MATLAB 的图形界面(GUI)以其友好性和直观易懂性在软件编程上被广泛使用。为了对 MATLAB 的图形用户界面有直观的感受,先来看一个例子,如图 6-1 所示。

这是一个用 GUIDE 建立的非常简单的 GUI 文件,单击 mesh 按钮就会出现如图 6-1 所示的三维图形,单击 surf 按钮又会出现用 surf(peaks)命令绘出的三维图形,最后单击 close 按钮就会关闭这个绘图窗口。

可以通过 GUIDE 工具来建立一个 GUI,只要在 MATLAB 的命令窗口里输入 GUIDE 并确认,就可以打开 GUI 的开发环境 GUIDE。新版的 GUIDE 环境和旧版的有很大的不同,新版的 GUI(图形用户界面)开发环境把建立的 GUI 文件保存为两个伴随的文件 FIG-file 和 M-file。这两个文件有着相同的名字,但扩展名不同,一个是.flg,另一个是.m。FIG-file 文件里保存了能看到的所有用户界面代码,而 M-file 文件里则保存着 GUI 进行调用的各种函数和代码。当编辑好了一个 GUI 并激活它时,GUIDE 将运行 M-file 文件,执行里面的调用。和代码运行程序相比,FIG-file 里保存的内容类似于对象的属性值,而 M-file 就是应用程序,它保存了启动和控制 GUI 的所有函数和调用函数。

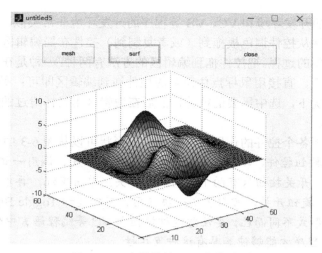

图 6-1 一个简单的 GUI 文件界面

开发一个 GUI 程序的过程主要有两个重要的内容：布局好图形用户界面对象和给这个图形用户界面编写代码。在把对象都布局好的同时，GUIDE 环境会生成一个 M-file 文件，这个文件只是提供了调用的框架，还需要进一步填充和完善。一般来说，具体的 GUI 开发过程可以分为四个步骤：GUI 界面的设计和布局、GUI 的编程、菜单的设计和布局以及菜单的编程。

6.2 图形用户界面设计工具 GUIDE

MATLAB-GUI 图形用户界面

6.2.1 图形用户界面的开发环境

在 MATLAB 的命令窗口里输入 GUIDE，就可以进入到 GUI 的开发环境下，这个环境窗口如图 6-2 所示。

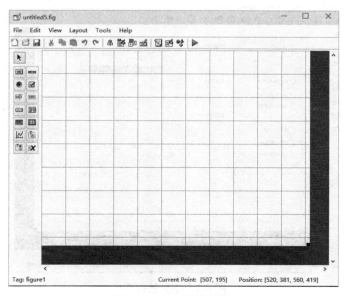

图 6-2 GUI 开发环境

可以看到，GUI 的开发环境和 VC、VB 等程序的开发环境非常类似，设计用户交互界面的过程就是把需要的控件从控件调色板拖到（或者复制到）控件布局编辑区，并使用队列工具把这些控件排列整齐合理的过程。把控件拖到编辑区的方法有两种：一种是在如图 6-2 所示的 select 按钮被按下去的情况下，直接用鼠标点住需要的控件拖到编辑区即可；另一种方法是在 select 按钮没有被选中的情况下，选中需要的控件，然后在编辑区用鼠标滑过的框区里就会生成一个大小等于框区的控件。

（1）下面解释一下各个控件的作用，这些控件的形状可以从图 6-3 中看到。
- Push Button：按钮控件，单击后自动弹起，常用来触发、调用一些事件。
- Toggle Button：开关按钮只有两个状态，开和关。单击下沉，再单击弹起。
- Radio Button：旋钮开关，常常多个一块使用。其功能和 Toggle Button 相同，也是有两个状态，只是形式不同而已。要注意这种按钮和 VC 等编程语言中的不同，没有互斥性，只有通过编写程序才能够使其具有这种互斥性。
- Check Box：常常成组使用，作为多项选择中的一个备选项。
- Edit Text：可编辑文本区，运行时可以接受用户的输入，通常保存在 String 属性中。
- Static Text：静态文本区，一般在设计界面时就已经指定好了其内容属性，运行时用户不能更改。
- Slider：滚动条，其形状可以为竖直的，也可以为水平的。通过改变它的属性，使宽(width)大于高(height)，就可以使滚动条变为水平的，最直接的是使用鼠标拖动改变其形状来实现。
- Frame：可以把一组控件圈在框里，使界面显得美观整齐。
- Listbox：给出若干可供用户选择的条目。通过修改其属性中的 min 和 max 值，使二者之差大于 1 就可以实现多选功能。
- Pop-up Menu：给出多个可供用户选择的条目，但是没有多选功能。
- Axes：一个含有坐标轴的绘图区域。

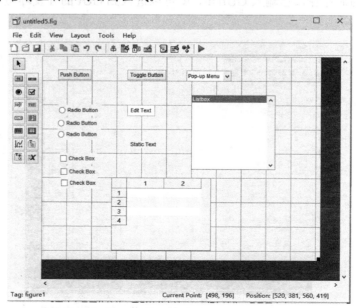

图 6-3　GUI 的控件

在用 Frame 把控件框起来时要注意，一定要先建立 Frame 框架然后再建立里面的控件，否则控件会被 Frame 框架遮住，显示不出来。

（2）当在控件上右击时出现一个菜单（见图 6-4），其中各项功能如下：
- Cut：对选中的控件进行剪切操作。
- Copy：复制选中的控件。
- Paste：粘贴复制的控件。
- Clear：删除选中的控件。
- Duplicate：对选中的控件进行复制并粘贴。
- Property Inspector：对选中的控件打开属性查看器。
- Object Browser：打开对象浏览器。
- ButtonDownFcn：按下鼠标时控件回调的函数。
- Callback：单击鼠标时控件回调的函数或功能。
- CreateFcn：定义控件在创建阶段执行的回调例程。
- DeleteFcn：定义在对象的删除阶段执行的回调例程。

所有控件的右键菜单都是相同的。

图 6-4　控件右键菜单

（3）可以通过菜单对 GUI 开发环境进行调整，在图 6-4 所示的菜单中选择 Tools→Grid and Rulers，就可以打开 Grid and Rulers 对话框，如图 6-5 所示。
- Show rulers：选中则在控件布局编辑区显示标尺，以利于控件位置的确定。
- Show guides：选中则显示控件位置的参考直线以帮助调整控件的位置。
- Show grid：选中则在窗口显示网络。
- Grid size（in Pixels）：选择网络大小的尺度。
- Snap to grid：选中则在移动控件时，控件的移动是跳跃式的，控件的位置总是在网络的节点。

图 6-5 Grid and Rulers 对话框

把图中的选项都选中，这时 GUI 的开发环境如图 6-6 所示。

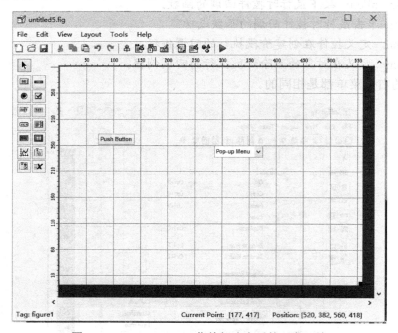

图 6-6 Grid and Rulers 菜单都选中后的开发环境

（4）如果控件都布局好了，控件的属性页都设置好了，那么单击工具栏中的"激活运行"按钮，就可以运行设计的 GUI 了。另外，如果还没有保存设计的 GUI，就会弹出一个对话框提示给文件命名、保存，接下来就能运行了。

6.2.2 位置调整工具（Alignment Tool）

在 GUI 主窗口工具栏中单击"队列工具"（Align Objects）按钮，就会打开控件的位置调整对话框，其说明如图 6-7 所示。

可见队列工具菜单分为两部分，分别是在竖直方向和水平方向上调整控件的位置和控件之间的距离。

第 6 章 自定义函数

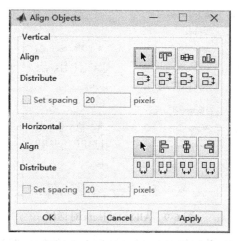

图 6-7 Align Objects 对话框

【例 6-1】 一个使用队列工具菜单调整控件位置的实例。

程序设计：

① 在控件布局编辑区拖放 6 个控件，位置如图 6-8 所示。

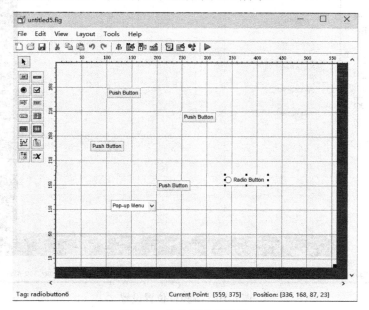

图 6-8 控件被随机放置

② 用鼠标把所有的控件都选中。

③ 单击工具栏上的"队列工具"按钮，打开 Align Objects 对话框，各按钮选项设置如图 6-9 所示。

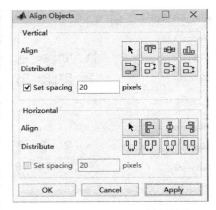

图 6-9　Align Objects 对话框

④ 单击 Apply 按钮，可以看到控件布局设计区各控件的位置设置如图 6-10 所示。

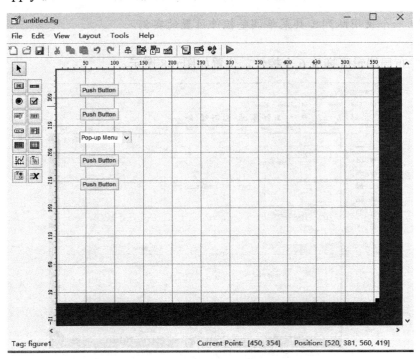

图 6-10　各控件位置设置

6.2.3　对象属性查看器（Property Inspector）

选中一个控件然后单击"属性查看器"按钮，就可以打开这个控件的属性列表，如果没有选择任何控件，则显示的是整个图形界面的属性列表。另外，还可以通过鼠标右键菜单和 GUIDE 主窗口菜单项 View 打开属性查看器。控件不同属性列表也不完全相同，图 6-11 是 Push Button 按钮的属性列表，在设计 GUI 时经常用到的几个重要的属性值介绍如下：

- Callback: 定义对象的控件动作，为单击控件时回调的例程。其值为一个有效的 MATLAB 表达式或一个可执行的 m 文件名。
- ButtonDownFcn: 当鼠标在控件上按下去时调用的例程，其值为一个有效的 MATLAB

表达式或一个可执行的 m 文件名。
- Position：有 x、y、width、height 四个分量，分别用于确定控件的位置和大小。
- String：其值为一个字符串，为显示在控件上的文本串。
- Tag：其值为一个字符串，标记控件的名字，编程时可以用来指定控件。
- TooltipString：其值为一个字符串，当鼠标移动到该控件上时将显示这个字符串。
- UiContextMenu：其值为一个 context menu 菜单的句柄，在该控件上右击将弹出这个句柄指向的菜单。
- Visible：其值为 on 和 off，分别设置该空间为可见和不可见。

图 6-11　属性查看器

对属性列表中属性值的作用，下面我们通过实例来做更加具体的说明。

【例 6-2】　实现 6.1 节中演示的实例。

程序设计：

① 把 3 个 Push Button 控件和一个 Axes 控件拖到控件布局编辑区。

② 选中一个 Push Button 控件，单击"属性查看器"按钮打开其属性列表。在 String 属性中输入 mesh 字符串，按相同方法在另外两个 Push Button 控件的 String 属性中分别输入 surf 和 close。

③ 选中 mesh 控件，打开其属性列表，把其 Position 属性栏的 x、y、width、height 值分别设为 12、27、20、3。用同样的方法把 surf 控件的 Position 值设为 37、27、20、3，把 close 控件的 Position 值设为 81、27、20、3，把 Axes 控件的 Position 值设为 14、1、83、25。现在 GUIDE 窗口中各控件的位置如图 6-12 所示。

④ 选中 mesh 控件，打开其属性列表，在 Callback 属性栏输入 mesh(peaks)，用同样方法把 surf 控件的 Callback 属性值设为 surf(peaks)，把 close 控件的属性值设为 close。其中设置好的 mesh 控件的属性列表如图 6-13 所示，可以看到做过的设置。

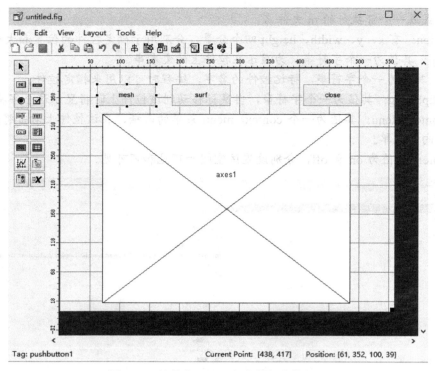

图 6-12　控件布局设计区中各控件的位置

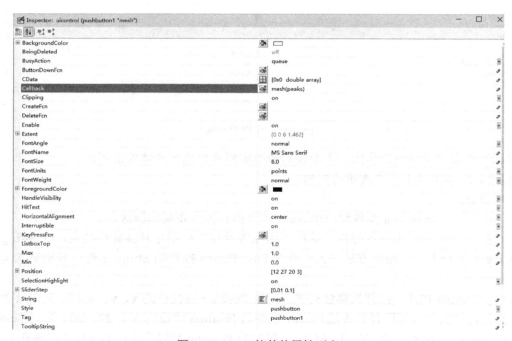

图 6-13　mesh 控件的属性列表

⑤ 单击工具栏中的"保存"按钮保存设计的 GUI，这时可以看到 GUI 和 M-file 文件生成，其窗口打开。然后单击"激活运行"按钮就可以运行这个程序了，这时桌面上就会弹出如图 6-1 所示的界面。

程序说明：本例中在设置 Callback 属性值时用到的函数 mesh()和 surf()都是用来绘制三维图形的命令函数，mesh()绘制三维网状图，surf()绘制三维表面图。命令函数 peaks 用来产生一组如图 6-1 所示的三维图形的数据。Close 命令可以关闭当前的窗口。

【例 6-3】 设计一个 GUI，通过调节滑块可以画出不同频率的正弦波。

程序设计：

① 打开 GUIDE 窗口，在控件布局设计区放置一个 Axes 控件、两个 Push Button 控件和一个 Slider 控件。

② 选中 Axes 控件，单击"属性查看器"按钮，打开 Axes 控件的属性列表，把 Tag 属性栏的属性 Tag 值设为 frequency_axes，把 Position 属性栏的属性值设置为：x=7，y=2，width=95，height=21。

③ 用上述方法打开 Slider 控件的属性列表，修改各属性值：Tag 设为 frequency_input，Max 设为 5，Position 中 x=8，y=28，width=72，height=2，其他属性值不变。

④ 修改两个控件 Push Button 的属性值，其中一个的属性值为：String 设为 plot，Position 中 x=90，y=30，width=13，height=1.7；另一个按钮控件的属性值为：String 设为 close，Position 中 x=90，y=26，width=13，height=1.7。

⑤ 设置好各个控件的属性列表，回到 GUIDE 主窗口保存，将文件命名为 plot_my，同时 M-file 文件窗口打开。控件的布局如图 6-14 所示。

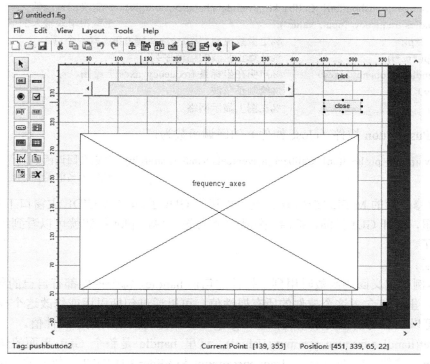

图 6-14　控件的布局

⑥ 打开 M-file 文件窗口设置回调函数。从图 6-15 中可以看到三个回调函数，分别对应两个 Push Button 控件和一个 Slider 控件。本例中使用了 GUIDE 自动生成的回调函数（没有对控件 Callback 属性值进行修改），但是回调函数是空的，需要在 M-file 文件中对它进行定义说明，由于本例不需要使用控件 Slider 的回调函数，所以只编写两个 Push Button 控件（plot 控件）的

回调函数。

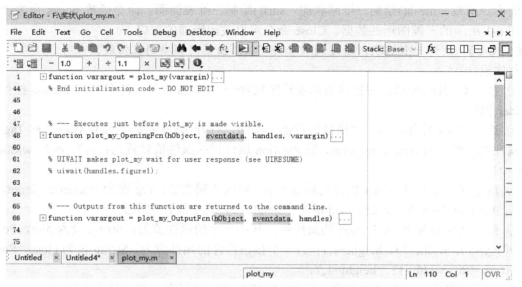

图 6-15 M-file 文件窗口

```
Function varagout=pushbutton1_Callback(h,eventdata,handles,varargin)  %定义回调函数
w=get(handles.frequency_input,'Value');                %取得滑块输入的值
t=0:0.005:2*pi;                    %定义数组 t,从 0～2π每隔 0.005 取一个点
y=sin(2.*pi.*w.*t);                %计算正弦波的幅值序列
Axes（handles.frequency_axes）      %声明在坐标系 frequency_axes 上绘图
plot（t，y）                        %绘制正弦波
grid on                            %在图上显示网络
```

另一个 PushButton 控件（close 控件）的回调函数为：

```
Function varagout=pushbutton1_Callback(h,eventdata,handles,varargin)  %定义回调函数
close                              %关闭当前窗口
```

⑦ 保存修改后的 M-file 文件，现在就可以运行 GUI 了。单击 GUIDE 主窗口工具栏中的"激活运行"按钮，打开 GUI 界面，把滑块拖到任意位置，单击 plot 按钮就可以看到绘制出相应频率的正弦波了。

程序说明：

① 在本例中定义回调函数时用到了控件的句柄 handle，每个控件都有自己的句柄。句柄是个数据结构，里面包含了这个控件的所有属性值。可以通过句柄引用或修改这个控件的某个属性值，set()可以设置句柄里的某个属性值，get()可以获得句柄里的某个属性值。

② w=get(handles.frequency_input,'Value')，这里 handle 是整个 GUI 界面的句柄，声明了 frequency_input 控件（Slider 控件，frequency_input 是 Slider 控件的 Tag 值）的 Value 值，然后把这个值赋给变量 w。

③ "Value"是控件 Slider(frequency_input)的属性值，表示滑块目前所在位置。

④ function varargout=pushbutton1_Callback(h,eventdata,handles,varargin)定义回调函数，函数名字为 Pushbutton1_Callback，参数 handle 保存着 GUI 的所有控件的句柄。

⑤ 一个 GUI 程序的运行主要是在其 M-file 文件控制之下进行的，这个 M-file 文件包含了

启动这个 GUI 的命令和程序进行中的各个控制函数命令，其中非常重要的就是回调函数。在 M-file 文件窗口中可以看到各种回调函数式放在文件的最后面，如本例中图 6-15 所示的 M-file 文件窗口。

6.2.4　菜单编辑器（Menu Editor）

打开 GUIDE 主窗口，在工具栏单击"菜单编辑器"（Menu Editor）按钮就可以打开菜单编辑窗口。菜单编辑器提供了两种菜单类型的编辑功能，一种是下拉式菜单（Menu Bar），另一种是弹出式菜单（Context Menus），如鼠标右键菜单。菜单编辑器窗口如图 6-16 所示，有两个编辑区，分别为 Menu Bar（下拉式）菜单编辑区和 Context Menus（弹出式）菜单编辑区。在图 6-16 中的菜单编辑器中已经建立了三个下拉式的菜单项，其中菜单项 Untitled 2 下还有三个子菜单项。

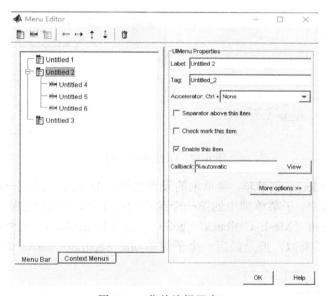

图 6-16　菜单编辑器窗口

左右移动菜单项可以把图 6-16 中 Untitled 6 左移到和 Untitled 2 菜单项并列的位置，上下移动菜单项可以把 Untitled 6 移动到 Untitled 5 的上面。菜单项的回调函数用来设置单击菜单项时程序回调的例程，也就是程序做出的反应。

【例 6-4】　给例 6-2 加上菜单。

程序设计：

① 打开 GUIDE 主窗口，在控件布局编辑区放置三个 Push Button 控件和一个 Axes 控件，它们的属性设置除了 Callback 属性外和例 6-2 相同，Callback 属性设置保留 GUIDE 默认形式。

② 取消对四个控件的选中状态（在空编辑区单击鼠标），单击"属性编辑器"按钮打开整个 GUI 的属性列表，把 Resize 属性栏设置为 on。

③ 回到 GUIDE 主窗口，单击工具栏中的"菜单编辑器"按钮，打开菜单编辑器窗口进入 Menu Bar 编辑区（见图 6-16）。连续两次单击"新建一个下拉菜单"（New Menu）按钮，将出现的两个菜单的 Label 修改为 Close 和 Plot，这样就产生了图 6-17 中的 Close 和 Plot 两个父菜单项。然后选中第二个父菜单项，再单击两次"建立一个菜单项"（New Menu Item）按钮，这样就产生了 Plot 父菜单项的子菜单项。

④ 菜单项的设置如图 6-17 所示,第一个菜单项的属性设置 Label 为 Close,Tag 为 Close,Callback 保留系统默认的 menu_test('Close_Callback',gcbo,[ ],guidata(gcbo))。另外的三个菜单项也按同样的方法设置。这里注意,设置后没有保存时 Callback 属性值为<auto>,保存后就变成图 6-17 所示的情况了。

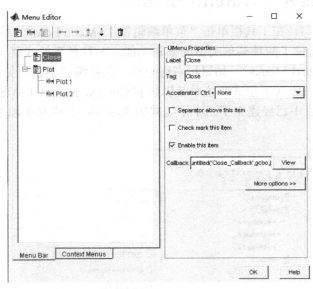

图 6-17　下拉菜单设置

⑤ 设置 Context Menus 菜单项。菜单项的设置如图 6-18 所示,最上一层菜单项的 Tag 属性为 Run,Callback 设为空。子菜单项中的第一个菜单项的属性,Label 设为 Mesh,Tag 设为 Run,Callback 设为 menu_test('Mesh_Callback',gcbo,[ ],guidata(gcbo))。另外两个子菜单项属性的设置和第一个子菜单项类似,但是最后一个子菜单项的 Separator above this item 属性项设为选中状态。

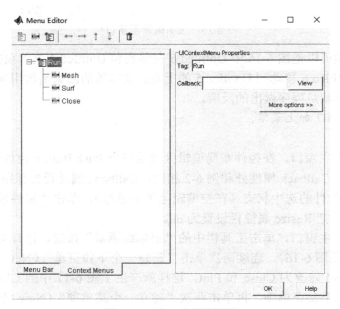

图 6-18　弹出式菜单设置

⑥ 保存设计好的 GUI 图形界面（给文件命名为 Menu_test），这时 M-file 文件窗口打开，接下来在 M-file 文件中编辑回调函数。在 M-file 文件中找到如图 6-19 所示的三个回调函数（GUIDE 自动生成的），在下面分别输入 mesh(peaks)、surf(peaks)和 close。保存修改后的 M-file 文件。

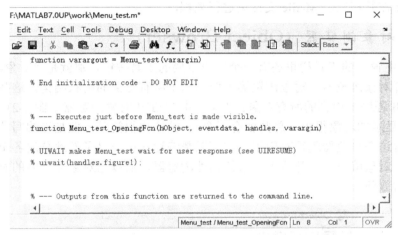

图 6-19 设置回调函数

⑦ 回到 GUIDE 主窗口，选中 Axes 控件并打开其属性列表，把 UIContextMenu 属性值设为 Run，保存图形界面。现在就可以运行 GUI 了。

运行结果：回到 GUIDE 主窗口，单击工具栏中的"激活运行"按钮，运行程序。打开的图形用户界面如图 6-20 所示，里面多了一个菜单栏，在坐标绘图区的空白处单击鼠标右键可以打开一个弹出菜单，单击 surf 绘出 peaks 的三维表面图，单击 close 关闭本窗口。另外，这个用户图形界面的大小是可以改变的，用鼠标按住窗口的一角拖动即可改变窗口大小。

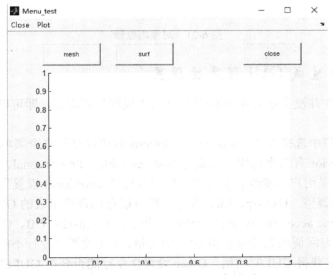

图 6-20 Menu_test 图形用户界面

程序说明：

① 例 6-2 中把 GUIDE 自动生成的回调函数替换成为自己定义的函数，而本例中虽然绘图

功能一样，但是使用的都是 GUIDE 自动生成的回调函数。

② 右键菜单和下拉菜单中相同功能的菜单调用的例程是相同的。

③ 第二步中对属性 Resize 的设置（设为 on）用户可以改变界面窗口的大小。

④ 可以看出控制整个 GUI 运行的代码都保存在 M-file 文件里，要想让界面做出任何比较复杂的反应都要在其相应的 M-file 文件里进行编程。

6.2.5 对象浏览器（Object Browser）

在 GUIDE 主窗口的工具栏里还有一个比较重要的工具按钮，那就是"对象浏览器"按钮，单击就可以打开对象浏览器。对象浏览器里面列出了所有对象的树状结构，这些对象就是当前正在设计的 GUI 程序中用到的所有对象。例 6-4 中的 GUI 对象浏览器如图 6-21 所示。

图 6-21 中显示的对象很少（总共就有五个），结构也很简单，但是当编写非常复杂的图形用户界面程序时这个浏览器就很有用了，它可以帮编程人员一目了然地分清各个对象之间的关系。双击选中的对象就可以打开这个对象的属性浏览器，所以当对象非常多的时候使用它修改对象的属性非常方便。

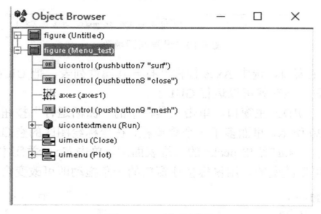

图 6-21　对象浏览器

6.2.6 对象生成 GUI 程序的设置

实际上 MATLAB 并没有把建立的 GUI 程序的"模样"规定死，即可以把 GUI 的形式调整为自己习惯的方式。

在 GUIDE 主窗口中选择菜单 Tools→GUI Options 就可以打开这个菜单（如图 6-22 所示）。

（1）Resize behavior 有三个选项，分别为 Non-resizable、Proportional、User-specified。

Non-resizable 设置用户不能改变生成的 GUI 窗口，Proportional 设置生成的 GUI 窗口可以根据屏幕的大小自动调整，User-specified 设置用户可以自己调整生成的 GUI 窗口。

（2）Command-line accessibility 有四个选项，分别为 Callback、Off、On、Other。

Callback 设置只有回调函数可以获得 GUI 的句柄，Off 设置命令行不能获得 GUI 的句柄，On 则设置命令行可以获得 GUI 的句柄，Other 设置命令行能否获得 GUI 的句柄由 GUI 控件的具体属性设置决定。如果命令行获得了 GUI 句柄，那么命令行就可以调用 GUI 的变量，就可以对 GUI 进行操作，这样有时候会影响 GUI 的正常运行，所以这个选项一般设置为 Off。

（3）一般选择 Generate FIG-file and M-file（同时生成 fig 文件和 m 文件），不选择 Generate

FIG-file only（只生成 m 文件），同时还把选项 Generate Callback function prototypes（生成回调函数的原型）设为选中状态。

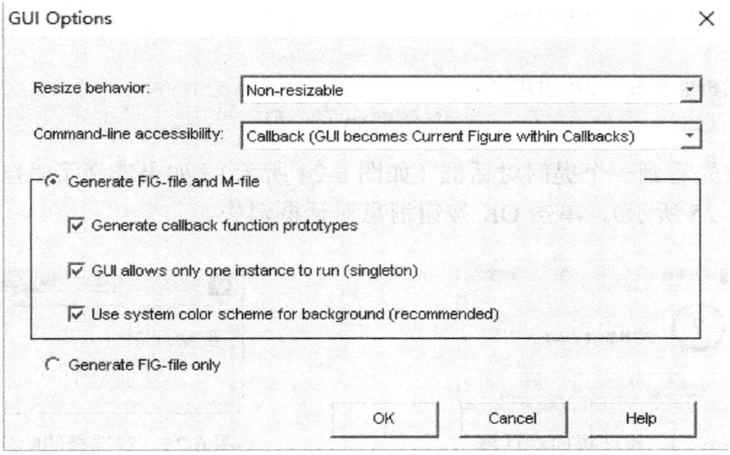

图 6-22　GUI 生成方式调节菜单

6.3　对话框

在设计图形用户界面程序时除了要用到菜单、按钮控件外，还常常需要另外一种人机交互方式——对话框。对话框可以进一步地增加程序的人性化，方便用户对程序的操作。MATLAB 提供了许多对话框，其中在编程中常用的有提问对话框、输入对话框、文件打开对话框、文件保护对话框、消息对话框、列表对话框和打印对话框等。

6.3.1　提问对话框（Questdlg）

图 6-23 所示是一个典型的提问对话框，对话框中有标题、图标、提问问题和肯定回答、否定回答、取消三个按钮。

语法：answer= questdlg('question','title','default')

　　　answer= questdlg('question','title','button1','button2',…,'button t')

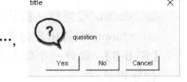

图 6-23　提问对话框

说明：

① 'question'为对话框中显示的问题，'title'为对话框的标题，'default'为对话框默认的选项。

② 第二项语法中说明提问对话框的回答选项可以自己设置为'button1'、'button2'等。

③ answer 为这个对话框返回的值。

【例 6-5】　设计图 6-24 所示的对话框。

程序设计：

```
>>clear                          %清除内存中保存的变量
>>answer=questdlg('你打算怎么去上海？ ','请回答我','自驾','飞机','高铁','自驾');
>>switch answer,
```

```
>>case'自驾',
>>Msgbox('坐飞机比较快。','我的建议')
>>case'高铁',
>>Msgbox('坐飞机比较快。','我的建议')
>>case'飞机',
>>Msgbox('坐飞机非常好！','我的建议')
>>end                          %结束switch循环
```

运行结果：首先看到一个提问对话框（如图6-24所示），如果选择了"自驾"，则会弹出消息对话框（如图6-25所示），单击OK按钮消息对话框消失。

图6-24 设计提问对话框

图6-25 对选择的响应

程序说明：

① 在响应对话框的输入时使用了switch-case句法，分为三种情况。

② 设置case时使用了消息对话框命令函数，消息对话框函数的格式为：

```
Msgbox('message','title')
```

其中，'message'为显示在对话框的消息，'title'为消息对话框的标题。

6.3.2 输入对话框（Inputdlg）

语法：answer=inputdlg('prompt','title',lineno,'defans',addopts)

说明：

① 'prompt'是输入提示字符串，'title'是输入对话框的标题。

② lineno设置输入区的行数和列数，一般设为1。如果行数和列数都要设置，用[行数，列数]的形式设置。

③ 'defans'设置默认的输入。

④ addopts设置用户是否可以改变对话框的大小。'yes'为可以，'no'为不可以。

【例6-6】 设计一个输入对话框，输入物品名称和价钱。

程序设计：

```
>>clear                          %清除内存中保存的变量
>> promp={'输入名称：','输入价格：'};  %定义输入提示字串符
>> default={'0','0'};            %定义默认输入
>> answer=inputdlg(promp,'Test',1,default)  %生成输入对话框
```

运行结果：图6-26所示是输入数据前的对话框，图6-27所示是输入数据后的对话框。输入数据后单击OK按钮确认即可。

```
answer=
'雪糕'
'1.50'
```

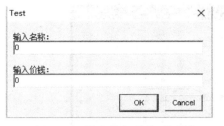
图 6-26　输入数据前的对话框

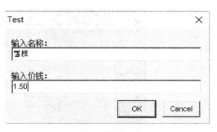
图 6-27　输入数据后的对话框

程序说明：

① 一定要注意有多个输入时定义输入提示字符串的形式{'string1','string2'…}，有多少个输入提示字符串，就会生成多少个输入区间。另外，默认字符串的定义形式和输入提示字符串的定义形式相同。

② 输入对话框的标题为'Test'，是否允许用户调整对话框的大小，这一项没有定义。

6.3.3　列表对话框（Listdlg）

图 6-28 所示就是一个典型的列表对话框。

语法：[selection,ok]=listdlg('chracname','value')

说明：

① 列表对话框的参数就是由一对一对的属性名 chracname 和属性值 value 组成。属性名'ListString'设置备选项，备选项为字符串或者字符串数组；属性名'Initial Value'设置初始选项；属性名'SelectionMode'设置是否多选，属性值'Single'为单选，属性值'multiple'为多选；属性名'Name'设置对话框标题；属性名'PromptString'设置提示字符。

② Selection 为被选中的备选项的序列号。OK 返回用户是否单击 OK 按钮确认的逻辑值，1 为确认，0 为单击了 Cancel 按钮。

【例 6-7】　给出图 6-28 对应的程序代码（这是 MATLAB 帮助上的示例）。

程序设计：

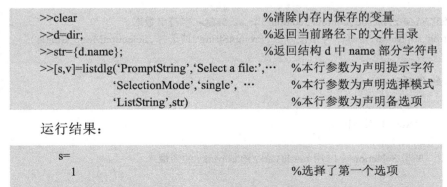

运行结果：

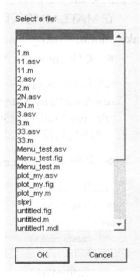

图 6-28　列表对话框

【例 6-8】　设计一个 GUI，用多种绘图方法显示函数 peaks 的图像。

程序设计：打开 GUIDE 的主窗口，在控件布局编辑区域放置三个 Push Button 控件和一个 axes 控件，用工具里的队列工具把控件排放整齐，改变控件的大小布局，如图 6-29 所示。

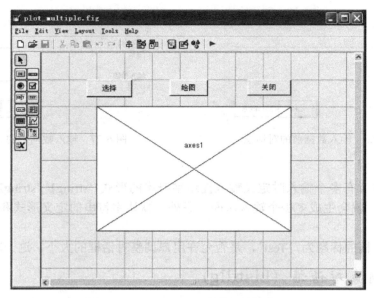

图 6-29 plot_multiple 文件控件的布局

选中第一个 Push Button 控件,单击工具栏"属性编辑器"按钮打开其属性列表。把 String 属性设置为"选择";用同样的方法把另外的两个 Push Button 的 String 属性分别设置为"绘图"、"关闭"。

保存文件,将文件命名为 plot_multiple。

打开"选择"按钮的属性列表,在 Callback 属性栏 Tag 中输入"choice"(实际输入时不要加引号)。用同样的方法在"绘图"按钮的 Callback 属性栏 Tag 中输入"take_plot",在"关闭"按钮的 Callback 属性栏输入"take_close"。关闭属性列表,保存 GUI。

在 MATLAB 的代码编辑器里分别独立地建立三个 M-file 文件,文件的名字分别为 choice.m、take_plot.m、take_close.m,保存到 MATLAB 默认的路径下。这三个文件的代码如下:

● 文件 choice.m 的代码:

```
%文件 choice.m
str={'mesh','surf','waterfall','meshz','meshc','contour','contour3'};    %建立字符串数据
selection=listdlg('ListString',str,'Name','选择一种绘图方法','PromptString','请选择','SelectionMode','Single');
% 打开列表对话框
```

● 文件 take_plot.m 的代码:

```
%文件 take_plot.m
switch selection            %Switch 循环语句
case 1
    mesh(peaks)             %当 Selection=1 时用 mesh()命令绘制 peaks 的图像
case 2
    surf(peaks)             %当 Selection=2 时用 surf()命令绘制 peaks 的图像
case 3
    clear
    [x,y,z]=peaks;
    waterfall(x,y,z);       %当 Selection=3 时用 waterfall()命令绘制 peaks 的图像
    colormap([1 0 0])
```

```
case 4
    clear
    [x,y,z]=peaks;
    meshz(x,y,z);          %当 Selection=4 时用 meshz()命令绘制 peaks 的图像
    colormap([1 0 0])
case 5
    clear
    [x,y,z]=peaks;
    meshc(x,y,z);          %当 Selection=5 时用 meshc()命令绘制 peaks 的图像
    colormap([1 0 0])
case 6
    clear
    [x,y,z]=peaks;
    contour(z);            %当 Selection=6 时用 contour()命令绘制 peaks 的图像
    colormap([1 0 0])
case 7
    clear
    [x,y,z]=peaks;
    contour3(z);           %当 Selection=7 时用 contour3()命令绘制 peaks 的图像
    colormap([1 0 0])
end
```

● 文件 take_close.m 的代码：

```
%文件 take_close.m
answer=questdlg('您要关闭窗口吗？');      %打开提问对话框
if answer=='Yes'
    close
end
```

运行结果：

① 这个 GUI 的运行界面如图 6-30 所示。

② 单击"选择"按钮将打开一个选择对话框，如图 6-31 所示。选择 mesh，单击 OK 按钮关闭对话框。

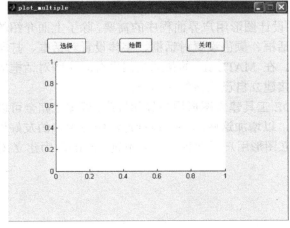

图 6-30 plot_multiple GUI 界面

图 6-31 plot_multiple 选择对话框

③ 然后单击图 6-30 所示界面的"绘图"按钮，就可以用 mesh 命令绘出 peaks 的图像，如图 6-32 所示。

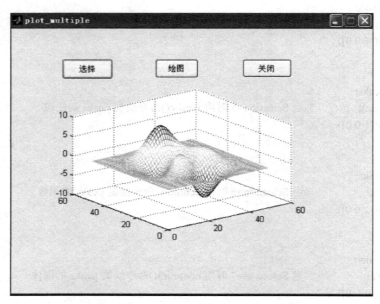

图 6-32 plot_multiple 绘制的 peaks 图像

图 6-33 plot_multiple 关闭
对话框

④ 单击"关闭"按钮，打开提问对话框（如图 6-33 所示），单击 Yes 按钮关闭 plot_multiple GUI 界面窗口。

程序说明：本例与例 6-3 不同，本例的回调函数都放在了 GUI 文件的外边。这样的好处是结构清晰，特别是对初学者来说很容易看懂整个 GUI 程序的结构和调用关系，避免了和各种复杂的形参打交道的情况。但是对于较大、较复杂的程序来说，这样的结构不是一个严谨的结构，因为整个程序的各种回调变量都作为全局变量保存在 MATLAB 的工作区里，在程序的执行过程中很容易因为 MATLAB 命令行的变量而使 GUI 出现对回调变量的调用错误。

6.3.4 其他对话框

MATLAB 软件提供了许多对话框以满足设计图形用户界面程序的需要，除了上面介绍的对话框外，还有文件打开对话框、文件保存对话框、颜色设置对话框、字体设置对话框、打印对话框、帮助对话框和错误信息显示对话框等。在 MATLAB 的帮助文档里有对这些对话框应用的详细介绍，另外还可以使用 dialog 命令直接建立自己风格的对话框。

例 6-8 是把这些对话框应用到借助 GUIDE 工具建立图形用户界面程序，事实上完全可以把这些对话框应用到自己编写的 M-file 文件中，以增加这些程序在运行过程中对用户的友好性。也就是说，不使用 GUIDE 工具一样可以建立图形用户界面程序，只不过 GUIDE 为建立 GUI 提供了一个非常方便的工具而已。

习题

6-1 GUI 开发环境中提供了哪些方便的工具？各有什么用途？

6-2 利用 MATLAB 进行 GUI 设计的流程是什么？

6-3 一个带按钮的界面，当按动按钮时，在计算机声卡中播放一段音乐。（提示，找一个.wav 文件，简单起见可以在 windows 目录下找一个文件，将其放在当前工作目录下或搜索路径上，当按动"开始"按钮时调入该文件并播放，发声功能由 sound 函数完成，具体用法请查阅帮助信息。）

6-4 做一个滑条（滚动条）界面，图形窗口标题设置为 GUI Demo:Slider，并关闭图形窗口的菜单条。功能：通过移动中间的滑块选择不同的取值并显示在数字框中，如果在数字框中输入指定范围内的数字，滑块将移动到相应的位置。

6-5 创建一个用于绘图参数选择的菜单对象 Plot Option，其中包含三个选项 LineStyle、Marker 和 Color，每个选项下面又包含若干子项，分别用于选择图线的类型、标记点的类型和颜色。

6-6 设计图 6-34 所示的加法计算器程序。

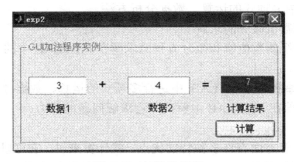

图 6-34 加法计算器

第 7 章

输入/输出控制

本章知识点：
- 多项式的运算
- 数据分析方法
- 数值积分和微分
- 一般非线性方程组的数值解
- 微分方程求解

基本要求：
- 掌握 MATLAB 中多项式的运算、数据分析方法
- 掌握数值积分和数值微分的求解
- 掌握非线性方程组的数值解和微分方程的求解在 MATLAB 中的实现

能力培养目标：

通过本章的学习，掌握在 MATLAB 中进行多项式的运算、数据分析、数值积分和数值微分求解的实现方法，培养在 MATLAB 中解决方程求解问题的能力。

MATLAB 在数学演算方面有许多独特的优点，就计算来讲，它可以实现数值计算（如方程的数值解），也可以进行符号计算（如给出方程的非数值的符号变量解）。本章先介绍其数值计算功能。

7.1 多项式的运算

多项式

7.1.1 多项式的表达和生成

1. 多项式的表达

在 MATLAB 环境下多项式是用向量的形式表达的。向量最右边的元素表示多项式的第 0 阶，向左数依次表示多项式的第一阶、第二阶、第三阶……

例如，多项式 $5x^4+3x^2+2x+1$ 表示为：[5 0 3 2 1]。

2. 多项式的生成

语法：P=poly(MA)

说明：
① 若 MA 为方阵，则生成的多项式 P 为方阵 MA 的特征多项式。
② 若 MA 为向量，则向量和多项式满足这样一种关系：
MA=[r1 r2 r3…rn]，生成的多项式为：
$$(x-r1)(x-r2)(x-r3)\cdots(x-rn)=a0x^n+a2x^{n-1}+a2x^{n-2}\cdots an-1x+an$$
③ 当然也可以用直接输入的方式生成多项式。

【例 7-1】 利用方阵 M[5 6 7;8 9 10;11 12 13]生成一个多项式（为方阵 M 的特征多项式）。
程序设计：

```
>>clear                    %清除内存中保存的变量
>>M=[5 6 7;8 9 10;11 12 13 ];
>>P=poly(M);               %产生多项式的向量表达形式
>>Px=poly2str(p,'x');      %生成常见的多项式表示形式
>>P,Px
```

运行结果：

```
P=
    1.0000   -27.0000   -18.0000    0.0000
Px=
    X^3-27x^2-18x+2.3971e-014
```

【例 7-2】 利用向量 A=[2 3 4 5]生成一个多项式。
程序设计：

```
>>clear                    %清除内存中保存的变量
>>A=[2 3 4 5 ];
>>P=poly(A);
>>Px=poly2str(P,'x');      %产生多项式的向量表达形式
>>P,Px                     %生成常见的多项式表示形式
```

运行结果：

```
P=
    1   -14   71   -154   120
Px=
    x^4-14x^3+71x^2-154x+120
```

7.1.2 多项式的乘除

语法：c=conv(a,b)
　　　[q r] = deconv(c,a)

说明：
① a、b 和 c 分别是两个多项式的向量的表示形式。c=conv(a,b)表示两个多项式的乘积运算，[q r] = deconv(c,a)表示两个多项式的除运算。
② q 表示除运算的商，r 表示除运算的余数。
③ 事实上这个多项式的乘法运算与求卷积的运算完全相同，多项式的除法运算则与解卷运算完全相同。

【例 7-3】 求多项式 F(x)=x^2+5x 和 G(x)=2x+1 的乘积 M(x)。

程序设计：

```
>>clear                    %清除内存中保存的变量
>>a=[1 5 0];               %第一个多项式 F(x)
>>b=[2 1];                 %第二个多项式 G(x)
>>c=conv(a,b);             %求两个多项式的乘积
>>Mx=poly2str(c,'x');      %用常见方式表示多项式的积
>>c,Mx
```

运行结果：

```
c=
    2  11   5   0
Mx=
    2x^3+11x^2+5x
```

【例 7-4】 多项式 F(X)=x^2+5x 与 G(x)=2x+1 的除运算 D(x)。

程序设计：

```
>>clear                    %清除内存中保存的变量
>>c=[1 5 0];               %F(x)=x^2+5x
>>a=[2 1];                 %G(x)=2x+1
>>[q r]=deconv(c,a);       %F(x)/G(x)
>>Dx=poly2str(q,'x');      %用常见的方式表达两个多项式的商
>>q,r,Dx
```

运行结果：

```
q=
    0.5000    2.2500
r=
    0     0    -2.2500
Dx=
    0.5x+2.25
```

程序说明：
① 在运行结果中变量 q 是 F(x)除以 G(x)的商，而 r 则是余数。
② 运行结果变量 Dx 表示的商没有加上余数。

7.1.3 多项式的求导

语法：Dp=polyder(p)

说明：p 为用向量表示的多项式。

【例 7-5】 求多项式 F(x)=x^2+5x 和 G(x)=2x+1 的一阶和二阶导数。
以上两个函数的导数手工验算结果为：$F'(x)=2x+5$ 和 $G'(x)=2$。

程序设计：

```
>>clear                    %清除内存中保存的变量
>>f=[1 5 0];
>>g=[2 1];
```

```
>>Df=polyder(f);              %对 F(x)求导
>>Dg=polyder(g);              %对 G(x)求导
>>Dfx=poly2str(Df,'x');
>>Dgx=poly2str(Dg,'x');
>>Df,Dg,Dfx,Dgx
```

运行结果：

```
Df=
    2    5
Dg=
    2
Dfx=
    2x+5
Dgx=
    2
```

程序说明：从运行结果可以看到 F(x)的导数为 Dfx=2x+5，G(x)的导数为 2，这和手工验算的结果完全一致。

7.1.4 多项式的求根

语法：A.r=roots(p)

说明：还有一种通过先求多项式的伴随矩阵，再求特征值的方法，也可以求得多项式的根。

【例 7-6】 求方程 F(x)=x^2+5x=0 和 G(x)=2x+1=0 的根。

方程的根为：

F(x)=0 为 x1=0，x2=-5
G(x)=0 为 x=-1/2

我们看看 MATLAB 的计算结果。

程序设计：

```
>>clear                       %清除内存中保存的变量
>>f=[1 5 0];
>>g=[2 1];
>>rf=roots(f);                %求多项式 F(x)的根
>>rg=roots(g);                %求多项式 G(x)的根
>>rf,rg
```

运行结果：

```
rf=
    0
   -5
rg=
   -0.5000
```

【例 7-7】 求多项式 F(x)=x^2+5x-3=0 和 G(x)=2x^3+x^2+1=0 的根。

程序设计：

```
>>clear
>>f=[1 5 -3];
>>g=[2 1 01];
>>rf=roots(f);
>>rg=roots(g);
>>rf,rg
rf=
    -4.3028
    -0.6972
rg=
    -0.2500+0.6614i
    -0.2500-0.6614i
```

程序说明：可以看到例 7-6 和例 7-7 求得的根和手工计算的结果是一致的。其中例 7-7 多项式 G(x)出现了虚根。

用求伴随矩阵的方法对例 7-7 再做一次求根运算：

```
>>clear                %清除内存中保存的变量
>>f=[1 5 3];
>>g=[2 0 01];
>>cf=compan(f);        %计算多项式 F(x)的伴随矩阵
>>cg=compan(g);        %计算多项式 G(x)的伴随矩阵
>>cf,cg
cf=
    -5    -3
     1     0
cg=
    -0.5000    -0.5000
     1.0000         0
>>ecf=eig(cf);         %求特征值
>>ecg=eig(cg);         %求特征值
>>ecf, ecg
ecf=
    -4.3028
    -0.6972
ecg=
    -0.2500+0.6614i
    -0.2500-0.6614i
```

两种方法得到的结果是一样的。

7.2 数据分析

7.2.1 极值、均值、标准差和中位值的计算

语法：Pmax=max(X)
　　　Pmin=min(X)

数据分析

Pmean=mean(X)
Pstd=std(X)
Pmed=median(X)

说明：

① max(X)、min(X)、mean(X)、std(X)、median(X)分别用来求数组或矩阵的最大值、最小值、均值、标准差、中位值。

② 这里 X 可以是数组也可以是矩阵，如果是数组，则对整个数组进行运算；如果是矩阵，则分别对矩阵的每个列向量进行运算。

【例 7-8】 对一随机数组进行均值、方差和中位值的计算。

程序设计：

```
>>clear
>>x=randn(1,10);
>>Pmax=max(x):
>>Pmin=min(x):
>>Pmean=mean(x);
>>Pstd=std(x);
>>Psqu=Pstd^2;
>>Pmed==median(x);
>>answers=[Pmax Pmin Pmean Pstd Psqu Pmed];
>>x,answers
```

运行结果：

```
x=Columns 1 through 8
   -0.3306  -0.8436   0.4978   1.4885  -0.5465  -0.8468  -0.2463   0.6630
   Columns 0 through 10
   -0.8542  -1.2013
answers=
   1.4885  -1.2013  -0.2220   0.8485   0.7200  -0.4385
```

程序说明：

① 可以看到数组 x 的均值、方差、中位值分别为-0.2220、0.7200、-0.4385。

② 数组的标准差为 0.8485。

③ 需要注意的是 MATLAB 的变量定义是区分大小写的。

【例 7-9】 对一个随机矩阵进行极值、均值、标准差、中位值的计算。

程序设计：

```
>>clear
>>x=randn(6,3);
>>Pmax=max(x);
>>Pmin=min(x):
>>Pmean=mean(x);
>>Pstd=std(x);
>>Psqu=Pstd.^2;
>>Pmed==median(x);
>>Pmax,Pmin,Pmean,Pstd,Psqu,Pmed
```

运行结果：

```
Pmax=
    0.4853    1.5352    0.5529
Pmin=
   -0.5955   -1.3474   -2.0543
Pmean=
   -0.1466   -0.1554   -0.2936
Pstd=
    0.3718    1.0429    0.9728
Psqu=
    0.1382    1.0876    0.9463
Pmed=
   -0.1378   -0.3429   -0.0839
```

7.2.2 曲线的拟合

语法：P=polyfit(X,Y,N)

　　　Yval=polyval(P,X)

说明：① polyfit(X,Y,N)根据输入数据 X 和 Y 生成一个 N 阶的拟合多项式。

② polyval(P,X)根据数据 X，用拟合多项式 P 生成拟合好的数据。

③ X,Y 构成了一系列数据点的坐标。

【例 7-10】 下列数据为一段时间的日气温平均实际数值，求该数据的拟合方程。设这组气温数据为：[18 19 17 18 20 22 22 23 21 21 20 22 23 23 22]。

程序设计：

```
>>clear
>>d=1:15;
>>t=[18 19 17 18 20 22 22 23 21 21 20 22 23 23 22];
>>p=polyfit(d,t,3);
>>px=poly2str(p,'x');
>>pv=polyval(p,d);
>>plot(d,t,d,pv)
```

曲线拟合

运行结果：如图 7-1 所示。

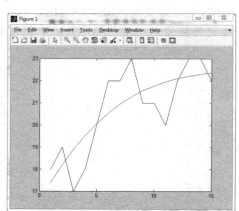

图 7-1　气温拟合曲线

```
>>p,px
p=
    0.0010  -0.0538  0.9644  16.4623
px=
    0.0010474x^3-0.053823x^2+0.96436x+16.4623
```

程序说明：
① d 表示时间第一天、第二天等，t 表示每天的平均气温。
② 本例选取拟合多项式的阶次为 3。
③ p 为向量形式的拟合多项式，px 为字符形式的拟合多项式。
④ plot 为绘图函数，它的两个参数分别为图像的横坐标和纵坐标。四个参数则分别为两条曲线的横坐标和纵坐标。

【例 7-11】 根据例 7-10 建立的天气温度拟合方程，求 5 天后的天气温度是多少。

程序设计：

```
>>clear
>>x=20;
>>T=0.0010474*x^3-0.053823&x^2-0.96436*x-16.4623
```

运行结果：

```
T=
    22.5995
```

程序说明：
① 依照例 7-10 的时间序列 d，5 天后应该是第 20 天，所以令 x=20。
② T 即为例 7-10 求得的拟合公式，结果求得 5 天后（第 20 天）的日平均气温为 22.5995。

7.2.3 协方差阵和相关阵

语法：

cov(x)	求协方差阵
cov(x,y)	求两个随机变量的协方差
corrcoef(x)	求相关阵
corrcoef(x,y)	求两个随机变量的相关系数

说明：
① 协方差是用来描述一组数据远离其均值程度的变量，协方差越大说明这组数据越分散。
② 相关系数是用来描述两组数据之间相互关联程度的变量。相关系数为 1 说明两组数据完全相关，相关系数为 0 则说明两组数据完全无关，相互独立。
③ 上面的随机变量可以为向量，也可以为矩阵。

【例 7-12】 给出随机向量之间协方差计算的例子。

程序设计：

```
>> clear              %清除内存内保存的变量
>> a=[1 1.5 1.7 1.8 1.4];
>> b=[2.4 10 15 7.5 20];
>> c=[1 1.5 1.7 1.8 2];
```

```
>> f=cov(a,b);          %计算 a 和 b 的协方差
>> e=cov(a,c);          %计算 a 和 c 的协方差
>> f,e
```

运行结果:

```
f=
    0.0970    0.7870
    0.7870   46.0520
e=
    0.0970    0.0850
    0.0850    0.1450
```

程序说明：

① 可以看到运行结果的矩阵 f,e 是对称矩阵。对角线上的元素分别是参加运算的两个向量自己的方差，反映了这两个向量中元素的离散程度。从计算结果可以看出 b 的方差为 46.0520，a 的方差为 0.0970，所以 b 比 a 更离散。对角线两边的元素对称相等，反映了两个向量之间的离散性。可以看到 a、c 之间比 a、b 之间靠得更近。

② 不但可以计算两个向量之间的协方差，而且还可以计算两个矩阵之间的协方差，计算方法基本相同，只不过把向量换成矩阵了。

【例 7-13】 给出随机向量之间相关系数的计算例子。

程序设计:

```
>> clear
>> a= [1 1.5 1.7 1.8 1.4];
>> b=[2.4 10 15 7.5 20];
>> c=[1 1.5 1.7 1.8 2];
>> e=corrcoef(a,b);     %计算 a 和 b 的相关系数
>> f=corrcoef(a,c);     %计算 a 和 c 的相关系数
>> e,f
```

运行结果:

```
e=
    1.0000    0.3724
    0.3724    1.0000
f=
    1.0000    0.7167
    0.7167    1.0000
```

程序说明：

① 可以看到运行结果矩阵 e,f 也是对称矩阵。对角线是参加运算的两个向量的各自的相关系数，因为完全相同，所以都为 1。对角线两边的元素对称相等，反映了参加运算的两个向量之间的相关性，可以看到 a 和 b 之间的相关性比 a 与 c 之间的相关性强。

② 同样，本运算也可以对矩阵进行。

【例 7-14】 下列数据为 3 年来两个地区 6 月份 1～10 日的平均温度，求它们的协方差阵和相关阵。A 地区温度矩阵: A=[20,21,22,21,19,23,25,22,28,30; 21,23,23,21,24,26,27,29,31,35; 19,18,20,21,19,24,26,24,26,28]，B 地区温度矩阵: B=[22,22,24,23,25,27,29,25,26,27; 21,24,26,24,27,28,

25,28,27,29; 24,26,25,27,29,30,28,32,30,28]。

程序设计：

```
>>clear
>>A=[20,21,22,21,19,23,25,22,28,30;
    21,23,23,21,24,26,27,29,31,35;
    19,18,20,21,19,24,26,24,26,28];

>>B=[22,22,24,23,25,27,29,25,26,27;
    21,24,26,24,27,28,25,28,27,29;
    24,26,25,27,29,30,28,32,30,28];
>>A=A';              %矩阵转置运算
>>B=B';              %矩阵转置运算
>>Ca=cov(A);         %求矩阵 A 的协方差阵
>>Cb=cov(B);         %求矩阵 B 的协方差阵
>>Pa=corrcoef(A);    %求矩阵 A 的相关阵
>>Pb=corrcoef(B);    %求矩阵 B 的相关阵
>>Ca,Cb,Pa,Pb
```

运行结果：

```
Ca=
    12.5444    14.33333    11.1667
    14.3333    20.8889     14.2222
    11.1667    14.2222     12.5000
Cb=
    5.3333     3.5556      3.2222
    3.5556     5.8778      4.5444
    3.2222     4.5444      6.1000
Pa=
    1.0000     0.8854      0.8917
    0.8854     1.0000      0.8801
    0.8917     0.8801      1.0000
Pb=
    1.0000     0.6350      0.5649
    0.6350     1.0000      0.7589
    0.5649     0.7589      1.0000
```

7.2.4 统计频数直方图

语法：hist(Y,N)

说明：

① Y 为随机向量，N 为对随机数据分布区域划分的子区间数。

② 这个命令给出随机数据在不同区间的分布直观图。

【例 7-15】 绘出 1000 个正态分布随机数的统计频数直方图。

程序设计：

```
>>clear
>>h=randn(1000,1);
>>hist(h,40)
```

运行结果：如图 7-2 所示。

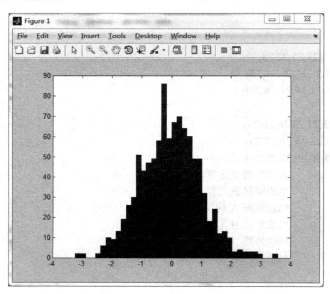

图 7-2　1000 个正态分布随机数的统计频数直方图

7.3　数值积分和微分

7.3.1　微分和积分的物理意义及数字表达

在现实生活中用微分和积分表达的事物和事物之间的关系随处可见，只是一般很少把它们和微积分的概念联系在一起。

积分是加法的扩展，是一种超级的加法运算，积分过程就是对微小量的累加过程。而微分则是和积分相反的一种运算过程。

为了说明微积分的物理意义，举个简单的例子。汽车沿着直线跑了 100km，用了一个小时，如果汽车在一个小时内跑得不一样快，开始时慢，中间快，后来又慢下来了，则在这个过程中，每一个极小的时间里汽车跑的距离显然常常是不同的，但是累积起来一个小时它跑了 100km，这个累积计算的过程就是积分过程。对于那个极小的时间段还可以分成很多更小的时间段，从而计算这个更小的时间段内汽车跑了多远，这个一步一步细分的过程就是微分，求导是计算微分的方法。汽车刚启动时常常是越跑越快，也就是说它的速度值是变化的，变得越来越大。一个极小的时间段内的平均速度要比前一个这样的时间段内的平均速度大，增加了一个数值。如果把这个极小的时间段再进一步细分下去，还能得到同样的结论，后一段时间的平均速度比前一段时间的平均速度增加了一个数值，如果无穷地分下去，这个增加量在单位时间的变化率就是加速度，这个细分的过程就是微分过程。

对函数 $f(x)$ 在区间 $[x_1, x_2]$ 上求积分在数学上常常表示为

$$F = \int_{x_1}^{x_2} f(x)\,dx$$

对函数 $F(x)$ 求导数（微分）运算在数学上常常表示为

$$F'(x) = \frac{dF(x)}{dx}$$

7.3.2 函数数值微分

语法:
- 连续被积函数

quad('f',a,b,t,trace)	自适应递推辛普生 (simpso) 法求积分
quadl('f',a,b,t,trace)	自适应递推牛顿-科西 (Newton-Cotes) 法求积分

- 离散被积函数

trapz(X,Y)	梯形法求数值积分
cumsum(Y)	欧拉法求数值积分

说明:
① 参数'f'是被积函数表达式字符串或函数文件名。
② 参数 a、b 定义函数积分的上限和下限。
③ 参数 t 定义积分的精度; trace 设置是否用图形展示积分过程, 1 为展示, 0 为不展示。
④ trapz 积分中给出 Y 相对于 X 的积分值。当 Y 是 (m*n) 矩阵时, 积分对 Y 的列向量分别进行, 得到一个 (1*n) 矩阵是 Y 的列向量对应于 X 的积分结果。
⑤ cumsum 对 Y 的列向量进行积分运算, 采用等距离单位步长, 但积分精度较差。积分结果和 Y 是同维的, 还要注意计算结果除以采样频率才是实际的积分序列, 具体运用见例 7-20。

【例 7-16】 设 y(x)=sinx, 用辛普生法求 s。
这个积分的结果手工算出来是 2, 下面用 MATLAB 进行计算。
程序设计:

```
>> clear
>> s=quad('sin(x)',0,pi);
>> s
```

运行结果:

```
s=
    2.0000
```

【例 7-17】 设 y(x)=sinx, 用牛顿-科西法求 s。
程序设计:

```
>> clear
>> s=quadl('sin(x)',0,pi);
>> s
```

运行结果:

```
s=
    2.0000
```

【例 7-18】 设 y(x)=sinx, 用牛顿-科西法求被积函数 y(x)在区间[0,2π]内间隔为π/100 小片段上的积分值的序列, 并画出这个序列的图像。

程序设计:

```
>>clear
>>X=[ ];                    %生成一个空向量
>>t=0:pi/100:2*pi;          %生成一个从 0~2π间隔为π/100 的数组
>>m=max(size(t))-1;         %size(t)获得 t 下标的范围,max()取最大值
>>for n=(1:m)
>>X(n)=quadl('sin(x)',t(n),t(n+1));
>>n=n+1;
>>end                       %绘出序列 X 的图像
>>plot(X)
>>X
```

运行结果:如图 7-3 所示。

```
X=
    Columns 1 through 7
      0.0005    0.0015    0.0025    0.0034    0.0044    0.0054    0.0064  ...
    Columns 190 through 196
     -0.0102   -0.0092   -0.0083   -0.0073   -0.0064   -0.0054   -0.0044
    Columns 197 through 200
     -0.0034   -0.0025   -0.0015   -0.0005
```

程序说明:
① 在运行结果里面,为了节约版面省略掉了序列 X 第 7 个和第 190 个元素之间的元素。
② 积分序列 X 和序列的图像更加直接地说明了积分的物理意义,即一个累积过程。对序列 X 求和,可以看到其结果和积分结果一样。

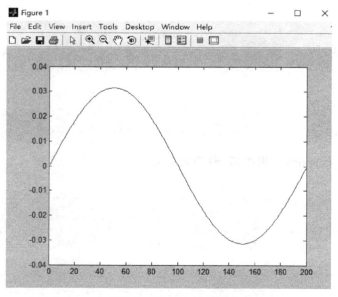

图 7-3 例 7-18 序列图

【例 7-19】 设 $y(x)=((\sin x)^2+x^3)/(x-2\cos 3x)$,求 $s=\int_1^2 y(x)dx$。
程序设计:

```
>>clear
>> y=quadl('(sin(x).^2+x.^3)./(x-2.*cos(3.*x))',0,2)
```

运行结果：

```
y=
    11.1942521542784
```

程序说明：在输入公式时一定要注意每个算符都是对数组进行运算的，所以是".*"".^" "./"。

【例 7-20】 用离散的数据表示 sin(x)，积分区间为[0,π]，分别用两种离散积分方法对其进行积分。

程序设计：

```
>>clear                  %清除内存中保存的变量
>>X=0:0.001:pi;          %离散化积分变量
>>Y=sin(X);              %生成被积函数的离散序列
>>Z=trapz(X,Y);          %梯形法求积分
>>S=cumsum(Y)*0.001;     %欧拉法求积分
>>Z
```

运行结果：

```
Z=
    2.0000
>> plot(X,S)             %绘出积分结果序列 S 的图像
```

积分序列图如图 7-4 所示。

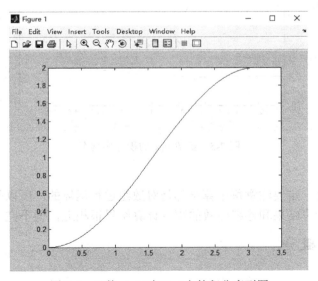

图 7-4　函数 sin(x)在[0,π]上的积分序列图

程序说明：本例中梯形法积分的结果是个标量 2，欧拉法积分的结果是一个和被积序列 Y 有相同维数的序列 S，所以为了表示积分结果给出了 S 序列的图像。

【例 7-21】 设 $y(x)=((\sin x)^2+x^3)/(x-2\cos 3x)$，求 $s=\int_0^2 y(x)dx$。

程序设计：

```
>>clear                    %清除内存中保存的变量
>>x=0:0.001:2;             %离散化积分变量
>>Y=(sin(x)).^2+x.^3./(x-2.*cos(3.*x));
>>Z=trapZ(x,Y);
>>S=cumsum(Y);
>>Z
```

运行结果：

```
Z=
    10.7364
>>plot(x,S)
```

积分序列图如图 7-5 所示。

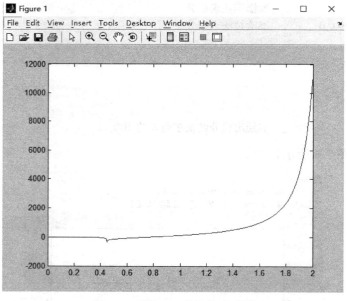

图 7-5 函数 y(x)的积分序列图

程序说明：
① 在输入公式时一定要注意每个算符都是对数组进行运算的，所以是".*"".^"".ᐟ"。
② 离散的积分计算结果和连续函数的积分计算结果很相近，但不完全相同。

7.3.3 数值微分

语法：D=diff(Y)

说明：Y 为一组离散序列，D 是与 Y 同维的离散序列。Y 还可以是矩阵，则微分求导运算是对矩阵的每个列向量进行的。

【例 7-22】 对函数 y= sin(x)和 y=2x³+3x²+x-1 进行微分求导运算，并画出计算结果的图像。

程序设计：

```
>> clear                        %清除内存中保存的变量
>>t=-3:0.001:3;                 %生成一个从-3~3 间隔为 0.001 的序列
>>y= sin(t);
>>z=2.*t.^3+3.*t.^2+t-1
>>Y=diff(y);                    %对 y 进行微分运算
>>Z= diff(z);                   %对 z 进行微分运算
>>subplot(2,1,1)                %产生两行一列的绘图区间的第一个绘图区间
>>plot(Y)                       %绘制序列 Y 的图像
>>subplot(2,1,2)                %产生两行一列的绘图区间的第二个绘图区间
>>plot(Z)                       %绘制序列 Z 的图像
```

运行结果：如图 7-6 所示。

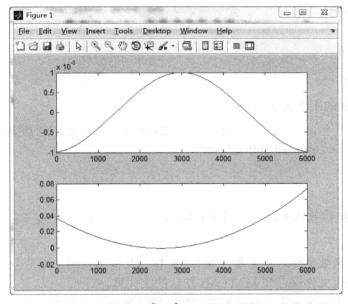

图 7-6 函数 sin(x)和 $2x^3+3x^2+x-1$ 求导所得的函数曲线图

程序说明：

① 运行结果仅仅给出了图像的形状，其横坐标并不是实际图像的横坐标，而是数据的序列值。可以手工计算出这两个函数的导数，画出其图像看看是否和运行结果一致。

② 采用对向量进行运算的运算符 ".*" ".^"。

7.4 一般非线性方程组的数值解

语法：x=fsolve('fun',x0,options)

说明：

① 'fun'是要求解的方程组，可以直接输入，不过由于方程组比较复杂，一般都先生成一个 m 文件，然后再在这里调用。

② x0 是给出的这个方程组的初值解，可以随意地给出。

③ options 是命令函数 fsolve 的参数设置项。因为 fsolve 求解的过程本身就是一个优化的

过程，而 options 则是设置优化过程的参数的。这里对于一般的非线性方程组求解常设置为 optimset('Display','off')。

【例 7-23】 求下列方程组的数值解。

$$x+y+z=0$$
$$x-y+3z=0$$
$$3x+y-z=0$$

这个方程组的解经过手工演算为：x=4/3，y=-2/3，z=-2/3。

程序设计：

① 建立函数文件 xyz 并保存：

```
function fun=xyz(X)
x=X(1);y=X(2);z=X(3);
fun=zeros(3,1);                %建立一个三维列向量 fun 并给其赋值为 0
fun(1)= x+y+z;
fun(2)= x-y+3*z;
fun(3)= 3*x+y-z-4;
```

② 在 MATLAB 的工作区里求解：

```
>>X0=[1 1 1];                  %将 x、y、z 赋初值均为 1，作为求解的初始点
>>X = fsolve(@xyz,X0,optimset('Display', 'off'))
```

运行结果：

```
X=
    1.3330   -0.6661   -0.6664      %分别为求得的 x、y、z 的解
```

程序说明：

① 在建立一个函数文件时一定要以 function 作为文件头说明。

② 把建立的函数文件保存到 MATLAB 默认的文件里。

③ zeros(3,1)用来产生一个 3 行 1 列的矩阵，矩阵的所有元素都为 0。

④ 可以看到计算的结果和手工计算的结果非常相近，差别是计算精度引起的。fsolve 的默认求解精度为 0.0001。

⑤ 事实上对方程组的求解过程是一个优化逼近的过程，optimset('Display', 'off')设置不显示求解过程。

【例 7-24】 下面给出一个复杂的非线性方程组的数值解。

$$x+y-z=0$$
$$\cos x+y^3+z=5$$
$$4x+2+\ln z=1$$

这个方程组用手工演算就很难求解了。

程序设计：

① 建立方程组的函数文件 fun：

```
function   Q=fun(T)
x=T(1); y= T(2);z= T(3);
Q=zeros(3,1);                  %建立一个三维列向量 Q 并给其赋值为 0
Q(1)=x+y-z;
```

```
Q(2)=cos(x)+y^3+z-5;
Q(3)=4*x+2^y+log(z)-1;
```

② 在 MATLAB 的命令窗口输入求解命令：

```
>>clear
>>X=fsolve(@fun,[1 1 1], optimset('Display','off'))
```

运行结果：

```
X=
    -0.4392    1.4548    1.0157
```

程序说明：
① 再次强调，在建立一个函数文件时一定要以 function 作为文件头说明。
② 为了方便调用，我们把这个函数文件保存到 MATLAB 的默认文件夹里。
③ 非线性方程组的解为：x=-0.4392，y=1.4548，z=1.0157。
④ fsolve 的默认求解精度为 0.001，方程成立的精度为 0.0001。

7.5 微分方程求解

7.5.1 微分方程的意义

根据前面有关微积分的论述可知，位移的导数是速度，速度的导数是加速度。假设已经知道了一辆汽车在某一段时间内的加速度是一个时变函数，比如 g(x)为=2x-1（x 代表时间），如果想得到这段时间内汽车的速度是如何变化的，可以假设汽车在这段时间内的速度为另一个时变函数 f(x)。根据加速度是速度的导数的结论应该有一个关系存在：f(x)的导数等于 g(x)，就可以用微分方程进行描述。

事实上在生活中具有这种关系的事物或者说能用微分方程表示的关系非常多，有的时候甚至只有用大量微分方程才能把事物之间的某种关系表达清楚。微分方程可以很方便地用来表示事物之间的关系，实际上无论是在工程领域还是在科研领域都会遇到很多的微分方程，有时是更加复杂的由微分方程组成的微分方程组。所以很有必要学习微分方程和微分方程组的求解。

7.5.2 一阶常微分方程求解

语法：[T,Y]=ODE45(OPEFUN,TSPAN,Y0)
　　　[T,Y]=ODE23(OPEFUN,TSPAN,Y0)
说明：
① ODE45()和 ODE23()是两个求解微分方程的命令函数，ODE45()应用最广，在容许误差大的情况下 ODE23()的效率要比 ODE45()的效率高一些。
② T 和 Y 分别表示微分方程的解的两个变量的数值序列。
③ OPEFUN 是待解微分方程表达式的函数文件名。
④ TSPAN 表示运算的起止时间，是行向量。例如，[0 10]表示运算时间从 0 开始到 10 的状态值。
⑤ Y0 是初始状态值，用列向量表示，其元素分别表示微分方程组各个表达式的初始状

态值。

【例 7-25】 求解微分方程 $\dot{y}=x*x-y$,并画出解在区间[0,10]上的图像。

程序设计:

① 在程序编辑器里建立待解微分方程表达式的函数文件 xxx.m 并存入 work 工作目录:

```
function Y=f7_25(x,y)
Y=x*x-y;
```

② 在 MATLAB 的命令窗口求解,结果如图 7-7 所示。

```
>>clear
>>[x,y]=ode45(@f7_25,[0 10],1);
>>plot(x,y)                %绘出微分方程的解的图像
```

程序说明:

① 注意函数文件建立的格式,一定要以 function 作为文件头,函数名字为 f7_25,两个变量为 x 和 y。这里还要注意两个变量 x 和 y 的顺序,否则绘出的图像横坐标和纵坐标就颠倒了。

② 要把建立的函数文件保存在 MATLAB 默认的文件夹里,否则在调用时要指明路径。

③ [x,y]=ode45(@f7_25,[0 10],1),函数文件的调用格式。本例中计算时间(x 变量)是从 0 开始,到 10 结束的,初始值为 1。

④ 本例的微分方程可以用手工计算出来,是个二次函数,这和绘出的解的图像是吻合的。

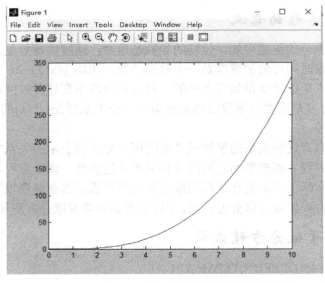

图 7-7 例 7-25 解的图像

【例 7-26】 求解微分方程 $\dot{y}=5*y+(x-1)*\sin(x)+(x+1)*\cos(x)$,并绘出解在区间[0,5]上的图像。

程序设计:

① 在编辑器里建立待解微分方程表达式的函数文件:

```
function Y=f7_26(x,y)
Y=5*y+(x-1)*sin(x)+(x+1)*cos(x);
```

② 在 MATLAB 的命令窗口求解,结果如图 7-8 所示。

```
>>clear
>>[x,y]=ode45(@f7_26,[0 5],1);
>>plot(x,y)
```
程序说明：
① 本例建立的函数文件名字为 f7_26。
② 本例手工求解就比较困难了，但是用 MATLAB 很容易就绘出了解的图像。

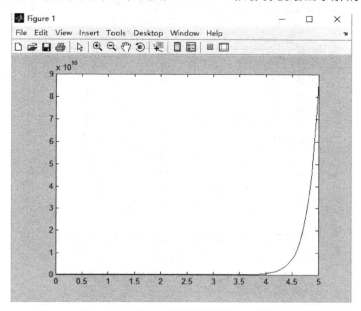

图 7-8　例 7-26 中微分方程解在区间[0,5]上的变化曲线

7.5.3　二阶常微分方程求解

二阶常微分方程的求解使用的仍然是上节介绍的函数，只是在微分方程式的表达上做了一些变换，转换成一阶微分方程的表达形式，然后求解。具体的运用将在实例中演示。

【例 7-27】　求解二阶常微分方程 $\ddot{y}+(y^2-1)\dot{y}+y=0$。

程序设计：

① 先对微分方程进行变换。

② 设 $y_1=y$，$y_2=\dot{y}$，$Y=\begin{Bmatrix}y_1\\y_2\end{Bmatrix}$，于是微分方程可以表示为一个微分方程组：$\dot{Y}=\begin{bmatrix}\dot{y}_1\\\dot{y}_2\end{bmatrix}=\begin{bmatrix}y_2\\-(y_1^2-1)y_2-y_1\end{bmatrix}$。

③ 在编辑器里建立函数文件：

```
%M function file name: dYdt.m        函数名为 dYdt
    function  Yd = f (t, Y)
    Yd=zeros(size(Y));
    Yd(1)=Y(2);
    Yd(2)=-(Y(1).^2-1)*Y(2) -Y(1);
```

④ 在 MATLAB 的命令窗口里运算求解，并画出解的图像，结果如图 7-9 所示。

```
>>clear
>> t0 = 0;    tN = 20;    tol = 1e-6;    Y0 = [0.25;    0.0];
>>[t,   Y]=ode45 ('dYdt',    t0,    tN, Y0,    tol);
>>subplot (121),    plot (t,   Y)
>>subplot (122),    plot (Y( :,    1),   Y( :,    2))
```

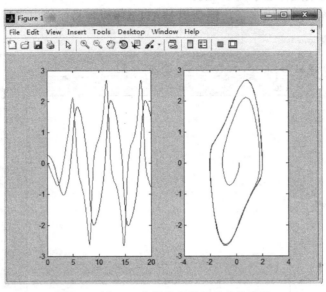

图 7-9 例 7-27 中微分方程解的变化曲线

习题

7-1 将 $(x-6)(x-3)(x-8)$ 展开为系数多项式的形式。

7-2 求解多项式 $x^3-7x^2+2x+40$ 的根。

7-3 求解在 $x=8$ 时多项式 $(x-1)(x-2)(x-3)(x-4)$ 的值。

7-4 计算多项式乘法 $(x^2+2x+2)(x^2+5x+4)$。

7-5 计算多项式除法 $(3x^3+13x^2+6x+8)/(x+4)$。

7-6 对式 $\dfrac{3x^4+2x^3+5x^2+4x+6}{x^5+3x^4+4x^3+2x^2+7x+2}$ 进行部分分式展开。

7-7 计算多项式 $4x^4-12x^3-14x^2+5x+9$ 的微分和积分。

7-8 解方程组 $\begin{bmatrix} 2 & 9 & 0 \\ 3 & 4 & 11 \\ 2 & 2 & 6 \end{bmatrix} x = \begin{bmatrix} 13 \\ 6 \\ 6 \end{bmatrix}$。

第 8 章

MATLAB/Simulink 下的控制系统仿真

本章知识点：
- Simulink 的模块库
- Simulink 模型的创建
- Simulink 仿真设置
- 自定义功能模块（子系统）的创建与封装
- S 函数设计方法

基本要求：
- 掌握 Simulink 模型的创建过程
- 掌握 Simulink 仿真设置
- 掌握自定义功能模块（子系统）的创建与封装
- 了解 S 函数设计方法

能力培养目标：

通过本章的学习，使学生掌握基于 Simulink 仿真平台的系统建模和仿真方法；通过模型模块添加、模型模块参数设置、模型模块间连线以及模型仿真参数设置等过程训练，培养学生的动手能力和工程实践能力；通过对 S 函数的设计，培养学生的创新意识和创新能力。

8.1 MATLAB 适合控制系统仿真的特点

在实际工程中，控制系统的结构往往很复杂，如果不借助专用的系统建模软件，则很难准确地把一个控制系统的复杂模型输入计算机，对其进行进一步的分析与仿真。1990 年，Math Works 软件公司为 MATLAB 提供了新的控制系统模型图输入与仿真工具，并命名为 SIMULAB，该工具很快就在控制界获得了广泛的认可，使得仿真软件进入了模型化图形状态阶段。因其名字与当时著名的软件 SIMULA 类似，所以在 1992 年正式将该软件更名为 Simulink。

Simulink 的出现，给控制系统分析与设计带来了福音。该软件有两个主要功能，即利用鼠标在模型窗口上绘制所需要的控制系统模型，然后利用 Simulink 提供的功能对系统进行仿真和分析。

Simulink 是 MATLAB 软件的扩展与特色体现，它与 MATLAB 语言的主要区别在于，它与用户交互接口是基于 Windows 的模型化图形输入。其优点是使用户可以把更多的精力投入到系统模型的构建，而非语言的编程上。所谓模型化图形输入是指 Simulink 提供了一些按功能分类的基本系统的功能模块，用户只需要知道这些功能模块的输入、输出及功能模块的功能，而不必考察功能模块内部是如何实现和工作的,通过对这些基本功能模块的调用,再将它们连接起来就可以构成所需要的系统模型(以后缀名为.mdl 的文件进行存取),从而完成系统仿真模型的分析与构建。

Simulink 可以模拟线性与非线性系统、连续与非连续系统,或它们的混合系统,它是强大的系统仿真工具。除此之外,它还提供了图形动画处理方法,可以方便用户观察系统仿真的整个过程。Simulink 的重要特点是快速、准确,对于比较复杂的非线性系统,效果更为明显。

Simulink 提供了一种函数规则——S 函数。S 函数可以是一个 M 文件、C 语言程序或者其他高级语言程序。Simulink 模型或者功能模块可以通过一定的语法规则来调用 S 函数。正是由于 S 函数的引入,才使得 Simulink 更加充实,处理能力更加强大。

Simulink 的另外一个重要特点就是它的开放性,它允许用户定制自己的功能模块和模块库。Simulink 为用户提供了比较全面的帮助系统,以指导用户如何使用这些功能。

8.2 Simulink 仿真概述

simulink 菜单

8.2.1 Simulink 的启动与退出

(1)Simulink 的启动

Simulink 的启动有三种方式:①在 MATLAB 的命令窗口直接输入 Simulink;②单击 MATLAB 工具条上的 Simulink 的快捷图标 ;③在 MATLAB 的菜单中,选择 File→New→Model。

用方式③启动后,会弹出如图 8-1 所示的新建模型窗口,名为 untitled;而用方式①和②启动后,会弹出如图 8-2 所示的 Simulink 模块库浏览器(Simulink Library Browser)窗口,单击快捷图标 或在菜单中选择 File→New→Model,同样会弹出图 8-1 所示的新建模型窗口。

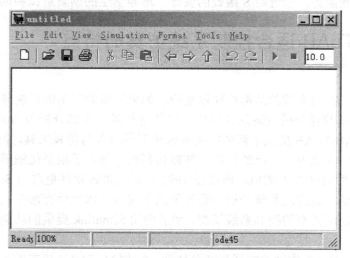

图 8-1 新建模型窗口

(2)Simulink 的退出

退出 Simulink,只要关闭所有模型窗口和 Simulink 模块库窗口即可。

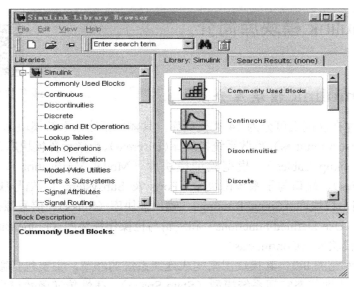

图 8-2 Simulink 模块库浏览器窗口

8.2.2 Simulink 建模仿真

Simulink 是一个用来对动态系统进行建模、仿真和分析的软件包，它支持连续、离散及两者混合的线性和非线性系统，也支持具有多种采样频率的系统。在 Simulink 环境中，利用鼠标就可以在模型窗口中直观地"画"出系统模型，然后直接进行仿真。它为用户提供了方框图进行建模的图形接口，采用这种结构画模型就像自己用手和纸来画一样容易。它与传统的仿真软件包微分方程和差分方程建模相比，具有更直观、方便、灵活的优点。Simulink 包含 Sinks（输出方式）、Source（输入源）、Linear（线性环节）、Nonlinear（非线性环节）、Connections（连接与接口）和 Extra（其他环节）等子模型库，而且每个子模型库中包含相应的功能模块，用户也可以定制和创建自己的模块。

用 Simulink 创建的模型可以具有递阶结构，因此用户可以采用从上到下或从下到上的结构创建模型。用户可以从最高级开始观看模型，然后用鼠标双击其中的子系统模块，来查看其下一级的内容，以此类推，从而可以看到整个模型的细节，帮助用户理解模型的结构和各模块之间的相互关系。在定义完一个模型后，用户可以通过 Simulink 的菜单或 MATLAB 的命令窗口输入命令来对它进行仿真。菜单方式对于交互工作非常方便，而命令行方式对于运行一大类仿真非常有用。采用 Scope 模块和其他画图模块，在仿真进行的同时，就可观看到仿真结果。除此之外，用户还可以在改变参数后迅速观看系统中发生的变化情况。仿真的结果还可以存放到 MATLAB 的工作空间里做事后处理。

模型分析工具包括线性化和平衡点分析工具、MATLAB 的许多基本工具箱及 MATLAB 的应用工具箱。由于 MATLAB 和 Simulink 是集成在一起的，因此用户可以在这两种环境下对自己的模型进行仿真、分析和修改。

Simulink 非常实用，除了控制领域外，在航空航天、电子、力学、数学和通信等多个领域也有应用。

8.3 Simulink 模块库简介

8.3.1 Simulink 模块库分类

simulink 模块分类及用处说明

Simulink 模块库在功能上可分为 14 类模块库,具体包括连续系统模块库(Continuous)、非线性系统模块库(Discontinuities)、离散系统模块库(Discrete)、数学运算模块库(Math Operations)、查询表模块库(Lookup Tables)、模型验证模块库(Model Verification)、模块实用模块库(Model-Wide Utilities)、端口与子系统模块库(Ports & Subsystems)、信号属性模块库(Signal Atributies)、信号路由模块库(Signal Routing)、输出模块库(Sinks)、信号源模块库(Sources)、用户自定义模块库(Use-Defined Functions)和逻辑与位操作模块库(Logic Bit Operations)。

(1)连续系统模块库(Continuous)

连续系统模块库见图 8-3,其模块用来构成连续系统的环节,主要包括微分(Derivative)、积分(Integrator)、线性状态空间系统模型(State-Space)、线性传递函数模型(Transfer-Fcn)、时间延迟(Transport Delay)、可变的时间量的延迟(Variable Transport Delay)和零极点表示的传递函数模型(Zero-Pole)等多个模块。

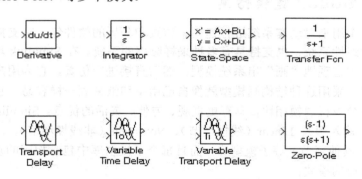

图 8-3 Continuous 模块库

(2)非线性系统模块库(Discontinuities)

非线性系统模块库见图 8-4,其模块用来构成非线性系统的环节,主要包括磁滞回环(Backlash)、库仑与黏性摩擦(Coulomb & Viscous Friction)、死区非线性(Dead Zone)、饱和非线性(Saturation)、量化(Quantizer)、继电(Relay)、变化率限幅(Rate Limiter)和选中交叉点(Hit Crossing)等多个模块。

(3)离散系统模块库(Discrete)

离散系统模块库见图 8-5,其模块用来构成离散系统的环节,主要包括离散传递函数模型(Discrete Transfer Fcn)、零极点表示的离散传递函数模型(Discrete Zero-Pole)、离散滤波器(Discrete Filter)、离散状态空间系统模型(Discrete State-Space)、一阶保持器(First-Order Hold)和零阶保持器(Zero-Order Hold)等多个模块。

(4)数学运算模块库(Math Operations)

数学运算模块库见图 8-6,主要包括增益(Gain)、加法(Sum)、绝对值函数(Abs)、三角函数(Trigonometric Function)、数学运算(Math Function)、取整函数(Rounding Function)、复数实/虚部提取函数(Complex to Real-Imag)等多个模块。

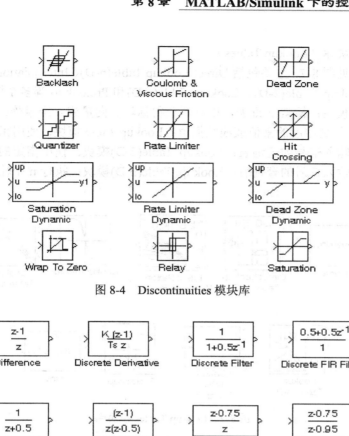

图 8-4　Discontinuities 模块库

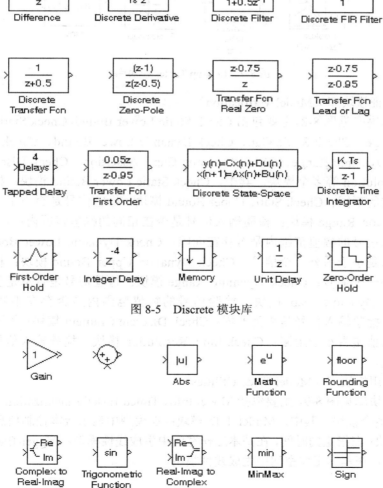

图 8-5　Discrete 模块库

图 8-6　Math Operations 模块库

（5）查询表模块库（Lookup Tables）

查询表模块库见图 8-7，主要包括 Direct Lookup Table(n-D)、Interpolation Using PreLookup、Lookup Table、Lookup Table(2-D)、Lookup Table(n-D) 和 Prelookup 等多个模块。其中，Direct Lookup Table(n-D) 模块：检索 n 维表，以重新获得标量、向量或二维矩阵；Interpolation using Prelookup 模块：执行高精度的常值或线性插值；Lookup Table 模块：使用指定的查表方法近似一维函数，即建立输入信号的查询表；Lookup Table(2-D) 模块：使用指定的查表方法近似二维函数，即建立两个输入信号的查询表；Lookup Table(n-D) 模块：执行 n 个输入定常数、线性或样条插值映射。

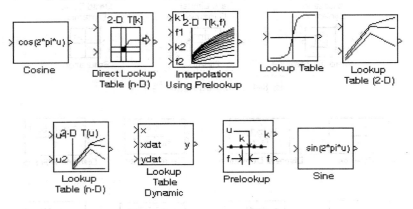

图 8-7　Lookup Tables 模块库

（6）模型验证模块库（Model Verification）

模型验证模块库见图 8-8，主要包括 Check Static Lower Bound、Check Static Upper Bound、Check Static Range、Check Static Gap、Check Dynamic Lower Bound、Check Dynamic Upper Bound、Check Dynamic Range、Check Dynamic Gap、Assertion、Check Discrete Gradient 和 Check Input Resolution 等多个模块。其中，Check Static Lower Bound 模块：检验信号是否大于或者等于指定的下限；Check Static Upper Bound 模块：检验信号是否小于或者等于指定的上限；Check Static Range 模块：检验输入信号是否在相同的幅值范围内；Check Static Gap 模块：检验输入信号的幅值范围内是否存在间隙；Check Dynamic Lower Bound 模块：检验一个信号是否总是小于另外一个信号；Check Dynamic Upper Bound 模块：检验一个信号是否总是大于另外一个信号；Check Dynamic Range 模块：检验信号是否总是位于变化的幅值范围内；Check Dynamic Gap 模块：检验信号的幅值范围内是否存在不同宽度的间隙；Assertion 模块：检验输入信号是否为非零；Check Discrete Gradient 模块：检验连续采样离散信号的微分绝对值是否小于上限；Check Input Resolution 模块：检验输入信号是否有指定的标量或向量精度。

（7）模块实用模块库（Model-Wide Utilities）

模块实用模块库见图 8-9，主要包括 Model Info、Timed-Based Linearization 和 Trigger-Based Linearization 等多个模块。其中，Model Info 模块：在模型中显示版本控制信息；Timed-Based Linearization 模块：在指定的时间，在基本工作空间中生成线性模型；Trigger-Based Linearization 模块：当触发时，在基本工作空间中生成线性模型。

第 8 章　MATLAB/Simulink 下的控制系统仿真

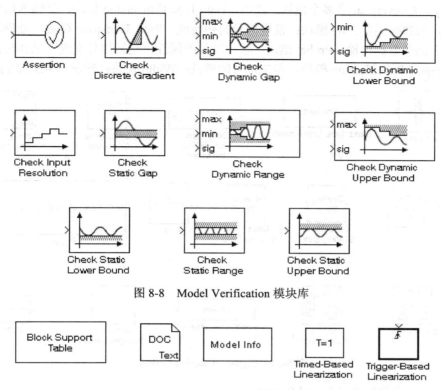

图 8-8　Model Verification 模块库

图 8-9　Model-Wide Utilities 模块库

（8）端口与子系统模块库（Ports & Subsystems）

端口与子系统模块库见图 8-10，主要包括 In1、Out1、Trigger、Function-Call Generator、Atomic Subsystem、Subsystem、Triggered Subsystem、While Iterator Subsystem 等多个模块。其中，In1 模块：为子系统或外部输入创建一个输入端口；Out1 模块：为子系统或外部输入创建一个输出端口；Trigger 模块：为子系统添加一个触发端口；Function-Call Generator 模块：一个指定的速率和指定的时间执行函数调用子系统；Atomic Subsystem 模块：表示系统中包含的子系统，子系统模块表示一个真实的系统；Subsystem 模块：表示系统中包含的子系统，子系统模块表示一个虚拟的系统；Triggered Subsystem 模块：表示一个由外部输入触发执行的子系统。

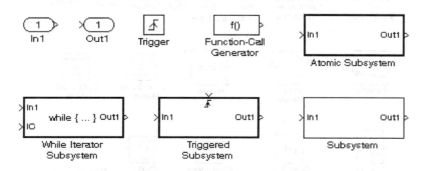

图 8-10　Ports & Subsystems 模块库

（9）信号属性模块库（Signal Atributies）

信号属性模块库见图 8-11，主要包括 Width、Signal Specification、Probe、Rate Transition、

IC 和 Data Type Conversion 等多个模块。其中，Data Type Conversion 模块：将输入信号转化为模块中参数指定的数据类型；IC 模块：设置信号的初始值；Rate Transition 模块：处理以不同速度操作的模块之间的数据传输；Probe 模块：输出信号的属性，包括信号宽度、采样时间和（或）信号类型；Signal Specification 模块：指定信号的属性；Width 模块：输出输入向量的宽度。

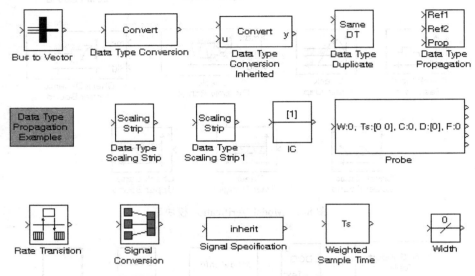

图 8-11　Signal Atributies 模块库

（10）信号路由模块库（Signal Routing）

信号路由模块库见图 8-12，主要包括 Bus Creator、Bus Selector、Mux、Demux、Merge、Selector、Manual Switch 和 Multiport Switch 等多个模块。其中，Bus Creator 模块：创建一个信号总线；Bus Selector 模块：输出从输入总线中选择的信号；Mux 模块：将几个输入信号组合为向量或总线输出信号；Demux 模块：将向量信号分离为输出信号；Merge 模块：将几个输入信号组合为单个输出信号；Selector 模块：从向量或矩阵信号中选择输入分量；Manual Switch 模块：在两个输入之间切换；Multiport Switch 模块：在多个模块输入之间进行切换。

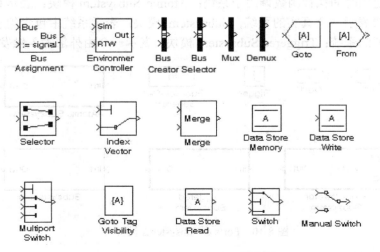

图 8-12　Signal Routing 模块库

(11) 输出模块库（Sinks）

输出模块库见图 8-13，主要包括示波器（Scope）、x-y 示波器（XY Graph）、写文件（To File）、工作空间写入（To Workspace）、输出端口（Out1）、数字显示（Display）、仿真终止（Stop Simulation）等多个模块。

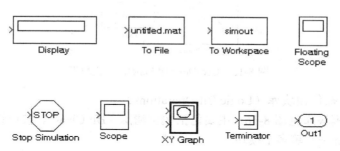

图 8-13　Sinks 模块库

(12) 信号源模块库（Sources）

信号源模块库见图 8-14，信号源模块库中的模块用来向模型提供输入信号，主要包括输入端口（In1）、常数（Constant）、时钟信号（Clock）、带宽限幅白噪声（Band-Limited White Noise）、脉冲发生器（Pulse Generator）、正弦信号（Sine Wave）、阶跃信号（Step）、读文件（From File）、读工作空间（From Workspace）、信号发生器（Signal Generator）、重复信号（Repeating Sequence）、斜坡信号（Ramp）、随机信号（Random Number）等多个模块。

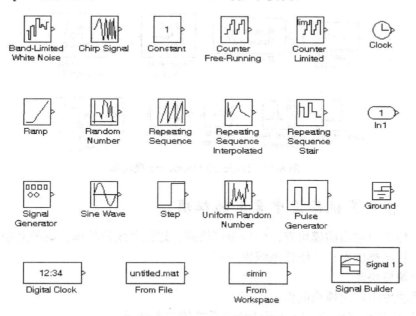

图 8-14　Sources 模块库

(13) 用户自定义模块库（Use-Defined Functions）

用户自定义模块库见图 8-15，主要包括 Fcn、MATLAB Fcn、S-Function 和 S-Function Builder 模块。其中，Fcn 模块：用自定义的函数进行运算；MATLAB Fcn 模块：利用 MATLAB 的现有函数进行运算；S-Function 模块：调用自编 S 函数的程序进行运算；S-Function Builder 模块：从用户提供的描述和 C 语言源代码中构造一个 C 语言 MEX-S-Function。

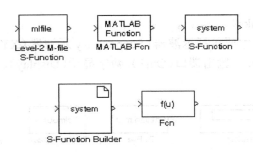

图 8-15 Use-Defined Functions 模块库

（14）逻辑与位操作模块库（Logic Bit Operations）

逻辑与位操作模块库见图 8-16，主要包括按位清除（Bit Clear）、按位设置（Bit Set）、按位运算（Bitwise Operator）等多个模块。

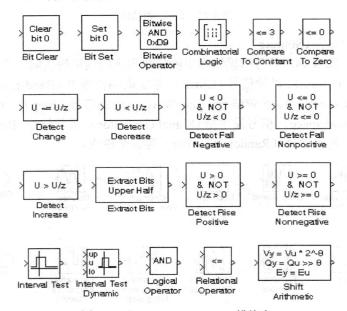

图 8-16 Logic Bit Operations 模块库

8.3.2 控制系统仿真中常用的模块

控制系统仿真中常用的模块有：信号源模块库、连续系统模块库、离散系统模块库、数学运算模块库、输出模块库和非线性系统模块库。

（1）信号源模块库

信号源模块库中常用模块的作用如下：

① 输入端口模块（In1）：用来反映整个系统的输入端子。

② 常数模块（Constant）：可以产生一个常数值，一般用作给定输入。

③ 信号发生器模块（Signal Generator）：可以产生正弦波、锯齿波、随机信号等波形信号，用户可以自由地调整信号的幅值及相位。

④ 时钟信号模块（Clock）：生成当前仿真时钟，以秒为单位，在记录数据序列或时间相关的指标中需要此模块。

⑤ 读文件模块（From File）和读工作空间模块（From Workspace）：允许从文件或 MATLAB

工作空间中读取信号作为输入信号。

⑥ 阶跃信号模块（Step）：生成一个给定时间开始的阶跃信号，信号的初始值和终止值均可自由设定。常用来仿真系统的阶跃响应，也可用来仿真定时的开关动作。

（2）连续系统模块库

连续系统模块库中常用模块的作用如下：

① 积分模块（Integrator）：对输入（向量或标量）进行积分，用户可以设定初始条件。

② 微分模块（Derivative）：将输入端的信号经过一阶数值微分，在输出端输出，在实际应用中应该尽量避免使用该模块。

③ 线性传递函数模型模块（Transfer-Fcn）：使用分子、分母多项式的形式给出系统的传递函数模型，分母的阶次必须大于或等于分子的阶次。

④ 线性状态空间系统模型模块（State-Space）：使用矩阵形式表示系统的状态空间模型，并可以给出初值。

⑤ 零极点表示的传递函数模型模块（Zero-Pole）：用指定的零极点建立连续系统模型。

⑥ 时间延迟模块（Transport Delay）：将输入信号延迟指定的时间后，再传输给输出信号，用户可自行设置延迟时间。

（3）离散系统模块库

离散系统模块库中常用模块的作用如下：

① 零阶保持器模块（Zero-Order Hold）：在一个计算步长内将输出的值保持在同一个值上。

② 一阶保持器模块（First-Order Hold）：依照一阶插值的方法计算一个步长后的输出值。

③ 离散状态空间系统模型模块（Discrete State-Space）：与连续状态空间结构相同，可设置采样时间。

④ 离散积分器模块（Discrete-Time Integrator）：实现离散的欧拉积分，可以设置初值和采样时间。

⑤ 离散滤波器（Discrete Filter）：实现 IIR 和 FIR 滤波器。

（4）数学运算模块库

数学运算模块库中常用模块的作用如下：

① 增益模块（Gain）：输出为输入与增益的乘积。

② 加法模块（Sum）：对输入求代数和，在组建反馈控制系统方框图时必须采用此模块，反馈的极性（+或-）可自行设置。

③ 数学函数模块：绝对值函数模块（Abs）、三角函数模块（Trigonometric Function）、数学运算模块（Math Function）和复数实/虚部提取函数模块（Complex to Real-Imag），可以用这些模块完成各种数学计算。

（5）输出模块库

输出模块库中常用模块的作用如下：

① 输出端口模块（Out1）：表示整个系统的输出端，系统直接仿真时该输出将自动在 MATLAB 工作空间中产生变量。

② 示波器模块（Scope）：显示数据随时间变化的过程和结果。

③ x-y 示波器模块（XY Graph）：将两路输入信号分别作为示波器的两个坐标轴，写文件（To File）并将信号的轨迹显示出来。

④ 写文件模块（To File）和工作空间写入模块（To Workspace）：将输出信号写到文件或工作空间中。

⑤ 数字显示模块（Display）：将输出信号以数字的形式显示出来。
⑥ 仿真终止模块（Stop Simulation）：强行终止正在进行的仿真过程。
（6）非线性系统模块库
非线性系统模块库中常用模块的作用如下：
① 饱和非线性模块（Saturation）：该模块具有饱和非线性特性。
② 死区非线性模块（Dead Zone）：该模块具有死区非线性特性。
③ 库仑与黏性摩擦模块（Coulomb & Viscous Friction）：在原点不连续，在原点外具有线性增益。
④ 磁滞回环模块（Backlash）：该模块具有磁滞回环非线性特性。

8.4　Simulink 功能模块的处理

Simulink 快捷键与命令集

8.4.1　Simulink 模块参数设置

Simulink 中几乎所有模块的参数都允许用户进行参数设置，双击要进行设置的模块，然后利用弹出的属性参数设置对话框可进行模块的参数设置。

例如，对于正弦信号（Sine Wave），用鼠标双击该模块后，会出现如图 8-17 所示的参数设置对话框。在图 8-17 的上部为参数说明，仔细阅读可以帮助用户设置参数。正弦信号的参数中，Amplitude 为正弦信号的幅值，设置为 1。Bias 为幅值偏移值，设置为 0。Frequency 为正弦频率，设置为 5。Phase 为正弦的初相，设置为 0。Sample time 为采样时间，设置为 0.01。

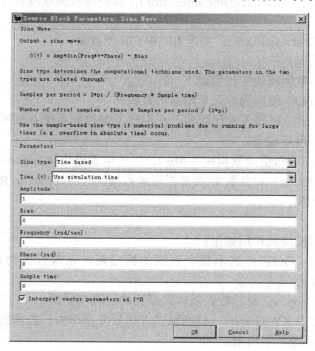

图 8-17　Sine Wave 模块参数设置对话框

8.4.2　Simulink 模块的基本操作

（1）添加模块

首先打开 Simulink 的库浏览器窗口；然后单击 Simulink 库浏览器窗口工具栏上的 New 按钮，新建模型文件（命名为 untitled.mdl）；最后在 Simulink 库中找到想添加的模块，可以用鼠标直接将该模块拖入文件 untitled.mdl 中，也可以在该模块上单击右键并选择 Add to untitled，或选中该模块后按快捷键 Ctrl +I。

（2）选中模块

在模型文件中，用鼠标单击某个模块将其选中，被选中模块的四角处会出现小黑块编辑框。如果想选定多个对象，可以按下 Shift 键，然后再单击所需选定的模块。也可以用鼠标拉出矩形虚线框，将所有待选模块框在其中，则矩形框中所有的对象均被选中。

（3）复制模块

在同一个模型文件中，可以采用如下的方法进行模块的复制：

① 选定该模块，按下鼠标右键，拖动模块到合适的地方，释放鼠标；

② 选定该模块，按住 Ctrl 键，用鼠标拖动到合适的地方，释放鼠标；

③ 选中该模块，然后使用菜单或工具栏中的 Copy 和 Paste 按钮。

（4）移动模块

在同一个模型文件中，选中需要移动的一个或多个模块，然后用鼠标将模块拖到合适的地方。还可以在不同模型文件移动模块。用鼠标选中要移动的模块，然后拖到其他模型文件中。如果在移动的同时按下 Shift 键，则删除原来模型文件中的模块。

（5）改变模块大小

选定需要改变大小的模块，出现小黑块编辑框后，用鼠标拖动编辑框，可以实现放大或缩小。

（6）删除模块

对于不需要的模块，需要进行删除。选中需要删除的模块，然后按键盘上的 Delete 键进行删除；或选中模块后，单击菜单 Edit 下的 Delete 或 Cut 选项；也可以在选中模块后，单击工具栏中的 Cut 按钮进行删除。

（7）翻转模块

选中模块，选择模型文件中的菜单 Format→Flip Block，可以将模块旋转 180°；选择 Format→Rotate Block，可以将模块旋转 90°。

此外，利用 Format 菜单下的选项，还可以修改模块名，对模块名的字体进行设置，隐藏模块名，翻转模块名等。

（8）给模块加阴影

选定模块，选择 Format→Show Drop Shadow 使模块生成阴影效果。

（9）模块名的显示、消隐与修改

① 模块名的显示与消隐：选定模块，选择 Format→Hide Name 使模块名隐藏，同时 Show Name 会使隐藏的模块名显示出来。

② 修改模块名：用鼠标左键单击模块名的区域，使光标处于编辑状态，此时便可对模块名进行任意的修改。同时选定模块，选择 Format→Font 可弹出字体对话框，用户可对模块名和模块图标中的字体进行设置。

8.4.3 Simulink 模块间的连线处理

当设置好了各种模块后,还需要把它们按照一定的顺序连接起来才能组成一个完整的系统模型。

(1) 连接两个模块

将鼠标移到模块输出端,鼠标的前头会变成十字形光标,这时按住鼠标左键,移动鼠标到另一个模块的输入端,当十字形光标出现"重影"时,释放鼠标左键完成连接,如图 8-18 所示。

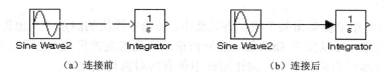

图 8-18 两个模块间的连接

(2) 模块在连线之间插入

把模块用鼠标拖到连线上,然后释放鼠标即可,如图 8-19 所示。

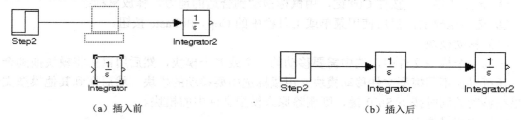

图 8-19 模块在连线之间插入

(3) 连线的分支

当需要把一个信号输送给不同的模块时,连线要采用分支结构,其操作步骤是:先连好一条线,把鼠标移到支线的起点,并按下 **Ctrl** 键,再将鼠标拖至目标模块的输入端即可,如图 8-20 所示。

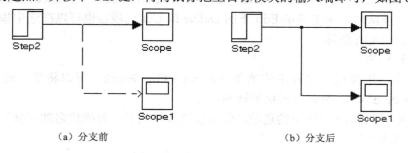

图 8-20 连线的分支

(4) 设定连线标签

只要在线上双击鼠标,即可输入该线的说明标签,如图 8-21 所示。

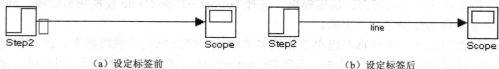

图 8-21 设定连线标签

（5）连线的折弯

按住 Shift 键，再用鼠标在要折弯的线处单击一下，就会出现圆圈，表示折点，利用折点就可以改变线的形状，如图 8-22 所示。

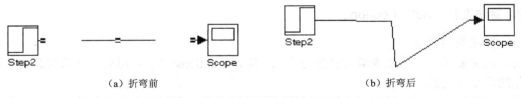

图 8-22　连线的折弯

8.5　Simulink 仿真设置

在 Simulink 中建立系统模型后，运行菜单 Simulation→Start 就可以对所建模型进行动态仿真。一般在仿真前需要进行仿真参数设置，运行菜单 Simulation→Parameters 完成设置，如图 8-23 所示。

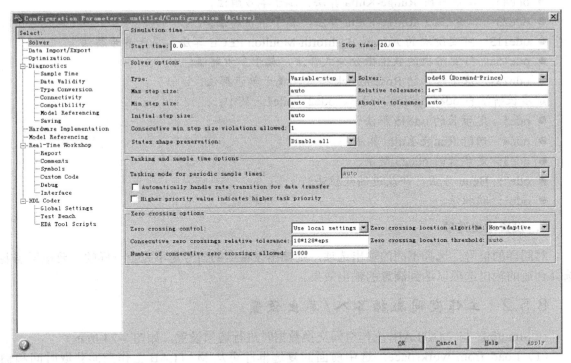

图 8-23　仿真参数设置对话框

8.5.1　仿真器参数设置

在 Solver 里需要设置仿真开始和终止时间，选择合适的解法并指定参数，设置一些输出选择。

1. 设置起始时间和终止时间（Simulation time）

运行菜单 Simulation→Start time 设置起始时间，而 Stop time 设置终止时间，单位为"秒"。

2. 算法设置（Solver options）

（1）算法类型设置

仿真的主要过程一般是求解常微分方程组，Solver options→Type 用来选择仿真算法的类型是变化的还是固定的。

变步长解法可以在仿真过程中根据要求调整运算步长，在采用变步长解法时，应该先指定允许误差限，使得当误差超过误差限时自动修正仿真步长，Max step size 用于设置最大步长，在默认情况下为 auto，并按下式计算最大步长：

$$最大步长=（终止时间-起始时间）/50$$

（2）仿真算法设置

离散模型：对变步长和定步长解法均采用 discreate（no continuous state）。

连续模型：可采用变步长和定步长解法。

变步长解法有 ode45、ode23、ode113、ode15s、ode23s、ode23t、ode23st。其中：

- ode45：四阶/五阶 Runge-Kutta 算法，属于单步解法；
- ode23：二阶/三阶 Runge-Kutta 算法，属于单步解法；
- ode113：可变阶次的 Adams-Bashforth-Moulton PECE 算法，属于多步解法；
- ode15s：可变阶次的数值微分公式算法，属于多步解法；
- ode23s：基于修正的 Rosenbrock 公式，属于单步解法。

定步长解法有 ode5、ode4、ode3、ode2、ode1。其中：

- ode5：定步长的 ode45 解法；
- ode4：四阶 Runge-Kutta 算法；
- ode3：定步长的 ode23 解法；
- ode2：Henu 方法，即改进的欧拉法；
- ode1：欧拉法。

3. 设置输出选项

对同样的信号，选择不同的输出选项，则输出设备上的信号是不完全一样的。要根据需要选择合适的输出选项以达到满意的输出效果。

8.5.2 工作空间数据导入/导出设置

在 Simulink 与 MATLAB 工作空间交换数据时进行选项设置，如图 8-24 所示。

（1）Load from workspace：选中前面的复选框即可从 MATLAB 工作空间获取时间和输入变量。

一般时间变量定义为 t，输入变量定义为 u。

（2）Save to workspace：用来设置存在 MATLAB 工作空间的变量类型和变量名。

可以选择保存的选项有：时间、端口输出、状态和最终状态。选中选项前面的复选框并在选项后面的编辑框输入变量名，就会把相应数据保存到指定的变量中。

常用输出模块为 Out1 模块和 Sinks 中的 To Workspace 模块。

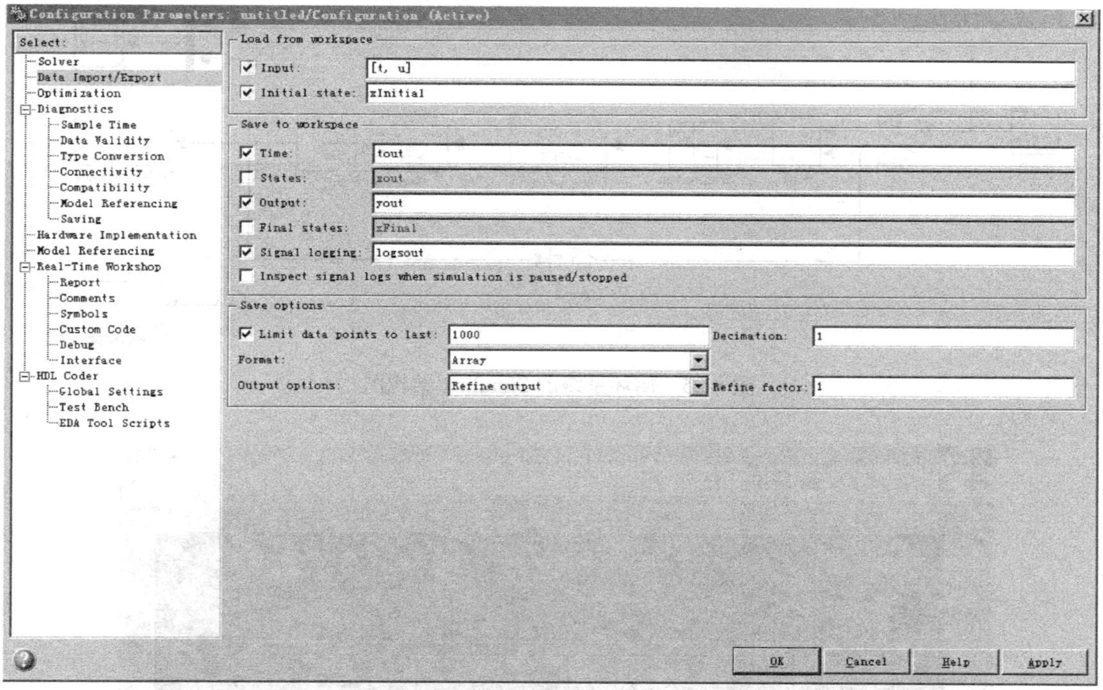

图 8-24 工作空间设置对话框

8.6 Simulink 仿真举例

【例 8-1】 已知一个闭环系统，系统前向通道的传递函数为 $G(s) = \dfrac{s+0.5}{s+0.1} \cdot \dfrac{20}{s^3 + 12s^2 + 20s}$，而且前向通道有一个[−0.2,0.5]的限幅环节，反馈通道的增益为 1.5，系统为负反馈，阶跃输入经过 1.5 倍的增益作用到系统，利用 Simulink 对该闭环系统进行仿真，要求观测其单位阶跃响应曲线。

解：（1）在 Simulink 的 Library 窗口中选择 File→New，打开一个新的 Model 文件，并将其命名为 c8_1.mdl。

（2）分别从 Sources、Math Operations、Continuous、Discontinuities、Signal Routing 和 Sinks 模块库将 Step、Clock、Subtract、Transfer Fcn、Saturation、Mux、To Workspace 和 Scope 模块拖至工作平台。

（3）将各模块按系统要求加以连接，并设定模块参数，得到的系统模型如图 8-25 所示。

（4）运行 Simulink→Parameters，对系统的仿真参数进行设置，如设仿真时间为 20s，算法选择默认方式。

（5）执行 Simulink→Start，双击 Scope 可得系统的单位阶跃响应仿真曲线，见图 8-26。

（6）单击工作空间中的 c 和 t 变量，可以看到相应的数据，见图 8-27 和图 8-28。

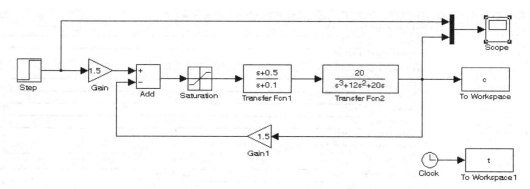

图 8-25　闭环系统的 Simulink 结构图

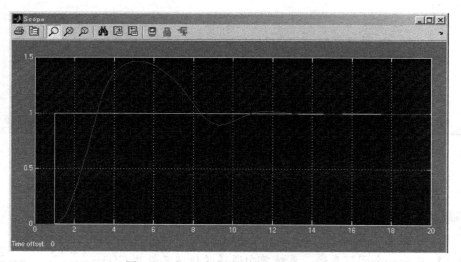

图 8-26　闭环系统的单位阶跃响应曲线

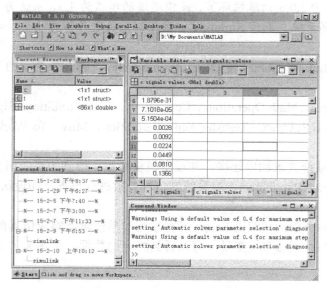

图 8-27　工作空间中的 c 变量数据

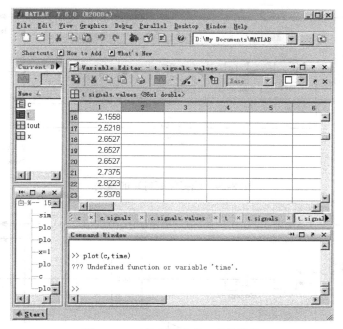

图 8-28 工作空间中的 t 变量数据

8.7 Simulink 自定义功能模块

8.7.1 自定义功能模块的创建

在系统建模与仿真中，经常遇到很复杂的系统结构，难以用一个单一的模型框图进行描述。通常，需要将这样的框图分解成若干个具有独立功能的子系统，Simulink 下支持这样的子系统结构。

Simulink 提供的子系统功能可以大大增强 Simulink 系统框图的可读性，可以不必了解系统中每个模块的功能就能了解整个系统的系统框架。子系统可以理解为一种"容器"，可以将一组相关的模块封装到子系统中，并且等效于原系统模块库的功能，而对其中的模块可以暂时不去了解。组合后的子系统可以进行类似模块的设置，在模型的仿真过程中可作为一个模块。建立子系统有以下两种方法。

1. 在已有的系统模型中建立子系统

下面以例 8-1 中所建的 Simulink 模型为例，说明在已有的系统模型中建立子系统的过程。

在图 8-25 所示的 Simulink 模型中，选择需要封装的模块区域，然后右击，弹出浮动菜单，选择 Create Subsystem，如图 8-29 所示。创建子系统（创建子系统后的模型文件名：c8_subsystem）后的结果如图 8-30 所示。双击图 8-30 中的子系统 Subsystem 模块，弹出图 8-31 所示的子系统 Subsystem 模块的具体构成图。

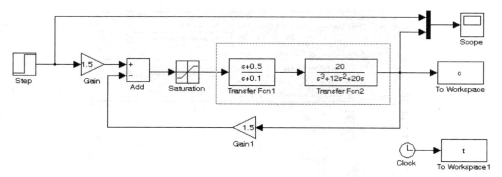

图 8-29　选择需要封装的模块

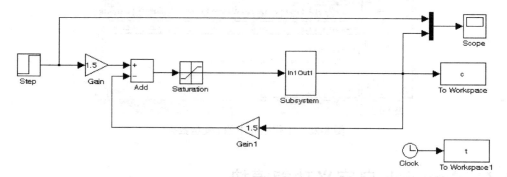

图 8-30　创建子系统后的模型

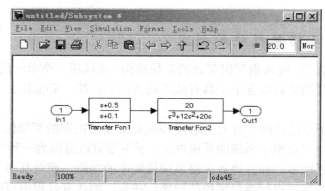

图 8-31　子系统模型图

2. 在已有的系统模型中新建子系统

在第一种创建子系统的方法中，先将系统结构搭建起来，然后将相关的模块封装起来。对于一个简单的系统模型，采用这种方法创建子系统，一般不会出错，能够顺利搭建模型。但对于非常复杂的系统，采用第一种创建子系统的方法搭建系统模型时，则容易出错。此时，我们可以采用第二种方法，即事先将复杂的系统模型分成若干个子系统。创建子系统时，首先使用 Ports & Subsystems 模块库中的 Subsystem 模块建立子系统；然后构建系统的整体模型；最后编辑空的子系统，具体见图 8-32。

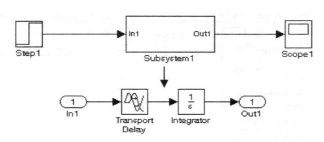

图 8-32　新建子系统

在使用 Simulink 子系统建立模型时，有如下几个常用的操作：

（1）子系统命名：命名方法与模块命名方法类似，是用有代表意义的文字来对子系统命名，有利于增强模块的可读性。

（2）子系统编辑：用鼠标双击子系统模块图标，打开子系统对其进行编辑。

（3）子系统的输入：使用 Sources 模块库中的 Input 输入模块，即 In1 模块，作为子系统的输入端口。

（4）子系统的输出：使用 Sinks 模块库中的 Output 输出模块，即 Out1 模块，作为子系统的输出端口。

8.7.2　自定义功能模块的封装

建立子系统是将一组完成相关功能的模块包含到一个系统当中，用一个模块表示，主要是为了简化模型，增强模型的可读性，便于仿真和分析。而在仿真前，需要打开子系统模型窗口，对其中的每个模块分别进行参数设置。创建子系统虽然增加了模型的可读性，但并没有简化模型的参数设置。当模型中涉及多个子系统，同时每个子系统中模块参数设置都不相同时，系统仿真就很不方便，而且容易出错。

为了解决所建子系统参数设置上的不足，要对子系统进行封装。将子系统模块中经常要设置的参数设置为变量，然后进行封装，使其中的变量可以在封装系统的参数对话框中统一进行设置，以大大简化系统仿真时参数的设置过程。

封装后的子系统可以作为用户的自定义模块，作为普通模块添加到 Simulink 模型中应用，也可以添加到模块库中以供调用。封装后的子系统可以定义自己的图标、参数和帮助文档，完全与 Simulink 其他普通模块一样。双击子封装子系统模块，弹出对话框，可进行参数设置，如果有任何问题，可以单击 Help 按钮，不过这些帮助文档是创建者自己编写的。

使用封装子系统技术具有以下优点：

① 向子系统模块中传递参数，屏蔽用户不需要看到的细节；

② 隐藏子系统模块中不需要过多展现的内容；

③ 保护子系统模块中的内容，防止模块被随意篡改。

大体上说，一个子系统的封装要完成以下几件事情：

① 定义提示对话框及其特性；

② 定义封装的子系统的描述和帮助文档；

③ 定义产生模块图标的命令。

右击被封装了的子系统，单击 Edit mask，便弹出封装子系统的封装编辑器（见图 8-33）。使用此编辑器，便可以完成封装一个子系统所要做的三件事情。封装编辑器共有四个选项卡。

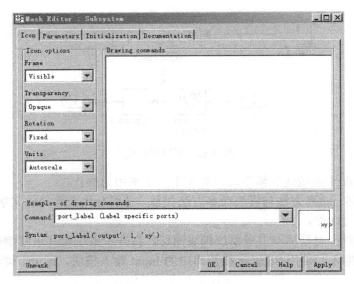

图 8-33　子系统封装

1. 图标编辑选项卡（Icon）

使用图标编辑选项卡，用户可以自定义系统模块的图标，只需在图标编辑选项卡中的子系统模块绘制命令栏（Drawing commands）中使用绘图命令，并可设置不同的参数控制图标界面的显示。

（1）图标显示设置（Icon options）

图标边框设置（Frame）：设置图标边框为可见（Visible）或不可见（Invisible）。

图标透明性设置（Transparency）：设置图标为透明（Transparency）或不透明（Opaque）显示。

图标旋转性设置（Rotation）：设置图标固定（Fixed）或可旋转（Rotates）。

图标单位设置（Units）：设置图标绘制命令所使用的坐标系单位，仅对 Plot 和 text 命令有效。

其他选项分别为自动缩放（Autoscale）、像素（Pixels）以及归一化表示（Normalized）。其中，Autoscale 表示图标自动适合模块大小，与其成比例缩放；Pixels 表示图标绘制用像素作为单位；Normalized 表示模块大小为单位长度，绘制命令中的坐标值不超过单位值 1。

（2）图标绘制命令栏（Drawing commands）

封装后的子系统模块的图标均是在图标绘制命令栏中完成的。使用不同的绘制命令可以生成不同的图标。生成的图标可以是描述性文本、子系统数学模型图标、图像或图形等，如果此栏中输入多个绘制命令，则图标按照绘制命令顺序显示。

● 描述性文本图标

使用下列命令可以在模块图标上显示文本：

```
disp('text')                        %图标上显示 text 文本字样
disp(variablename)                  %variablename 为工作空间中的字符串变量名
text(x,y, 'text')                   %在图标特定位置显示 text 文本字样
text(x,y, stringvariablename)       %variablename 为已经存在的字符串变量名
fprintf('text')
```

fprintf(port_type,port_number,label)　　%port_type 为端口类型，取值为'input'或'ouput'
　　　　　　　　　　　　　　　　　　　　%%port_number 为端口数目
　　　　　　　　　　　　　　　　　　　　%label 为端口文本

如果需要显示多行文本，可以用\n 换行。这时封装后的子系统图标为描述性文本。

● 子系统数学模型图标

使用 dpoly 命令可以将封装的子系统模块的图标设置为系统的传递函数，使用 droots 命令可以设置为零极点传递函数，其命令格式为：

dpoly(num,den)
dpoly(num,den, 'character')
droots(z,p,k)

其中，num、den 分别是传递函数的分子和分母多项式；'character'（取 s 或 z）为系统的频率变量；z、p、k 分别是传递函数的零点、极点和系统增益。需要注意的是，参数 num、den、z、p、k 必须是工作空间中已经存在的变量，否则绘制命令的执行将出现错误。

● 图像或图形图标

使用 plot 或 image 命令可以将子系统模块的图标设置为图形或图像，其命令为：

plot(x,y)
Image(imread('photoname'))

（3）图标绘图命令实例（Examples of drawing commands）

该选项组说明了不同的 Simulink 支持的图标绘图命令。为了能够了解其中命令的语法，可以从命令菜单中选择相应的命令，Simulink 就会显示所选命令的实例，并会在右下角产生一个图标（见图 8-34）。

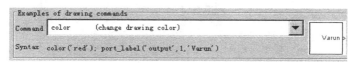

图 8-34　Examples of drawing commands 窗口

2. 参数设置选项卡（Parameters）

子系统封装的目的之一是提供一个友好的参数设置界面，同时用户不需要了解系统内部的细节，只需要提供正确的模块参数即可完成对系统的设计与仿真。只有使用了子系统封装编辑器中提供的参数选项卡进行子系统参数设置，才可以说是真正完成了子系统的封装，从而使用户设计出与 Simulink 模块库中同样直观的参数设置界面。

不同于通常的子系统，封装的子系统具有独立的工作空间，这是由于在没有对子系统封装之前，子系统中的模块可以直接使用 MATLAB 工作空间的变量，通常的子系统可以视为图形化的 MATLAB 脚本，即子系统只是将一些由模块实现的命令以图形化的方式组合而成。而封装的子系统的内部参数对系统模型中的其他系统不可见，而且只能使用参数设置选项卡输入。

参数设置选项卡中包括如下几种设置内容。

（1）参数设置控制

参数设置控制包括添加（Add）、删除（Delete）、上移（Move up）和下移（Move down），分别表示在即将生成的参数设置界面中添加、删除、上移与下移模块需要的输入参数。

(2) 参数描述

参数描述是对模块输入的参数做简要的说明,在子系统参数设置界面中用来区别不同的参数,因而其取值最好能够说明参数的意义或作用。

(3) 变量

用来指定输入的参数值将要传递给的封装子系统工作空间的相应变量,此处使用的变量必须与子系统中使用的变量相同。

(4) 参数设置描述

参数设置描述包括参数控制类型(Type)、是否为数值字符串(Evaluate)、是否可调整(Tunable)复选框,其中控制类型包括 edit(需要用户在参数设置界面中输入参数值,适合多数情况)、checkbox(复选框,表示逻辑值)和 popup(在参数设置界面中弹出参数选项以便选择参数,弹出的参数选项值在 Popup 栏中输入)。

图 8-35 中,定义了 P、I、D 三个参数,它们均被设置为可调的数值类型。其中 P 在弹出的参数选项值中设定,D 在弹出的复选框中设定,而 I 在弹出的界面中直接输入参数值设定。

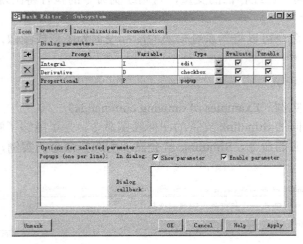

图 8-35 参数设置选项卡

3. 初始化选项卡(Initialization)

初始化选项卡如图 8-36 所示。

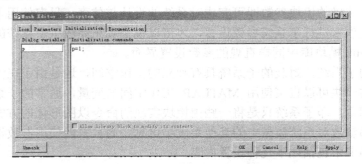

图 8-36 初始化选项卡

在 Dialog variables 区域中,显示已经设置好的子系统封装参数;而在 Initialization commands 区域中可以输入 MATLAB 语句,可以定义变量、初始化变量等。

4. 文本设置选项卡（Documentation）

文本设置选项卡如图 8-37 所示。

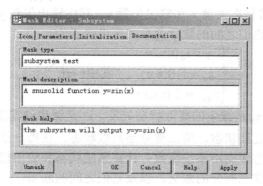

图 8-37　文本设置选项卡

文本设置选项卡有三种设置内容：封装类型（Mask type）、封装描述（Mask description）和封装帮助（Mask help）。

封装类型的内容将作为模型的类型显示在封装模块的对话框中；封装描述的内容描述该模块功能，该内容将显示在模块封装对话框的上部；而封装帮助的内容是对该模块的详细说明，当对被封装模块执行 Help 命令时，MATLAB 的帮助系统将显示封装帮助的内容。

8.8　S 函数设计与应用

Simulink 为用户提供了许多内置的基本模块库，通过这些功能模块进行连接而构成系统模型。对于那些经常使用的模块进行组合并封装可以构建出重复使用的新模块，但它仍然是基于 Simulink 原来提供的内置模块。

Simulink 中的函数也称为系统函数，简称 S 函数。它是为用户提供的一种 Simulink 功能的强大编程机制。用户可以向 S 函数中添加自己的算法，该算法可以用 MATLAB 编写，也可以用 C/C++、FORTRAN 等语言编写。S 函数是一种功能强大的能够对模块库进行扩展的新工具。

8.8.1　S 函数简介

1. S 函数的基本定义

S 函数是对一个动态系统的计算机程序语言描述，在 MATLAB 里，用户可以选择用 M 文件编写，也可以用 S 或 MEX 文件编写，在这里介绍如何用 M 文件编辑器编写 S 函数。S 函数提供了扩展 Simulink 模块库的有力工具，它采用一种特定的调用方法，使函数和 Simulink 解算器进行交互联系。S 函数最广泛的用途是定制用户自己的 Simulink 模块。它的形式十分通用，能够支持连续系统、离散系统和混合系统。

S 函数模块存放在 Simulink 模块库中的 User-Defined Functions 用户定义模块库中，通过此模块可以创建包含 S 函数的 Simulink 模型。S 函数文件名区域要填写 S 函数的文件名，不能为空，S 函数参数区填入 S 函数所需要的参数。

2. S 函数的基本原理

在调用 S 函数之前,了解 S 函数的工作原理是必要的。每个 Simulink 模块都具有三个基本元素,即输入矢量 u、当前状态矢量 x 和输出矢量 y。其中输出矢量 y 又是输入矢量 u、采样时间及状态矢量 x 的函数,它们之间的数学关系式可以表示为

$$\begin{cases} y = f_0(t,x,u) \\ \dot{x}_c = f_d(t,x,u) \\ x_{k+1} = f_u(t,x,u) \end{cases} \quad \text{其中} \, x = \begin{bmatrix} \dot{x}_c \\ x_d \end{bmatrix}$$

式中,t 是当前时间矢量,x_d 是派生的离散状态矢量,x_c 是派生的连续状态矢量。状态矢量 x 由两部分组成,第一部分是连续状态,第二部分是离散状态。在每一个采样时刻,Simulink 都将根据当前时刻、输入和状态来调用系统函数去计算系统状态和输出值。需要注意的是,在设计一个模型时,必须先确定这三部分的意义,以及它们之间的联系。

在仿真过程中,以上述方程式分别对应不同的仿真阶段,它们分别是计算模块的输出、更新离散状态量或连续状态的微分。在仿真开始和结束时,还包括初始化阶段和结束任务阶段。

S 函数具有一套不同的调用方法,Simulink 在仿真过程中反复调用函数的不同阶段,Simulink 会对模型用户 S 函数模块选择适当的方法来实现调用。在调用过程中,Simulink 将调用 S 函数子程序,这些子程序完成以下工作:

(1)初始化工作

在进入仿真循环前,Simulink 首先初始化 S 函数,主要完成以下任务:其一,初始化包含 S 函数信息的仿真结构 SimStruct;其二,设置输入、输出端口的数目和维数;其三,设置模块的采样时间;其四,分派内存区域和 Sizes 数组。

(2)下一个采样点的计算

若用户使用了可变采样时间的模块,在这一阶段需要计算下一个采样点时间,也就是需要计算下一个时间步长。

(3)计算主时间步的输出量

此调用结束之后,所有模块的输出端口对当前时间步都是有效的。

(4)更新主时间步的离散状态

(5)积分计算

8.8.2 S 函数设计模板

1. S 函数模板编辑环境进入

在 MATLAB 主界面中直接输入 edit sfuntmpl,即可弹出 S 函数模板编辑的 M 文件环境(见图 8-38),修改即可。

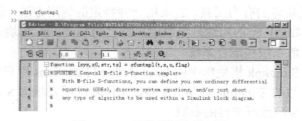

图 8-38　S 函数模板编辑环境

在 MATLAB 主界面中直接输入 sfundemos，即可调出 S 函数的许多编程实例（见图 8-39）。

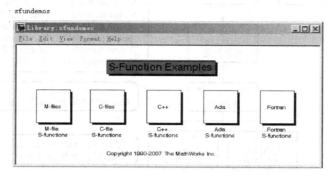

图 8-39 S 函数编程实例

2．S 函数模板文件

Sfuntmpl.m 模板文件给出了 S 函数完整的框架结构，包含一个主函数和若干个子函数。用 MATLAB 语言编写 S 函数的调用格式为：

  Function[sys,x0,str,ts] = sfuntmpl(t,x,u,flag)

S 函数默认的四个输入参数为：t、x、u、flag；
S 函数默认的四个输出函数为：sys、x0、str、ts。
其中：
t：代表当前的仿真时间，该输入决定了下一个采样时间；
x：表示状态向量；
u：表示输入向量；
flag：控制在每一个仿真阶段调用哪一个子函数的参数，由 Simulink 在调用时自动取值，flag 不同值调用子函数和功能如表 8-1 所示；
sys：通用的返回变量，返回的数值决定 flag 值；
x0：初始的状态值，列向量；
str：空矩阵，无具体含义；
ts：包含模块采样时间和偏差的矩阵。

表 8-1 S 函数的 flag 值表

flag 值	仿真过程	调用的子函数	功　　能
0	初始化	mdlInitializeSizes()	对连续/离散状态变量个数、输入和输出的路数、采样周数个数和值以及状态变量初值 x0 等进行初始设置
1	连续状态变量更新	mdlDerivatives()	计算连续状态变量的微分方程并由 sys 变量返回
2	离散状态变量更新	mdlUpdate()	更新离散状态变量并由 sys 变量返回
3	计算输出	mdlOutputs()	计算输出信号并由 sys 变量返回
4	计算下一仿真时刻	mdlGetTimeOfNextVarHit()	计算下一步仿真时刻并由 sys 变量返回
9	终止	mdlTerminate()	终止仿真过程，不返回任何变量

S 函数模块设计流程如图 8-40 所示。

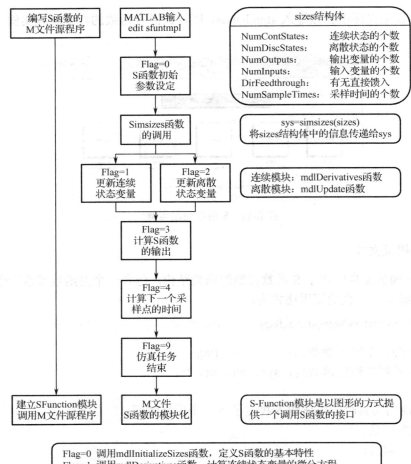

图 8-40 S 函数模块设计流程

8.8.3 S 函数设计举例

【例 8-2】已知某个连续物理系统的等效数学模型为 $y=10u_1-0.2u_2$,研究它在单位斜坡和单位阶跃信号激励下的响应。

解:(1) 定义 S 函数的 M 文件

在 MATLAB 的 M 文件编辑器中输入如下命令并保存为 sfun1.m。

```
function [sys,x0,str,ts] =sfun1(t,x,u,flag)
switch flag
case 0
[sys,x0,str,ts]=mdlInitializeSizes;
case 1
sys=mdlDerivatives(t,x,u);              %计算连续状态的导数
case 2
sys=mdlUpdate(t,x,u);
```

```
case 3
    sys=mdlOutputs(t,x,u);                    %计算输出向量
case 4
    sys=mdlGetTimeOfNextVarHit(t,x,u);        %计算下一个采样时间
case 9
    sys=mdlTerminate(t,x,u);                  %完成
otherwise
    DAStudio.error('Simulink:blocks:unhandledFlag', num2str(flag)); %不正确输入
end
%=======================================================================
function [sys,x0,str,ts]=mdlInitializeSizes()
sizes=simsizes;                               %创建尺寸结构
sizes.NumContStates=0;                        %0 个连续状态变量
sizes.NumDiscStates=0;                        %0 个离散状态
sizes.NumOutputs=1;                           %1 个输出
sizes.NumInputs=2;                            %2 个输入
sizes.DirFeedthrough=1;                       %有一个直接馈入
sizes.NumSampleTimes=1;                       %至少需要一个采样时间
sys=simsizes(sizes);
x0=[];                                        %对所有状态指定初始条件
str=[];                                       %设为空矩阵
ts=[0 0];                                     %初始化采样时间组
%=======================================================================
function sys=mdlDerivatives(t,x,u)
sys=[];
%=======================================================================
function sys=mdlUpdate(t,x,u)
sys=[];
%=======================================================================
function sys=mdlOutputs(t,x,u)
sys=[10*u(1)−0.2*u(2)];
%=======================================================================
function sys=mdlGetTimeOfNextVarHit(t,x,u)
sampleTime=[];
sys = t + sampleTime;
%=======================================================================
function sys=mdlTerminate(t,x,u)
sys=[];
```

(2) 搭建 Simulink 仿真模型

打开一个新的 Model 文件,将其命名为 c8_2.mdl。分别将 Step、Ramp、Scope、Bus Creator 和 S-function 模块拖入模型,并将 S-function 模块命名为"某物理系统等效模型";再双击 S-function 模块,弹出如图 8-41 所示的属性参数对话框,在 S-function name 输入栏中输入 sfun1,单击 OK 按钮;最后按要求将各模块连线,如图 8-42 所示。

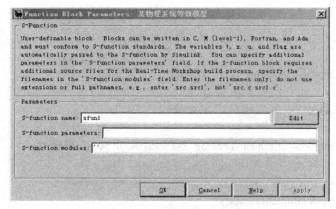

图 8-41　S-function 模块的属性参数对话框

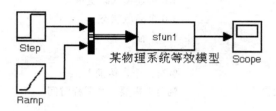

图 8-42　Simulink 仿真模型

（3）设置仿真参数

将 Simulation Parameters 的 Start time 设置为 0，Stop time 设置为 10，其他参数为默认值。

（4）运行模型

单击仿真快捷键图标▶，启动仿真，得到如图 8-43 所示的仿真曲线。

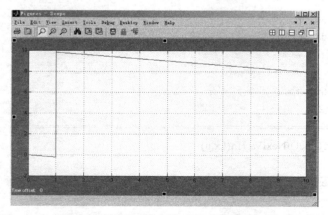

图 8-43　某物理系统在单位阶跃和单位斜坡信号下的响应曲线

习题

8-1　单位负反馈系统的开环传递函数为 $G(s) = \dfrac{1000}{s(0.1s+1)(0.001s+1)}$，请应用 Simulink 仿真

系统的单位阶跃响应曲线。

8-2 使用 Simulink 创建系统，求解非线性微分方程 $(3x-2x^2)\dot{x}-4x=4\ddot{x}$。其初始值为 $x(0)=2$，$\dot{x}(0)=0$，绘制函数的波形。

8-3 系统结构如图 8-44 所示，设输入幅值为 10，间隙非线性的宽度为 1，试对包含非线性环节前后的系统进行仿真。

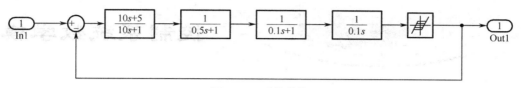

图 8-44 系统结构

8-4 建立 PID 控制器的 Simulink 模型并建立子系统。PID 控制器的数学模型为 $U(s)=K_p\left(1+\dfrac{1}{T_i s}+T_d s\right)$。

8-5 应用 S 函数实现增益，使得系统输出 $y=4\times u$。

第 9 章

控制系统数学模型

本章知识点：
- 控制系统的微分方程描述与传递函数
- 控制系统的 TF、ZPK、SS 和 Simulink 模型创建方法
- 模型间的转换与连接方法

基本要求：
- 了解控制系统的微分方程描述与传递函数
- 掌握控制系统的 TF、ZPK、SS 和 Simulink 模型创建方法
- 掌握模型间的转换与连接方法

能力培养目标：

通过本章的学习，使学生在 MATLAB 软件平台下掌握控制系统的多种模型创建方法以及模型间的转换与连接方法。通过多种模型创建等过程训练，培养学生的动手能力和工程实践能力。

9.1 引言

控制系统的数学模型在控制系统的研究中有着相当重要的地位，要对系统进行仿真处理，首先要知道系统的数学模型，而后才有可能对系统进行模拟。同样，只有知道系统模型，才可能在此基础上设计出一个合适的控制器，使系统响应达到预期效果，满足实际的工程需要。

在线性系统理论中，常用的数学模型有传递函数模型、状态方程模型、零极点增益模型等。这些模型间有着内在的联系，可以进行相互转化。

本章主要介绍如何利用 MATLAB 进行控制系统各种数学模型的建立。

9.2 动态过程微分方程描述

许多控制系统，不管它们是机械的、电气的、热力的、液压的，还是经济学的、生物学的等，都可以用微分方程加以描述。如果对这些微分方程求解，就可以获得控制系统对输入量（或称作用函数）的响应。系统的微分方程，可以通过支配着具体系统的物理学定律，如机械系统中的牛顿定律、电系统中的克希霍夫定律等获得。

动态微分方程描述的是被控制量与给定量或扰动量之间的函数关系，给定量和扰动量可以

看成系统的输入量，被控制量看成输出量。列写系统微分方程式的一般步骤如下：
① 确定系统的输入量（给定量和扰动量）与输出量（被控制量，也称为系统的响应）；
② 根据基本定律，列写系统中每个元件的输入与输出的微分方程式；
③ 确定输入与输出量，消去中间变量，求出系统输入与输出的微分方程式。

【例 9-1】 图 9-1 是由电阻 R、电感 L 和电容 C 组成的无源网络，试列写以 $U_i(t)$ 为输入量，以 $U_c(t)$ 为输出量的网络微分方程。

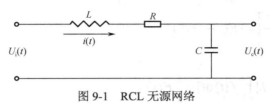

图 9-1　RCL 无源网络

解：设回路电流为 $i(t)$，则回路方程为

$$L\frac{\mathrm{d}i(t)}{\mathrm{d}t} + \frac{1}{C}\int i(t)\mathrm{d}t + Ri(t) = U_i(t)$$

$$U_c(t) = \frac{1}{C}\int i(t)\mathrm{d}t$$

消去中间变量 $i(t)$，得

$$LC\frac{\mathrm{d}^2 U_c(t)}{\mathrm{d}t^2} + RC\frac{\mathrm{d}U_c(t)}{\mathrm{d}t} + U_c(t) = U_i(t)$$

上式即为图 9-1 所示无源网络的时域数学模型。

9.3　拉斯变换与控制系统模型

1. 拉斯变换

拉斯变换即为拉普拉斯变换，是为简化计算而建立的实变量函数和复变量函数间的一种函数变换。对一个实变量函数做拉普拉斯变换，并在复数域中做各种运算，再将运算结果做拉普拉斯反变换来求得实数域中的相应结果，往往比直接在实数域中求出同样的结果在计算上容易得多。

连续时间函数 $f(t)$ 的拉氏变换为

$$F(s) = \int_0^\infty f(t)\mathrm{e}^{-st}\mathrm{d}t = L[f(t)]$$

拉斯变换的常用基本定理有：
（1）线性定理
若 $F_1(s) = L[f_1(t)]$ 和 $F_2(s) = L[f_2(t)]$，则 $L[\alpha f_1(t) + \beta f_2(t)] = \alpha F_1(s) + \beta F_2(s)$。
（2）复平移定理
若 $F(s) = L[f(t)]$，则 $L[\mathrm{e}^{-at} f(t)] = F(s+a)$。
（3）复实平移定理
若 $F(s) = L[f(t)]$，则 $L[f(t-T)] = \mathrm{e}^{-Ts} F(s)$　（$T \geq 0$）。

(4) 标尺定理

若 $F(s) = L[f(t)]$，则 $L\left[f\left\{\dfrac{t}{a}\right\}\right] = aF(as)$。

(5) 超前定理

若 $F(s) = L[f(t)]$，则 $L\left[\dfrac{d^{(n)}f(t)}{dt^n}\right] = s^n F(s) - \sum_{k=1}^{n} s^{n-k} f^{(k-1)}(0^+)$。

一步超前为：$L\left[\dfrac{df(t)}{dt}\right] = sF(s) - f(0)$。

(6) 积分定理

若 $F(s) = L[f(t)]$，则 $L\left[\int_0^t f(t)dt\right] = \dfrac{1}{s}F(s)$。

(7) 卷积定理

若 $F_1(s) = L[f_1(t)]$ 和 $F_2(s) = L[f_2(t)]$，则 $L\left[\int_0^t f_1(\tau)f_2(\tau-t)d\tau\right] = F_1(s)F_2(s)$。

(8) 初值定理

$f(0_+) = \lim\limits_{t \to 0} f(t) = \lim\limits_{s \to \infty} sF(s)$。

(9) 终值定理

$f(\infty) = \lim\limits_{t \to \infty} f(t) = \lim\limits_{s \to 0} sF(s)$。

2. 控制系统模型

线性系统微分方程的一般形式为

$$a_n \frac{d^n c(t)}{dt^n} + a_{n-1} \frac{d^{n-1}c(t)}{dt^{n-1}} + \cdots + a_1 \frac{dc(t)}{dt} + a_0 c(t)$$
$$= b_m \frac{d^m r(t)}{dt^m} + b_{m-1} \frac{d^{m-1}r(t)}{dt^{m-1}} + \cdots + b_1 \frac{dr(t)}{dt} + b_0 r(t) \quad (n \geq m)$$

设 $R(s) = L[r(t)]$，$C(s) = L[c(t)]$，当初始条件均为 0 时，有

$$(a_n s^n + a_{n-1}s^{n-1} + \cdots + a_1 s + a_0)C(s) = (b_m s^m + b_{m-1}s^{m-1} + \cdots + b_1 s + b_0)R(s)$$

即

$$C(s) = \frac{b_m s^m + b_{m-1}s^{m-1} + \cdots + b_1 s + b_0}{a_n s^n + a_{n-1}s^{n-1} + \cdots + a_1 s + a_0} R(s)$$

令

$$G(s) = \frac{C(s)}{R(s)} = \frac{b_m s^m + b_{m-1}s^{m-1} + \cdots + b_1 s + b_0}{a_n s^n + a_{n-1}s^{n-1} + \cdots + a_1 s + a_0}$$

$G(s)$ 称为系统的传递函数。

可见，传递函数是通过拉斯变换将系统微分方程转化为容易求解的代数方程获得的，是系统的输入量与输出量之间关系的数学描述，它表达了系统本身的特性，而与系统的输入量无关。

【**例 9-2**】 求图 9-1 所示无源网络的系统传递函数。

解：根据例 9-1 可知，无源网络的系统描述微分方程为

$$LC\frac{d^2 U_c(t)}{dt^2} + RC\frac{dU_c(t)}{dt} + U_c(t) = U_i(t)$$

初始条件为零时，取上述方程的拉普拉斯变换：

$$(LCs^2 + RCs + 1)U_c(s) = U_i(s)$$

取 $U_c(s)$ 与 $U_i(s)$ 之比，即可得到系统的传递函数：

$$G(s) = \frac{U_c(s)}{U_i(s)} = \frac{1}{LCs^2 + RCs + 1}$$

9.4 数学模型描述

一般的分析研究中将控制系统分为连续系统和离散系统，描述线性连续系统常用的方式是传递函数（传递函数矩阵）和状态空间模型，相应的离散系统可以用离散传递函数和离散状态方程表示。各种模型之间还可以进行相互转换。

9.4.1 传递函数模型

连续系统一般由微分方程来描述，而连续线性系统一般采用传递函数描述，其一般形式为

$$G(s) = \frac{b_m s^m + b_{m-1} s^{m-1} + \cdots + b_1 s + b_0}{a_n s^n + a_{n-1} s^{n-1} + \cdots + a_1 s + a_0} \quad (m \leq n)$$

其中，n 是系统的阶次；对于线性定常系统，s 的系数均为常数；分母多项式称为系统的特征多项式。

对于离散时间系统，其单输入单输出系统的线性时不变系统差分方程为

$$a_n c(k+n) + a_{n-1} c(k+n-1) + \cdots + a_1 c(k+1) + a_0 c(k)$$
$$= b_m r(k+m) + b_{m-1} r(k+m-1) + \cdots + b_1 r(k+1) + b_0 r(k)$$

对应的脉冲传递函数为

$$G(s) = \frac{b_m z^m + b_{m-1} z^{m-1} + \cdots + b_1 z + b_0}{a_n z^n + a_{n-1} z^{n-1} + \cdots + a_1 z + a_0}$$

9.4.2 零极点形式的数学模型

零极点形式的数学模型实际上是传递函数模型的另一种表现形式，其原理是分别对原系统传递函数的分子、分母进行分解因式处理，以获得系统的零点和极点的表现形式。

控制系统的数学模型可以零点、极点和增益来描述。其一般形式为

$$G(s) = K \frac{(s - z_1)(s - z_2) \cdots (s - z_m)}{(s - p_1)(s - p_2) \cdots (s - p_n)}$$

其中，K 是系统的增益，z_i（$i = 1, 2, \cdots, m$）是系统的零点，p_j（$i = 1, 2, \cdots, n$）是系统的极点。

显然，对实系数的传递函数模型来说，系统的零极点或者为实数，或者以共轭复数的形式出现。

离散系统的传递函数也可以表示为零极点模式：

$$G(z) = K \frac{(z - z_1)(z - z_2) \cdots (z - z_m)}{(z - p_1)(z - p_2) \cdots (z - p_n)}$$

9.4.3 状态空间模型

系统动态信息的集合称为状态，在表征系统信息的所有变量中，能够全部描述系统运行的最少数目的一组独立变量称为系统的状态变量，其选取不是唯一的。以 n 维状态变量为基构成

的 n 维状态空间，系统在任意时刻的状态是状态空间中的一个点。描述系统状态的一组向量可以看成一个列向量，称为状态向量，其中每一个状态变量是状态向量的分量，状态向量在状态空间中随时间 t 变化的轨迹，称为状态轨迹。由状态向量所表征的模型便是系统的状态空间模型。

这种方式是基于系统的内部状态变量的，所以又往往称为系统的内部描述方法。和传递函数模型不同，状态方程可以描述更广的一类控制系统模型，包括非线性系统。

具有 n 个状态、m 个输入和 p 个输出的线性时不变系统，用矩阵符号表示的状态空间模型是

$$\begin{cases} \dot{x}(t) = Ax(t) + Bu(t) \\ y(t) = Cx(t) + Du(t) \end{cases}$$

其中，状态向量 $x(t)$ 是 n 维；输入向量 $u(t)$ 是 m 维；输出向量 $y(t)$ 是 p 维；状态矩阵 A 是 $n \times n$ 维；输入矩阵 B 是 $n \times m$ 维；输出矩阵 C 是 $p \times n$ 维；前馈矩阵 D 是 $p \times m$ 维；对于一个时不变系统，A、B、C 和 D 都是常数矩阵。

9.5 MATLAB/Simulink 在模型中的应用

反馈控制系统的数学模型及设计工具

9.5.1 多项式处理相关的函数

在 MATLAB 中采用行向量表示多项式，行向量内存放按降幂次排列的多项式系数。在 MATLAB 中建立多项式就是输入多项式系数行向量。

多项式 $P(x) = a_0 x^n + a_1 x^{n-1} + \cdots + a_{n-1} x + a_n$ 的系数行向量为

$$P = [a_0 \quad a_1 \quad \cdots \quad a_{n-1} \quad a_n]$$

多项式的各种处理函数如表 9-1 所示。

表 9-1 多项式的各种处理函数

函数	功能	函数	功能
roots	求多项式的根	poly	由根求多项式
polyval	多项式的计算	conv	多项式乘法
polyfit	多项式曲线拟合	polyder	多项式求导数
deconv	多项式除法		

（1）roots——求多项式的根

格式：roots(c)

说明：它表示计算一个多项式的根，向量 c 是多项式系数。

（2）poly——由根求多项式

格式：poly(a)

说明：a 是一个 n 维向量，则 poly(a)是多项式(x-a(1))*(x-a(2))*…(x-a(n))，即该多项式以向量 a 的元素为根。

（3）polyval——由根求多项式的值

格式：polyval(v,s)

说明：向量 v 是多项式系数，polyval(v,s)是多项式在 s 处的值。

【例 9-3】 求多项式 $p_1(x) = x^3 + 2x^2 + 3x + 4$ 在 $x = 2$ 时的值。

解：

```
>>p1=[1 2 3 4];x=2;
a=polyval(p1,x)
```

执行命令后，结果为

```
a=
    26
```

（4）conv——多项式乘法

格式：conv(p1,p2)

说明：p1 和 p2 是向量，其元素是多项式的系数，conv(p1,p2)是 p1 所表示多项式和 p2 所表示多项式的乘积。

（5）deconv——多项式除法

格式：deconv(p1,p2)

说明：p1 和 p2 是向量，其元素是多项式的系数，deconv(p1,p2)表示 p1 所表示多项式和 p2 所表示多项式相除，返回商多项式和余多项式。

【例 9-4】 求多项式 $p_1(x) = 3x^2 + 5x + 7$ 除多项式 $p_2(x) = 6x^2 + 2x + 9$。

解：

```
>>p1=[3 5 7]; p2=[6 2 9];
r=conv(p1,p2)
```

执行命令后，结果为

```
r=
    18    36    79    59    63
s=deconv(r,p1)
```

执行命令后，结果为

```
s=
    6    2    9
```

（6）polyder——多项式求导数

格式：polyder(p1)

说明：p1 是向量，其元素是多项式的系数，polyder(p1)是 p1 所表示多项式的导数。

【例 9-5】 求多项式 $p_1(x) = 3x^2 + 5x + 7$ 的导数。

解：

```
>> p1=[3 5 7];a=polyder(p1)
```

执行命令后，结果为

```
a=
    6    5
```

（7）polyfit——多项式曲线拟合

格式：polyfit(x,y,n)

说明：polyfit(x,y,n)是由给定数据 x 和 y 找 n 次多项式 p(x)的系数，这些系数满足在最小二乘法意义下，p(x(i))逼近 y(i)。

【例 9-6】 在化学反应中，为研究某化合物的浓度随时间的变化规律，测得一组数据，如表 9-2 所示。

表 9-2 测量数据

x（min）	1	2	3	4	5	6	7	8
浓度 y	4	6.4	8.0	8.4	9.28	9.5	9.7	9.86
x（min）	9	10	11	12	13	14	15	16
浓度 y	10	10.2	10.32	10.42	10.5	10.55	10.58	10.6

试求浓度 y 与时间 x 的经验函数关系，并推断第 20 分钟时的浓度值。

解： 本题是一个可以用数据的曲线拟合来解决的问题。

```
>>x=1:16;
y=[4 6.4 8 8.4 9.28 9.5 9.7 9.86 10 10.2 10.32 10.42 10.5 10.55 10.58 10.6];
p=polyfit(x, y, 2);
z=polyval(p,x);
plot(x,y,'*',x,z)
a=polyval(p,20)
```

执行命令后，结果为

```
a =
    7.9502
```

拟合曲线如图 9-2 所示。

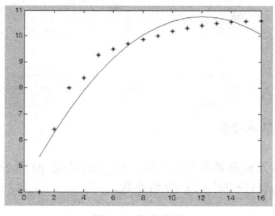

图 9-2 拟合曲线

9.5.2 建立传递函数相关的函数

传递函数的引入使得控制系统的研究变得简单，它是控制理论中线性系统模型的一种主要描述方式。从传递函数的表达式可以看出，传递函数是两个多项式的比值，在 MATLAB 环境下，多项式可以用向量表示。依照 MATLAB 惯例，将多项式的系数按照 s 的降幂次序排列，利用控制系统工具箱的 tf 函数就可以建立控制系统中的传统函数模型，简称 TF 模型。

tf 函数具体用法如下：

```
sys=tf(num,den)              %返回变量 sys 为连续系统传递函数模型
s=tf('s')                    %定义 Laplace 变换算子（Laplace variable），以原形式输入传递函数
sys=tf(num,den,ts)           %建立离散系统的 TF 模型，返回变量 sys 为离散系统传递函数模型。ts
```
为采样周期，当 ts=-1 或 ts=[]时，表示系统采样周期未定义
```
z =tf('z',ts)                %定义 Z 变换算子及采样周期 ts，以原形式输入传递函数
```

上述各种用法中，num 和 den 是传递函数的分子多项式系数和分母多项式系数，按 s 降幂排列，是细胞数组。

当传递函数不是以标准形式给出时，在应用 sys =tf(num,den)前，需将传递函数分子分母转化成多项式。为此可以手工将多项式展开或借助 conv 函数完成多项式相乘后，再使用 tf 函数。而利用算子建立 TF 模型对多项式形式不做要求。得到算子后，可以直接按照原格式输入传递函数，从而得到系统传递函数的 MATLAB 表示。

【例 9-7】 设系统的传递函数 $G(s) = \dfrac{12s+15}{s^3 + 16s^2 + 64s + 192}$，试建立系统的 TF 模型。

解：【方法 1】 直接利用分子和分母多项式系数建立 TF 模型。

```
>>num=[12 15];
den=[1 16 64 192];
G=tf(num,den)
```

执行命令后，结果为

```
Transfer function:
       12 s + 15
-------------------------
s^3 + 16 s^2 + 64 s + 192
```

【方法 2】 直接用 Laplace 算子建立 TF 模型。

```
>> s=tf('s');
G=(12*s+15)/(s^3+16*s^2+64*s+192)
```

执行命令后，结果为

```
Transfer function:
       12 s + 15
-------------------------
s^3 + 16 s^2 + 64 s + 192
```

【例 9-8】 设离散系统的脉冲传递函数 $H(z) = \dfrac{6z^2 - 0.6z - 0.12}{z^4 - z^3 + 0.25z^2 + 0.25z - 0.125}$，试建立系统的 TF 模型。

解：【方法 1】 直接利用分子和分母多项式系数建立 TF 模型。

```
>>num=[6 -0.6 -0.12];
den=[1 -1.0 0.25 0.25 -0.125];
H=tf(num,den, 0.1)
```

执行命令后，结果为

```
Transfer function:
       6 z^2 - 0.6 z - 0.12
  -----------------------------------------
  z^4 - z^3 + 0.25 z^2 + 0.25 z - 0.125
Sampling time: 0.1
```

【方法 2】 直接用算子建立 TF 模型。

```
>> z=tf('z',0.1);
H=(6*z^2-0.6*z-0.12)/(z^4-z^3+0.25*z^2+0.25*z-0.125)
```

执行命令后，结果为

```
Transfer function:
       6 z^2 - 0.6 z - 0.12
  -----------------------------------------
  z^4 - z^3 + 0.25 z^2 + 0.25 z - 0.125
Sampling time: 0.1
```

9.5.3 建立零极点形式的数学模型相关函数

在 MATLAB 中，控制系统的零极点形式模型需要利用 zpk 函数建立，所建模型简称 ZPK 模型。

多变量系统的可控性和可观测性分析方法

zpk 函数具体用法如下：

```
sys=zpk(z,p,k)        %建立以 z 为零点，p 为极点，k 为增益的 ZPK 模型
sys=zpk('s')          %定义 Laplace 算子，按原格式输入系统，得到系统 ZPK 模型
sys=zpk(z,p,k,ts)     %建立离散系统的 ZPK 模型，采样周期为 ts
z=zpk('z',Ts)         %定义 Z 变换算子，设置采样周期 Ts，按原格式输入系统，得到离散系统 ZPK 模型
```

【例 9-9】 设系统的传递函数 $G(s)=\dfrac{4(s+5)^2}{(s+1)(s+2)(s+2+2j)(s+2-2j)}$，试建立系统的 ZPK 模型。

解：【方法 1】 直接利用零点、极点和增益向量建立 ZPK 模型。

```
>>z=[-5; -5];
p=[-1; -2; -2-2*j; -2+2*j];
k=4;
G=zpk(z,p,k)
```

执行命令后，结果为

```
Zero/pole/gain:
         4 (s+5)^2
  -----------------------------
  (s+1) (s+2) (s^2 + 4s + 8)
```

【方法 2】 直接用 Laplace 算子建立 ZPK 模型。

```
>>s=zpk('s');
G2=4*(s+5)^2/(s+1)/(s+2)/(s+2+2*j)/(s+2-2*j)
```

执行命令后，结果为

```
Zero/pole/gain:
        4 (s+5)^2
-----------------------------
(s+1) (s+2) (s^2 + 4s + 8)
```

【例 9-10】 已知离散系统的零极点模型 $H(z)=\dfrac{(z-0.5)(z-0.5+0.5j)(z-0.5-0.5j)}{(z+0.5)(z+0.3333)(z+0.25)(z+0.2)}$，其采样周期为 0.1，试建立系统的 ZPK 模型。

解：【方法 1】 直接利用零点、极点和增益向量建立 ZPK 模型。

```
>>z=[0.5;0.5-0.5j; 0.5+0.5j];
p=[-0.5; -0.3333; -0.25; -0.2];
k=1;
H=zpk(z,p,k,0.1)
```

执行命令后，结果为

```
Zero/pole/gain:
     (z-0.5) (z^2 - z + 0.5)
-------------------------------------
(z+0.5) (z+0.3333) (z+0.25) (z+0.2)
Sampling time: 0.1
```

【方法 2】 直接用算子建立 ZPK 模型。

```
>>z=zpk('z',0.1);
H=(z-0.5)*(z-0.5+0.5i)*(z-0.5-0.5i)/((z+0.5)*(z+0.3333)*(z+0.25)*(z+0.2))
```

执行命令后，结果为

```
Zero/pole/gain:
     (z-0.5) (z^2 - z + 0.5)
-------------------------------------
(z+0.5) (z+0.3333) (z+0.25) (z+0.2)
Sampling time: 0.1
```

9.5.4 建立状态空间模型相关函数

在 MATLAB 中用 ss 函数来建立控制系统的状态空间模型，简称 SS 模型。

ss 函数具体用法如下：

```
sys=ss(A,B,C,D)        %由 A、B、C 和 D 矩阵建立连续系统状态空间模型
sys=ss(A,B,C,D,ts)     %由 A、B、C 和 D 矩阵和采样时间 ts 建立离散系统状态空间模型
```

【例 9-11】 已知系统的状态空间描述为 $\dot{x}(t)=\begin{bmatrix}6 & 5 & 4\\1 & 0 & 0\\0 & 1 & 0\end{bmatrix}x(t)+\begin{bmatrix}1\\0\\0\end{bmatrix}u(t)$，$y(t)=\begin{bmatrix}0 & 6 & 7\end{bmatrix}x(t)+[0]u(t)$，试建立系统的 SS 模型。

解：

```
>>A=[6 5 4;1 0 0;0 1 0];
B=[1 0 0]';
```

```
C=[0 6 7];
D=[0];
G=ss(A,B,C,D)
```

执行命令后，结果为

```
a =
       x1  x2  x3
   x1   6   5   4
   x2   1   0   0
   x3   0   1   0

b =
       u1
   x1   1
   x2   0
   x3   0

c =
       x1  x2  x3
   y1   0   6   7

d =
       u1
   y1   0
```

9.5.5 Simulink 中的控制系统模型表示

在实际应用中，如果系统的结构过于复杂，则不适合用前面介绍的方法建模。在这种情况下，功能完善的 Simulink 程序可以用来建立新的数学模型。下面简单介绍利用 Simulink 建立系统模型的基本步骤。

线性系统稳定性分析的 MATLAB 方法

（1）启动 Simulink：在 MATLAB 命令窗口的工具栏单击按钮 ▣ 或者在命令提示符下输入 Simulink，回车后即可启动 Simulink 程序。启动后软件自动打开 Simulink 模型库窗口，选择 File→New 菜单中的 Model 选项，或者单击工具栏上的 new model ▣，打开一个空白的模型编辑窗口。

（2）画出系统的各个模块：打开相应的子模块库，选择所需的元素，用鼠标左键单击后拖到模型编辑窗口的合适位置。

（3）给出各个模块参数：由于选中的各个模块只包含默认的模型参数，如默认的传递函数模型为 1/(s+1) 的简单格式，必须通过修改得到实际的模块参数。可以用鼠标双击该模块图标，则会出现一个相应对话框，提示用户修改模块参数。

（4）画出连接线：当所有的模块都画出来之后，可以再画出模块间所需要的连线，构成完整的系统。模块间连线画法很简单，只需要用鼠标按起始模块的输出端（三角符号），再拖到鼠标，到终止模块的输入端释放鼠标键，系统会自动地在两个模块间画出带箭头的连线。若需要从连线中引出节点，可在鼠标单击起始节点时按住 Ctrl 键，再将鼠标拖动到目的模块。

（5）指定输入和输出端子：从信号源模块库（Sources）中取出相应的输入信号端子，从输出模块库（Sinks）中取出相应输出端子即可。

【例 9-12】 典型二阶系统结构图见图 9-3，试用 Simulink 对系统进行仿真分析。

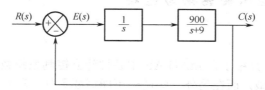

图 9-3　典型二阶系统结构图

解：按前面步骤，启动 Simulink 并打开一个空白的模型编辑窗口。

（1）画出所需模块，并给出正确的参数。

① 在 Sources 模块库中选择 Step 图标，将其拖入编辑窗口，并用鼠标左键双击该图标，打开参数设定对话框，将参数 Step time 设为 0。

② 在 Math Operations 模块库中选中 Sum 图标，拖到编辑窗口，并双击该图标将参数 List of signs 设为|＋－。

③ 在 Continuous 模块库中选中 Integrator 和 Transfer Fcn 图标拖到编辑窗口中，并将参数 Numerator coefficient 设为[900]，将参数 Denominator coefficient 设为[1 9]。

④ 在 Sinks 模块库中选中 Scope 和 Out1 图标拖到编辑窗口中。

（2）将画出的所有模块按图 9-3 所示用鼠标连接起来，构成一个原系统的框图描述，如图 9-4 所示。

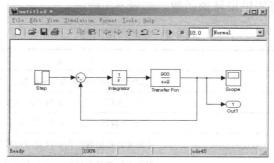

图 9-4　二阶系统 Simulink 实现

（3）选择仿真算法和仿真控制参数，启动仿真过程。

在编辑窗口中单击 Simulation→Configuration Parameters 菜单，在弹出的参数对话框中将参数 Stop time 设置为 2，单击仿真启动按钮 ▶。双击示波器 scope，弹出的图形显示的是仿真结果。输出结果如图 9-5 所示。

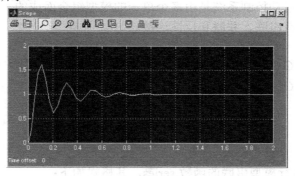

图 9-5　仿真结果

9.5.6 系统模型间的转换与连接

1. 模型间的转换

在 9.5.2~9.5.4 节中，介绍了在 MATLAB 中各种建立控制系统数学模型的方法。在一些场合下需要用到某种数学模型，而在另外一些场合可能需要另外一种数学模型，这就需要进行模型间的转换。图 9-6 和图 9-7 显示了 SS、ZPK 和 TF 模型间模型参数的转换关系以及三种模型间的转换关系。

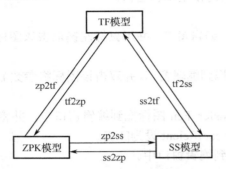

图 9-6　SS、ZPK 和 TF 模型间模型参数的转换关系

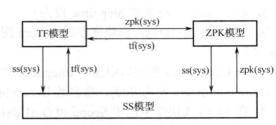

图 9-7　SS、ZPK 和 TF 模型间的转换关系

MATLAB 提供了丰富的模型转换函数，如表 9-3 所示。

表 9-3　模型转换函数

函数名称	功　能
ss2tf	状态空间模型转换为传递函数模型
ss2zp	状态空间模型转换为零极点增益模型
tf2ss	传递函数模型转换为状态空间模型
tf2zp	传递函数模型转换为零极点增益模型
zp2ss	零极点增益模型转换为状态空间模型
zp2tf	零极点增益模型转换为传递函数模型
linmod	Simulink 动态结构图模型线性为状态空间模型

2. 模型间的连接

实际应用中，整个自动控制系统是由多个单一的模型组合而成的。模型之间有不同的连接方式，基本的连接方式有串联、并联和反馈连接。

（1）串联连接

单输入单输出系统 $G_1(s)$ 和 $G_2(s)$ 串联连接的结构图如图 9-8 所示，$G_1(s)$ 和 $G_2(s)$ 串联连接合成的系统传递函数为 $G(s) = G_1(s) \cdot G_2(s)$。

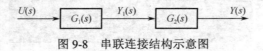

图 9-8　串联连接结构示意图

MATLAB 提供了进行模型串联的函数 series，其格式如下：

[a,b,c,d]=series(a1,b1,c1,d1,a2,b2,c2,d2)　表示串联连接两个状态空间系统。
[a,b,c,d]=series(a1,b1,c1,d1,a2,b2,c2,d2,out1,in2)　表示 out1 和 in2 分别指定系统 1 的部分输出和系统 2 的部分输入进行串联连接。
[num,den]=series(num1,den1,num2,den2)　表示串联连接的传递函数进行相乘。

（2）并联连接

单输入单输出系统 $G_1(s)$ 和 $G_2(s)$ 并联连接的结构图如图 9-9 所示，$G_1(s)$ 和 $G_2(s)$ 并联连接合成的系统传递函数为 $G(s)=G_1(s)+G_2(s)$。

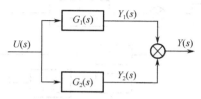

图 9-9　并联连接结构示意图

MATLAB 提供了进行模型并联连接的函数 parallel，其格式如下：

[a,b,c,d]=parallel(a1,b1,c1,d1,a2,b2,c2,d2)　表示并联连接两个状态空间系统。
[a,b,c,d]=parallel(a1,b1,c1,d1,a2,b2,c2,d2,inp1,inp2,out1,out2)　表示 inp1 和 inp2 分别指定两系统中要连接在一起的输入端编号，从 u1,u2,…,un 依次编号为 1,2,…,n；out1 和 out2 分别指定要相加的输出端编号，编号方式与输入类似。
[num,den]= parallel(num1,den1,num2,den2)　表示并联连接的传递函数进行相加。

（3）反馈连接

反馈系统在自动控制中是应用最为广泛的系统。最常用的反馈连接是将系统 $G(s)$ 的全部输出信号反馈作为另一个系统 $H(s)$ 的输入，根据 $H(s)$ 的输出与 $G(s)$ 输入信号之间相加还是相减，系统分为正反馈和负反馈，一般情况如图 9-10 所示，其中 $G(s)$ 为前向传递函数，$H(s)$ 为反馈传递函数。

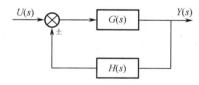

图 9-10　反馈连接结构示意图

当系统正反馈连接时，合成后的传递函数 $GH(s)$ 为

$$GH(s)=\frac{G(s)H(s)}{1-G(s)H(s)}$$

当系统负反馈连接时，合成后的传递函数 $GH(s)$ 为

$$GH(s)=\frac{G(s)H(s)}{1+G(s)H(s)}$$

MATLAB 提供了进行模型反馈连接的函数 feedback，其格式如下：

[a,b,c,d]=feedback(a1,b1,c1,d1,a2,b2,c2,d2)　表示将两个系统按反馈方式连接，其中系统 1 为对象，系统 2 为反馈控制器。
[a,b,c,d]=feedback(a1,b1,c1,d1,a2,b2,c2,d2,sign)　表示将系统 1 的所有输出连接到系统 2 的输入，系统 2 的所有输出连接到系统 1 的输入，sign（值为 1 或-1）用来表示系统 2 输出到系统 1 输入的连接符号，sign 默认

为负值，即 sign=-1。

　　[a,b,c,d]=feedback(a1,b1,c1,d1,a2,b2,c2,d2,inp1,out1)　表示部分反馈连接，将系统 1 的指定输出 out1 连接到系统 2 的输入，系统 2 的输出连接到系统 1 的指定输入 inp1，以此构成闭环系统。

　　[num,den]=feedback(num1,den1,num2,den2,sign)　表示系统 1 和系统 2 以反馈方式连接。sign 的含义同上。

9.5.7 应用实例

【例 9-13】 飞机俯仰角控制系统结构图如图 9-11 所示，设 $K=0.25$，编程解决下面问题：

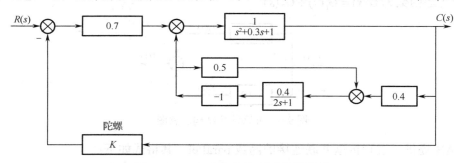

图 9-11　飞机俯仰角控制系统结构图

① 求取系统闭环传递函数的多项式模型；
② 将系统传递函数模型转换为 ZPK 模型；
③ 求取系统的特征根。

解：

①
```
sys1=tf([-0.4],[2 1]);
sys2=feedback(sys1,0.5,+1);
sys3=series(sys2,0.4);
sys4=tf([1],[1 0.3 1]);
sys5=feedback(sys4,sys3,+1);
sys6=tf(0.7,1);
sys7=series(sys6,sys5);
sys8= tf(0.25,1);
sys=feedback(sys7,sys8,-1)
```

执行命令后，结果为

```
Transfer function:
      1.4 s + 0.84
-------------------------------
2 s^3 + 1.8 s^2 + 2.71 s + 1.57
```

② Sys=zpk(sys)

执行命令后，结果为

```
Zero/pole/gain:
       0.7 (s+0.6)
-------------------------------
(s+0.6568) (s^2 + 0.2432s + 1.195)
```

③ p=roots(sys.den{1})

执行命令后，结果为

```
p =
   -0.1216 + 1.0865i
   -0.1216 - 1.0865i
   -0.6568
```

系统的特征根的实部均为负数，所以系统是稳定的。

习题

9-1 创建二阶系统 $G(s) = \dfrac{5}{s^2 + 2s + 2} e^{-2s}$ 的传递函数模型。

9-2 已知系统的传递函数为 $G(s) = \dfrac{2(s+0.5)}{(s+0.1)^2 + 1}$，建立系统的传递函数模型，并将其转换为零极点模型和状态空间模型。

9-3 已知系统的方框图如图 9-12 所示，其中，$R_1 = 1$，$R_2 = 2$，$C_1 = 3$，$C_2 = 4$，计算系统的 $\varPhi(s) = \dfrac{C(s)}{R(s)}$。

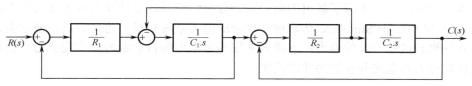

图 9-12 系统的方框图

9-4 已知单位负反馈系统的开环传递函数为

$$G(s) = 100 \dfrac{(s+2)}{s(s+1)(s+20)}$$

试对闭环系统的稳定性进行判别。

9-5 已知单位负反馈系统前向通道的传递函数为

$$G(s) = \dfrac{80}{s^2 + 2s}$$

试画出系统单位阶跃响应曲线。

第 10 章

电力电子系统仿真

本章知识点:
- 电力电子常用仿真模块
- 电力电子变流电路仿真

基本要求:
- 掌握电力电子常用仿真模块的使用方法
- 掌握基本电力电子变流电路的仿真方法

能力培养目标:

通过本章的学习,学生应了解电力电子辅助分析、交互式设计及系统仿真的基本概念和原理;掌握基于 MATLAB/Simulink 仿真软件平台的电力系统建模与仿真方法;使学生具备自主学习、独立思维和快速开发的能力;支撑人才培养方案中的自学能力、实践能力、创新思维能力、系统认知能力和系统开发能力要求的实现。

MATLAB/Simulink/SimPowerSystems 模型库中包含了常用的电力电子器件模型和整流、逆变电路模块及相应的驱动模块,结合 Simulink 模块库,能完成电力电子技术教材中绝大部分电路的仿真,包括:整流电路(单相半波可控整流电路、单相桥式全控整流电路、单相桥式半控整流电路、三相半波不可控整流电路、三相半波可控整流电路、三相桥式全控整流电路)仿真、逆变电路(单相桥式全控有源逆变电路、三相半波有源逆变电路、三相桥式全控有源逆变电路)仿真、交流调压电路仿真、直流斩波电路(降压斩波电路、升压斩波电路、升降压斩波电路)仿真。

10.1 电力电子模块

在 Simulink 中专门设置了电力系统 SimPowerSystems 工具箱,它包括七个模块库和一个电力图形读者接口(Powergui)模块,七个模块库分别为:电源模块库(Electrical Sources)、基本元件模块库(Elements)、电力电子模块库(Power Electronics)、电机模块库(Machines)、测量模块库(Measurements)、附加模块库(Extras Library)、应用模块库(Application Library)。

电力电子模块库如图 10-1 所示,包含了各类电力电子器件模块,分为 Device(基本器件类)和 Extras(扩充器件类),其中 Extras 又包括 Discrete Control blocks(离散控制模块)和 Control blocks(控制模块),这两个字库在 SimPowerSystems 工具箱的 Extra Library 模型库中。电力电子开关器件模块主要有二极管、晶闸管、详细参数型晶闸管、可关断晶闸管、IGBT、MOS 场效应管、IGBT/Diode、理想开关、通用桥、三电平变流器桥等模块。

第 10 章 电力电子系统仿真

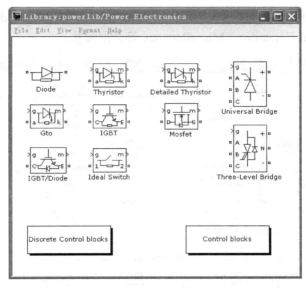

图 10-1 电力电子模块库

Discrete Control blocks 的相关模块如图 10-2 所示，包括 Filters、Controllers、Signal Generators、Phase-Locked Loop（PLL）Systems、PWM Generators、Thyristor Pulse Generator and Controllers、Miscellaneous、Obsolete blocks 等类型模块。

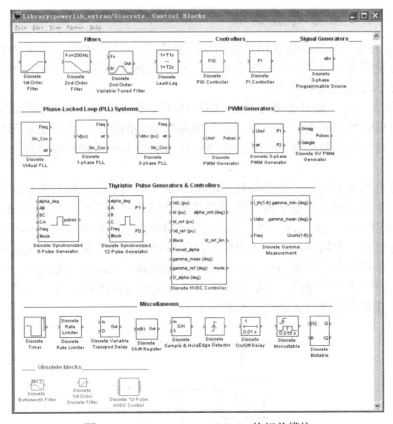

图 10-2 Discrete Control blocks 的相关模块

Control blocks 的相关模块如图 10-3 所示，包括 Filters、Phase-Locked Loop（PLL）Systems、Pulse Generators、Signal Generator、Miscellaneous 等类型模块。

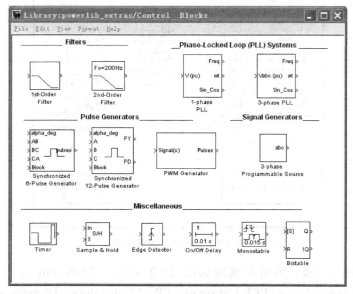

图 10-3　Control blocks 的相关模块

10.1.1　电力电子开关模块

　　MATLAB 电力电子器件模型使用的是简化的宏模型，它只要求器件的外特性与实际器件特性基本相符，而没有考虑器件内部的细微结构，属于系统级模型。用于电力电子电路和系统仿真时，出现仿真不收敛的概率较小。

　　MATLAB 的电力电子器件必须连接在电路中使用，也就是要有电流的回路，但是器件的驱动仅仅取决于门极信号的有无，没有电压型和电流型驱动的区别，也不需要形成驱动的回路。尽管模型与实际器件工作有差异，但是也使 MATLAB 电力电子器件模型在与控制单元连接的时候很方便。

　　开关特性是电力电子器件的主要特性，MATLAB 电力电子器件模型主要仿真了电力电子器件的开关特性，并且不同电力电子器件模型都具有类似的模型结构，见图 10-4。模型主要由可控开关 SW、电阻 Ron、电感 Lon、直流电压源 Vf 的串联电路和开关逻辑单元组成，不同电力电子器件的区别在开关逻辑不同，开关逻辑决定了各种器件的开关特征。模型中的电阻 Ron 和直流电压源 Vf 分别用来反映电力电子器件的导通电阻和导通时的门槛电压。串联电感限制了器件开关过程中的电流升降速度，模拟了器件导通或关断时的变化过程。MATLAB 的电力电子器件模型一般都没有考虑器件关断时的漏电流。

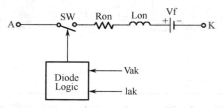

图 10-4　电力电子器件模型结构

电力电子器件在使用时一般都并联有缓冲电路,因此,在 MATLAB 电力电子器件模型中并联了简单的 RC 串联缓冲电路,缓冲电路的 RC 值可以在参数表中设置。

MATLAB 的电力电子器件模型中含有电感,因此有电流源的性质,在没有连接缓冲电路时不能直接与电感或电流源相连接,也不能开路工作。含电力电子模型的电路或系统仿真时,仿真算法一般采用刚性积分算法,如 ode23tb、ode15s 等,这样可以得到较快的仿真速度。

电力电子器件的模块上一般都带有一个测量输出端 m,通过输出端 m 可以观测器件的电压和电流,不仅测量方便,并且可以为选择器件的耐压和电流提供依据。

下面介绍两种常用的电力电子器件开关模块:二极管模块和电力场效应晶体管(MOSFET)模块。

1. 二极管模块

二极管是不控单向导电型两端口半导体器件。在 Simulink 中,二极管模块的图标如图 10-5 所示,上边是带测量端口的图标,通过测量端口可输出二极管的电流和电压信号;中间是隐藏了测量端口的二极管图标;下边是没有测量端口和缓冲电路的二极管图标。

二极管模型和伏安特性曲线如图 10-6 所示,二极管的运行状态由它自身的电压 Vak 和电流 Iak 控制。当二极管承受正向电压时(Vak>0)二极管导通,二极管的门槛电压 Vf 很小;当二极管电流下降到零(Iak=0)或承受反向电压时(Vak<0),二极管关断。

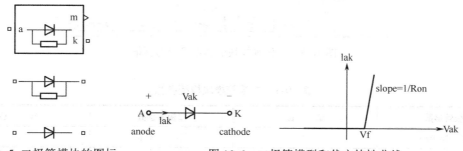

图 10-5 二极管模块的图标　　图 10-6 二极管模型和伏安特性曲线

二极管仿真模型的原理结构如图 10-7 所示。通过一个电阻、一个电感和一个 DC 电压源与一个开关串联,开关的运行状态由电压 Vak 和电流 Iak 控制。

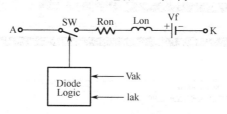

图 10-7 二极管仿真模型的原理结构

二极管模块包含了串联的 Rs-Cs 缓冲电路,该缓冲电路并联在二极管两端(节点 A 和 K 之间)。

二极管模块的属性设置对话框如图 10-8 所示,相应的模型参数见表 10-1。

在二极管参数设置中,电感 Lon 和电阻 Ron 不能同时取 0,如果同时取 0,仿真时会出错,如图 10-9 所示。设置了门槛电压 Vf 后,只有当二极管正向电压大于 Vf 后,二极管才能导通。在参数对话框还有初始电流一栏,设置初始电流可以使电路在非零状态下开始仿真,但是初始电流设置是有条件的,首先是在二极管电感参数大于 0 时才能设定这项参数,其次是仿真电路的其他储能元件也设定了初始值。而设定所有其他相关储能元件的初始值是很麻烦的,所以一般都取初始电流为 0,使电路在零状态下开始仿真。

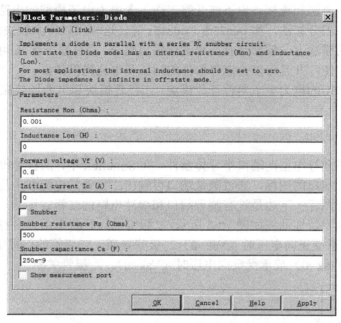

图 10-8 二极管模块的属性设置对话框

表 10-1 二极管模块模型参数

二极管参数	单 位	二极管参数	单 位
导通电阻 Ron	Ω	初始电流 Ic	A
电感 Lon	H	缓冲电阻 Rs	Ω
正向电压 Vf	V	缓冲电容 Rc	F

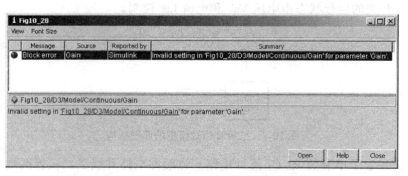

图 10-9 二极管 Lon 和 Ron 同时取 0 的错误信息

二极管模型并联有 RC 缓冲电路,在缓冲电阻值设为 inf、缓冲电容设为 0 时,二极管就取消了缓冲电路。在缓冲电阻不为 0 时,如果设置缓冲电容为 inf,则为纯电阻缓冲电路。

选中 Show measurement port 选项,二极管模块图标上出现 m 端口,该端口输出一个包含两个信号的向量,两个信号分别为二极管的电流和电压,可以使用 Simulink 库中的 Bus Selector

或 Demux 模块把这两个信号分开。

MATLAB 的二极管模型没有普通二极管、电力二极管、快恢复二极管等的区分，统一为一个模型，不同的二极管只能在参数设置上略有差异。二极管仿真模型没有考虑实际二极管的漏电流和反向恢复电流，而在大多数电路中反向电流并不影响变换器或别的器件的特性。

二极管模型使用限制：根据电感 Lon 的值的不同，二极管可作为一个电流源（Lon>0）或一个可变拓扑电路（Lon=0）。如果不使用缓冲电路，二极管模块不能与电感、电流源或开路电路串联连接。含二极管的仿真电路在仿真时，可通过 Powergui 模块设定仿真为连续仿真或离散仿真。当使用连续仿真时，为了得到较好的精度和仿真速度，推荐使用 ode23t 刚性算法，且相对容差（Relative tolerance）设定为 1e-4。如果电路采用离散仿真，Lon 的值必须设定为零。

图 10-10 是一个包含二极管、RL 负载和 AC 电压源的单脉冲整流电路。二极管的 m 端口信号通过 Demux 模块分成两个信号，上边默认为二极管电流信号，下边默认为二极管正向电压信号。

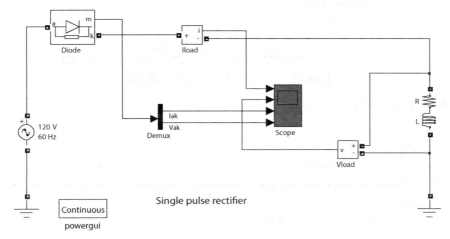

图 10-10 单脉冲整流电路

二极管参数设置如图 10-11 所示。

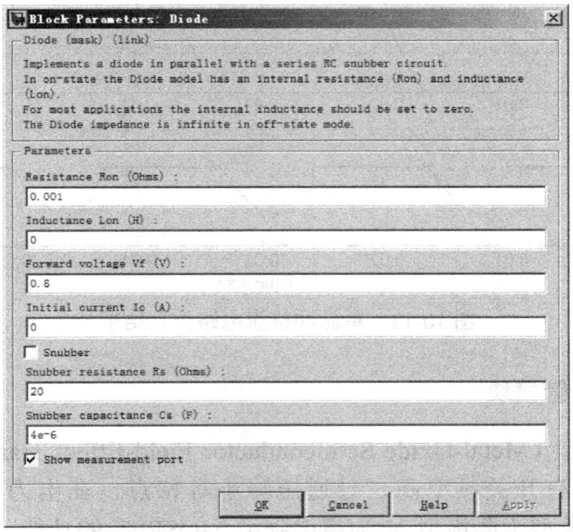

图 10-11 单脉冲整流电路二极管参数设置

负载参数设置如图 10-12 所示。

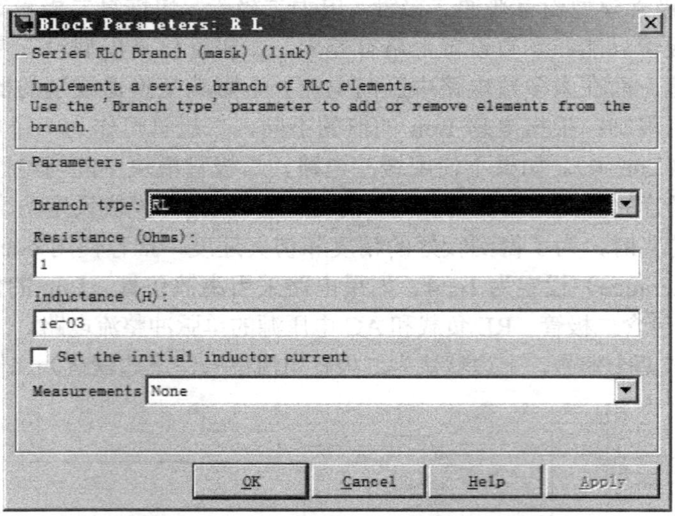

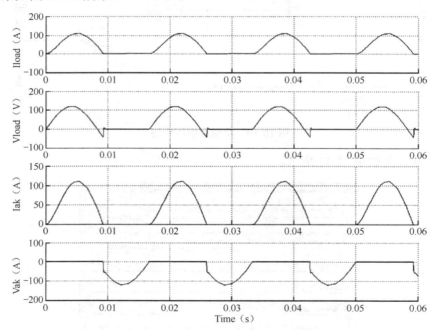

图 10-12　单脉冲整流电路负载参数设置

仿真结果如图 10-13 所示。

图 10-13　单脉冲整流电路仿真结果

2. 电力场效应晶体管模块

绝缘栅场效应晶体管（Metal-Oxide Semiconductor Field-Effect Transistor，MOSFET）简称电力场效应晶体管，具有开关频率高、导通压降小等特点，在电力电子电路中使用广泛。MATLAB 的 MOSFET 模型主要模拟 N 沟道增强型 MOSFET 的功能，即栅极信号大于零时，MOSFET 才导通。MOSFET 模块图标如图 10-14 所示，同样，通过改变属性设置，可以显示和隐藏测量端口。

MOSFET 模块的模型结构如图 10-15 所示，MOSFET 反并了一个二极管，该二极管在 MOSFET 反向偏置（Vds<0），且没有门极信号（g=0）时导通。该模型使用一个由逻辑信号控制（g>0 或 g=0）的带反并二极管的理想开关来模拟。

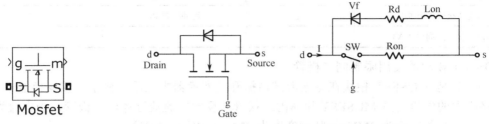

图 10-14　MOSFET 模块图标

图 10-15　MOSFET 模块的模型结构

在栅极信号为正（g>0）时，无论漏源电压是正还是负，MOSFET 都导通。在没有栅极信号（g=0）时，如果内部二极管所承受的正向电压超过门槛电压，二极管导通。

在 MOSFET 器件流过正向或负向电流时，若栅极输入变为 0，则 MOSFET 关断。在电流为负且流过体内二极管时（无栅极信号或 g=0），若电流变为 0，则二极管关断。

在漏极电流大于 0 时导通，在门极信号为零时关断。MOSFET 场效应晶体管模型上反并联一个二极管，因此在外特性上，正向导通状态的导通电阻是 Ron，而外特性中的反向导通是二极管导通，导通电阻是二极管的电阻 Rd。

通态电压 Vds 取值：当栅极信号为正时，Vds=Ron*I；当栅极无信号，反并二极管导通时，Vds=Rd*I−Vf+Lon*dI/dt。

反并二极管的导通电感 Lon 只在连续模式时存在。在大多数应用中，不管是连续还是离散仿真模式，Lon 均应设置为 0。

MOSFET 模块中也可包含串联 Rs-Cs 缓冲电路，该缓冲电路并联在 MOSFET 两端（节点 d 和 s 之间）。

MOSFET 模块的属性设置对话框如图 10-16 所示，相应的模型参数见表 10-2。

Block Parameters: Mosfet

Mosfet (mask) (link)

MOSFET and internal diode in parallel with a series RC snubber circuit. When a gate signal is applied the MOSFET conducts and acts as a resistance (Ron) in both directions. If the gate signal falls to zero when current is negative, current is transferred to the antiparallel diode.

For most applications, Lon should be set to zero.

Parameters

FET resistance Ron (Ohms) : 0.1

Internal diode inductance Lon (H) : 0

Internal diode resistance Rd (Ohms) : 0.01

Internal diode forward voltage Vf (V) : 0

Initial current Ic (A) : 0

Snubber resistance Rs (Ohms) : 1e5

Snubber capacitance Cs (F) : inf

☑ Show measurement port

OK　Cancel　Help　Apply

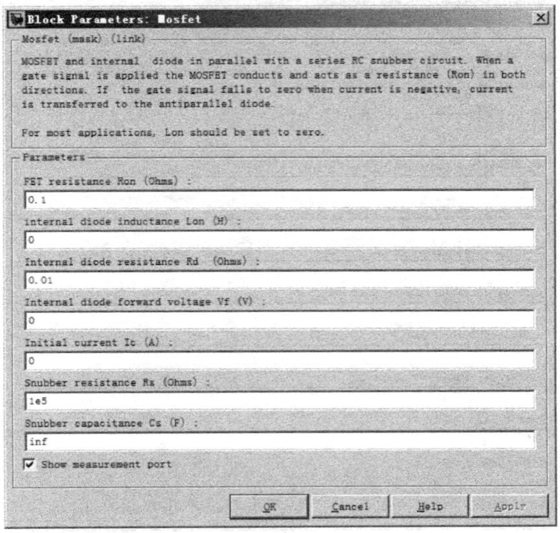

图 10-16　MOSFET 模块的属性设置对话框

表 10-2 MOSFET 模块模型参数

二极管参数	单位	二极管参数	单位
导通电阻 Ron	Ω	初始电流 Ic	A
体内二极管导通电感 Lon	H	缓冲电阻 Rs	Ω
体内二极管电阻 Rd	Ω	缓冲电容 Rc	F
体内二极管正向电压 Vf	V		

MOSFET 模块的使用限制同二极管。

图 10-17 是 MOSFET 模块在零电流准谐振开关变换器中应用的例子。该变换器中，Lr-Cr 谐振电路产生的电流流过 MOSFET 和体内二极管。反向电流流过体内二极管，当电流为 0 时，二极管关断。开关频率为 2MHz，脉冲宽度为 72°（占空比 20%）。

图 10-17 零电流准谐振开关变换器

二极管参数如图 10-18 所示。

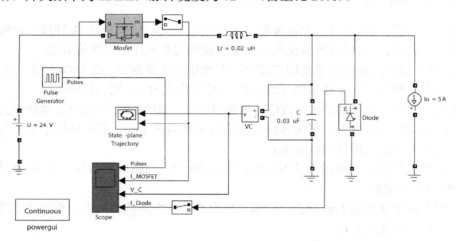

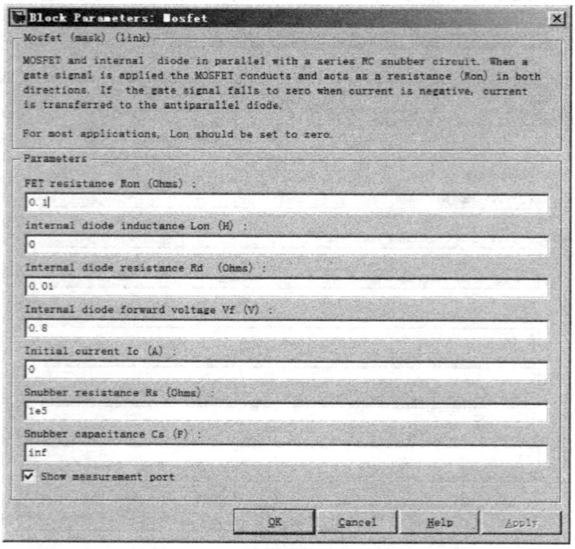

图 10-18 零电流准谐振开关变换器中 MOSFET 参数设置

栅极脉冲信号、MOSFET 电流、电容电压和二极管电流的仿真结果如图 10-19 所示。

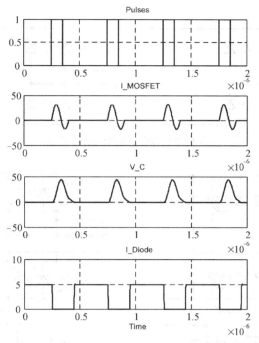

图 10-19　零电流准谐振开关变换器仿真结果

10.1.2　通用桥模块

通用桥（Universal Bridge）模块可以用于整流也可用于逆变，并且桥臂个数和功率开关器件可以选择，用来实现常用的桥式结构变换器，最多可实现六开关的三相全桥结构，开关器件可以是二极管、晶闸管、GTO、IGBT、MOSFET、理想开关等。通用桥模块是构建两电平电压源变换器的基本模块，其基本形状和端口如图 10-20 所示。

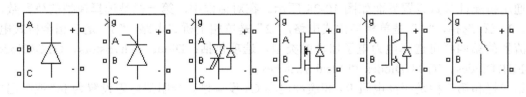

图 10-20　通用桥形状和端口结构

通用桥中的电力电子开关器件换流方式不同，器件的编号顺序也不同。在由二极管和晶闸管组成的自然换流三相变换器中，根据自然换流的顺序对器件进行编号，如图 10-21 所示。

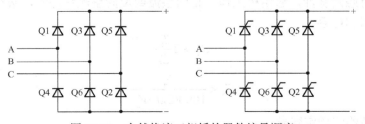

图 10-21　自然换流三相桥的器件编号顺序

由二极管和晶闸管组成的两相桥以及其他所有结构的两相和三相桥的器件编号顺序如图 10-22 和图 10-23 所示。

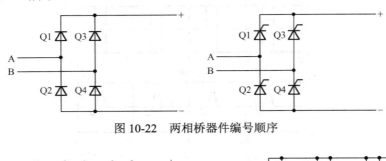

图 10-22 两相桥器件编号顺序

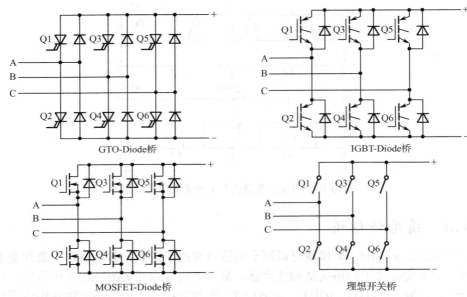

图 10-23 其他两相和三相桥结构器件编号顺序

通用桥属性参数设置界面如图 10-24 所示。在对话框中，第一栏是选择模型的桥臂数，有 1、2、3 三种选择，"1"是单相半桥式电路，"2"是单相全桥式电路，"3"是三相全桥式电路。在变流器的第四栏可选择电力电子器件的类型，选项包括：Diode、Thyristors、GTO/Diodes、MOSFET/Diodes、IGBT/Diodes 和 Ideal Switches。

第二栏和第三栏是缓冲电阻 Rs 和缓冲电容 Cs 设置栏。当阻尼电阻设置为 inf 或阻尼电容设置为 0 时，为无阻尼电路。

当系统离散时，为了避免产生数字振荡，应指定合适的阻尼电阻和电容。对于强迫换流器件（GTO、IGBT 或 MOSFET），只要有触发脉冲送给开关器件，缓冲电路就可采用纯电阻的缓冲电路。如果没有触发脉冲，通用桥工作于正向整流或反向整流状态时，必须采用如下公式选择合适的缓冲电阻和电容。

$$R_S > 2\frac{T_S}{C_S}$$

$$C_S < \frac{P_n}{1000(2\pi f)V_n^2}$$

式中 P_n——变换器的额定容量；

V_n——额定线电压；
f——基波频率；
T_s——采样时间。

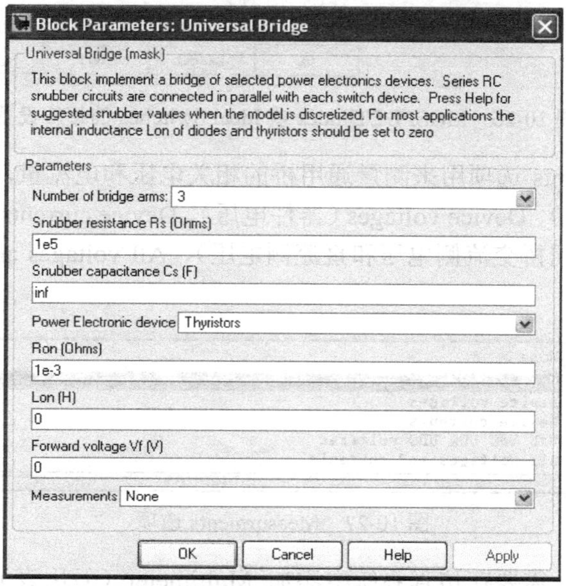

图10-24 通用桥属性参数设置界面

Rs 和 Cs 的值依据以下两个准则得到：①当电力电子器件不导通时，阻尼电路漏电流小于 0.1%额定电流；②RC 时间常数大于两倍的采样时间。

仿真中，Rs 和 Cs 的取值用来保证离散桥的数字稳定性，可能与实际物理电路中的取值不同。

第四栏后的设置根据第四栏所选器件的不同而不同。选择 Diode 或 Thyristors 时的设置选项如图 10-24 所示，分别为器件导通电阻 Ron，导通电感 Lon 和正向压降 Vf。

选择 GTO/Diodes 或 IGBT/Diodes 时的设置如图 10-25 所示，除了导通电阻外还包括正向压降（开关器件正向压降 Vf 和二极管正向压降 Vfd）。

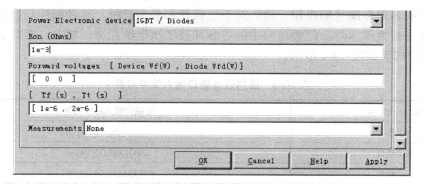

图10-25 GTO/Diodes 或 IGBT/Diodes 的相应设置

选择 MOSFET/Diodes 或 Ideal Switches 时的设置如图 10-26 所示，仅有导通电阻选项。

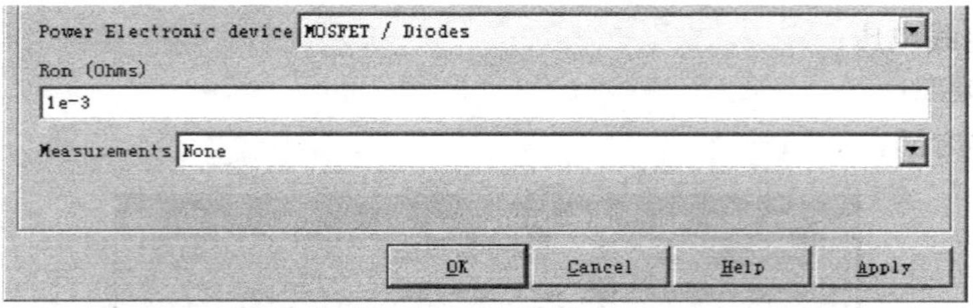

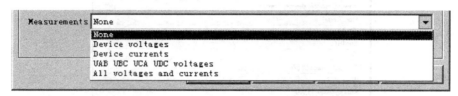

图 10-26　MOSFET/Diodes 或 Ideal Switches 的相应设置

最下边的 Measurments 选项用来测量通用桥的相关电压和电流量，如图 10-27 所示。相关选项包括：None（不测量）、Device voltages（器件电压）、Device currents（器件电流）、UAB UBC UCA UDC voltages（通用桥交流侧电压和直流侧电压）、All voltages and currents（所有电压和电流）。

图 10-27　Measurments 选项

需要测量这些量时，需要在仿真系统中添加 Multimeter（万用表）模块，当 Measurments 选项中的相关选项选中时，在 Multimeter 模块的 Available Measurements 菜单中会出现相应变量选项，各变量符号表示如表 10-3 所示。

表 10-3　通用桥变量符号列表

测 量 项	符 号
Device voltages	Usw1:, Usw2:, Usw3:, Usw4:, Usw5:, Usw6:
Device currents	Isw1:, Isw2:, Isw3:, Isw4:, Isw5:, Isw6:
UAB UBC UCA UDC voltages	Uab:, Ubc:, Uca:, Udc:

通用桥的 g 端口是可控器件的门极信号输入端口，门极信号向量中各脉冲的顺序与前文所述通用桥结构的各器件编号顺序相一致。对于二极管和晶闸管桥，脉冲顺序与自然换流顺序一致。对于所有强制换流器件，门极信号中的各脉冲被依次送给相 A、相 B、相 C 的上下开关。g 端口输入脉冲向量如表 10-4 所示。

表 10-4　通用桥 g 端口输入脉冲向量

拓 扑 结 构	g 端口输入脉冲向量
一个桥臂	[Q1,Q2]
两个桥臂	[Q1,Q2,Q3,Q4]
三个桥臂	[Q1,Q2,Q3,Q4,Q5,Q6]

10.1.3　PWM 脉冲发生器模块（Li354）

PWM 脉宽调制方式在逆变器控制中使用很广泛，并且在整流电路中也开始应用。Simulink

中 PWM 脉冲发生器（PWM Generator）的图标如图 10-28 所示，它可以为两电平结构的 PWM 变换器提供脉冲，为 GTO、MOSFET、IGBT 等强制换流器件组成的单相、二相、三相、两电平桥以及双三相桥提供驱动信号，在模块属性对话框中的模式一栏（Generator Mode）进行选择，如图 10-29 所示。

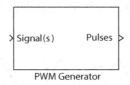

图 10-28　PWM 脉冲发生器图标

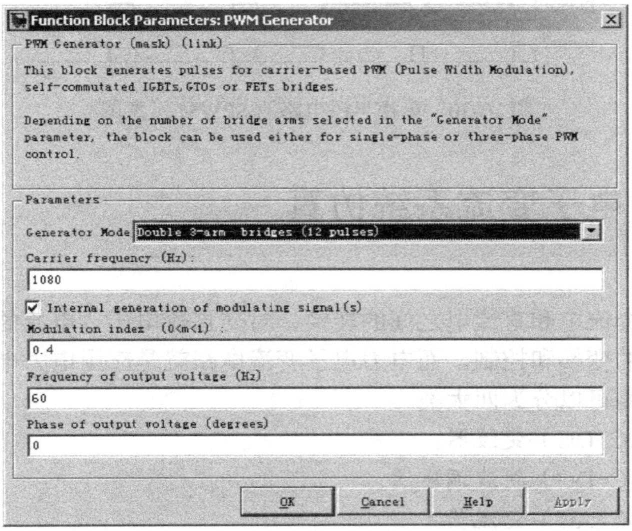

图 10-29　PWM 脉冲发生器属性设置对话框

　　PWM 脉冲发生器通过比较三角形载波与参考调制波，产生脉冲。在三角波与调制波的相交点处产生脉冲的前后沿。三角波的频率可以在对话框中设置，且三角波的幅值固定为 1。调制波有两种产生方式，一种是由 PWM 脉冲发生器自动生成，另一种是在脉冲发生器输入端由外部输入。在属性对话框中，单击内调制信号生成栏前的方块，可选中内调制信号生成模式，同时，对话框出现调制度、输出电压频率和输出电压相位三项参数设置栏。在采用内调制信号生成模式时，调制波为正弦波，调制为 SPWM 方式，设置的调制度、输出电压频率和输出电压相位三项参数实际上是内部产生的调制正弦波的参数。产生单桥臂或双桥臂桥驱动脉冲需要一个参考信号，而三相桥或双三相桥则需要三个参考信号。PWM 脉冲发生器通过设置参考信号的幅值（调制度）、相位和频率去控制所连接桥的交流侧输出电压。选中内调制信号生成方式后，模块的输入端不用连接。当选择外部输入调制信号时，调制波的频率和相位则由外部输入信号决定，但是外部输入的信号幅值不能大于 1。

　　触发同一桥臂的两个开关的触发脉冲是互补的，一个为高电平，另一个即为低电平。图 10-30 所示为单相半桥电路的 SPWM 示意图，通过正弦调制波和三角波的比较，产生两路互补的脉冲和，去驱动半桥上下两个开关。当调制波大于三角波时 pulse1 为高电平，pulse2 为低电平；当调制波小于三角波时，则相反。当在对话框中选择二相结构时，脉冲发生器依次输出 4 个脉冲（pulse1、pulse2、pulse3、pulse4）。当在对话框中选择三相结构时，脉冲发生器依次输出 6 个脉冲（pulse1、pulse2、pulse3、pulse4、pulse5、pulse6），脉冲 pulse1 和 pulse2 用于驱动 A 相两个开关器件，pulse3 和 pulse4 用于驱动 B 相两个开关器件，pulse5 和 pulse6 用于驱动 C 相两个开关器件，且单数脉冲驱动上桥臂开关器件，双数脉冲驱动下桥臂开关器件。在使用时只需要将脉冲发生器的 pulses 输出端与多功能桥模块的 pulses 输入端相连接即可。

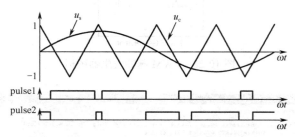

图 10-30　单相半桥电路的 SPWM 示意图

10.2　电力电子变流系统仿真

所谓变流就是指交流电和直流电之间的转换，对交直流电压、电流的调节，以及对交流电的频率、相数、相位的变换和控制。而电力电子变流电路就是应用电力电子器件实现这些转换的线路，一般这些电路可以分为四大类。

- 交流-直流（AC-DC）变流器。
- 直流-直流（DC-DC）斩波调压器。
- 直流-交流（DC-AC）变流器。
- 交流-交流（AC-AC）变流器，又分为交流调压器和交-交变频器。

单相半波可控整流电路仿真实训

10.2.1　AC-DC 系统仿真

本节通过实例来介绍 AC-DC 系统的仿真。

1. 利用二极管实现的单相桥式不控整流电路仿真

【例 10-1】 带 LC 滤波的单相桥式不控整流电路如图 10-31 所示，输入正弦电压为 $u_1=220\sqrt{2}\sin\omega t$，输入电压频率为 50Hz，变压器容量为 1kVA，变压器变比为 220/25V，$L=10\text{mH}$，$C=4700\mu\text{F}$，负载为电阻 $R=1\Omega$。要求观察：变压器一二次侧的电压波形；二极管 D1 的电压、电流波形；电阻 R 的电压和电流波形。

解：1）建立仿真模型

（1）建立一个新的仿真模型文件

在 MATLAB 的菜单栏上单击 File，选择 New，再在弹出菜单中选择 Model，这时出现一个空白的仿真平台，在这个平台上可以绘制电路的仿真模型。保存该文件并命名为 c10_1.mdl。

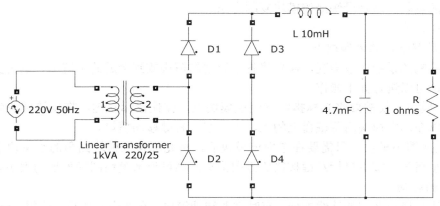

图 10-31 单相桥式不控整流电路

（2）提取电路元器件模块

在仿真模型窗口的菜单上单击 图标调出模型库浏览器，在模型库中提取所需的模块放到仿真窗口。

本电路需要的各模块路径如下：
- 交流电压源：SimPowerSystems→Electrical Sources→AC Voltage Source
- 线性变压器：SimPowerSystems→Elements→Linear Transformer
- 二极管：SimPowerSystems→Power Electronics→Diode
- 串联 RLC 分支：SimPowerSystems→Elements→Series RLC Branch
- 信号分解模块：Simulink→Signal Routing→Demux
- 电流测量模块：SimPowerSystems→Measurements→Current Measurement
- 电压测量模块：SimPowerSystems→Measurements→Voltage Measurement
- 示波器：Simulink→Sinks→Scope
- 电力系统图形用户界面（Powergui）模块：SimPowerSystems→powergui

仿真如果用到 SimPowerSystems 库中的模块，仿真模型中必须有 Powergui 模块，该模块可按上述路径添加。如果不添加，运行仿真时，系统会自动添加。

从模型库中提取模块的方法有以下两种。

一是在模型浏览器窗口用鼠标左键单击需要的模块，把该模块选中，然后单击鼠标右键，在弹出的对话框中选择 Add to current model，选中的模块会出现在仿真窗口。

二是将光标指针移动到需要的模块上，按住鼠标左键将模型图标拖曳到仿真窗口。

已经放到仿真窗口的模块，可以通过复制得到多个相同的模块，操作步骤如下：

① 用鼠标左键单击并选中该模块，然后在 Edit 菜单下选择复制命令（Copy），再用粘贴命令（Paste）就可以将它复制到其他地方。采用这种方法还可以同时复制几个不同的模块，或者复制仿真模型的一部分乃至全部，然后转移到其他地方使用。如是后者只需要按下鼠标左键拖拉鼠标，平台上即出现一个虚线的方框，松开鼠标，被虚线方框包围的所有模块均被选中，然后使用复制和粘贴命令就可以复制或转移到其他地方使用。

② 在同一模型中需要复制某一模块，可以用更简捷的办法，就是在选中模块的同时按下 Ctrl 键拖拉鼠标，选中的模块上会出现一个小"+"号，继续按住鼠标和 Ctrl 键不动，移动鼠标就可以将该模块拖拉到模型的其他地方复制出一个相同的模块，同时该模块名后会自动加"1"，因为在同一仿真模型中，不允许出现两个名字相同的模块。直接用鼠标右键选中模块并拖动也

可实现模块的复制,这是最快捷的模块复制方法。
(3) 布局、连线
● 模块的移动、放大和缩小

为了使绘制的系统比较美观,需要将各个调用的模块放到合适的位置上,也需要调整模块的大小比例,可以进行如下操作:

① 移动模块。仅需要将光标指针移到该模块上,按住鼠标左键,拖曳该模块到相应位置即可。也可以在选中模块后用键盘上的上、下、左、右键移动模块。

② 放大或缩小模块。只需要在选中该模块后,将光标移到模块四角的小黑块上,这时光标变成双向小箭头,按下鼠标左键按箭头方向拖动,则可调节模块图标外形的大小。

● 模块的转动

为了模块与模块之间的连线方便,有时需要转动模块。在选中模块后,使用 Format 菜单下的 Flip block 和 Rotate block 两条命令,Flip block 命令使模块水平反转,Rotate block 命令使模块做 90°旋转。

● 模块名的修改和移动

在每个模块的下方都有一个模块名,模块名可以修改、移动和隐藏。若要修改模块名,首先用鼠标单击该模块名,外侧出现小框,"|"光标在框内闪烁,这时可以和文本文件一样,修改模块名称,模块名称尽量用英文。如果用中文,在有些版本的 Simulink 中仿真文件会保存不了。

模块名的放置位置可以调整,但只能在模块没有连线端口的两个方向调整,点中模块名时不松开鼠标,直接将模块名拖到模块的另一个方向即可。如果不需要显示模块名,则首先选中模块,然后在 Format 菜单下单击 Hide name 命令,这时模块名被隐藏起来,或者直接按键盘上的 Delete 键删除即可。如果需要重新显示模块名,同样选中模块后,在 Format 菜单下选择 Show name 命令,隐藏或删除的模块名会重新显示出来。

● 模块的删除与恢复

对放在平台上的模块,如果不再需要则可以将其删除,操作步骤是选中要删除的模块后,使用键盘上的 Delete 键来删除。在模型浏览器中的模块是只读的不能被删除。如果要删除已经构建了模型的某一部分或全部,可以在要删除的部分上单击鼠标左键拖拉出一个方框,框内的全部模块和连线将被选中,然后按 Delete 键,这部分模型包括连线就被删除。

被删除的模块和内容可以用 Edit 菜单下的 Undo 命令或按钮 ⌒ 恢复。

以上操作也可以使用鼠标右键,即在选中模块后单击鼠标右键,然后在打开的菜单中选择相应的选项。

● 模块的连接

使用 Simulink 仿真,系统模型是由多个模块组成的,模块与模块间需要用信号线连接,连接的方法是,将光标箭头指向模块的输出端,对准后光标变成"十"字形,这时按下鼠标左键拖曳"十"字形到另一个模块的输入端后松开鼠标左键,在两个模块的输出和输入端之间就出现了带箭头的连线,并且箭头表示了信号的流向。

如果要在信号线的中间拉出分支连接另一个模块,可以先将光标移向需要分岔的地方,同时按下键盘中的 Ctrl 键和鼠标则可拖拉出一根支线,然后将支线引到另一输入端口松开鼠标即可。或者将光标移向需要分岔的地方,按下鼠标右键也可分出一根支线,然后将支线引到另一输入端口松开鼠标即可。

● 信号线的弯折、移动和删除

如果信号线中间需要弯折，只需在拉出信号线时，在需要弯折的地方松开鼠标停顿一下，然后继续按下鼠标左键改变鼠标移动方向就可以画出折线。

要移动信号线的位置，首先选中要移动的线条，将光标指向该线条后单击，线条上出现小黑块则表明该线已被选中，然后再将光标指向线条上需要移动的那一段拖动鼠标即可。

若要删除已画好的信号线，只需在选中信号线后，按键盘上的 Delete 键即可。

按原理图 10-31 连接起来的仿真电路如图 10-32 所示。

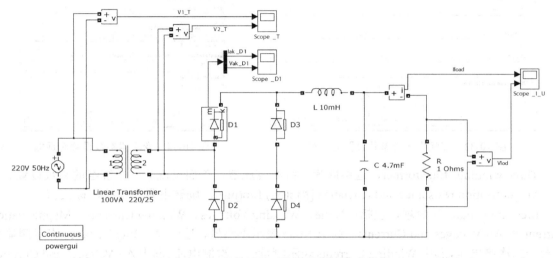

图 10-32　单相桥式不控整流电路仿真模型

2) 设置模块参数

Simulink 模型库里的模块放到仿真窗口之后，在使用前大多数模块都需要设置参数。模块参数的设置很简单，只要将光标箭头移到模块图标上，双击鼠标左键，就会弹出参数对话窗口，然后按框中提示输入即可。如果对参数设置有不清楚的地方，可以使用对话框下方的 Help 按钮获得帮助，这时会打开该模块的说明书。参数设好后，单击 OK 按钮关闭对话框，模块参数就设置完毕。

有些模块的参数需要在布局、连线时设置，比如二极管模块，因为本例要求观察二极管的电流和电压，连线时需要显示二极管的"m"端口，因此该属性在连线前就需要设置。类似的模块还有示波器、信号分解模块等。其他大多数模块的属性设置可在系统的仿真模型连好后一起进行，模块的参数在仿真过程中是不能修改的。

下面对本例中各模块的参数设置进行介绍。

交流电压源的参数设置如图 10-33 所示，相关参数包括：Peak amplitude（幅值）、Phase（相位，单位为度）、Frequency（频率）、Sample time（采样时间）和 Measurements（测量项），其中测量项有 None 和 Voltage，选中 None 表示不测量，选中 Voltage 表示测量电压源的电压。

变压器的参数设置如图 10-34 所示，相关参数包括：

Units（单位，pu 为标幺值，SI 为国际单位）。

Nominal power and frequency [pn(VA) fn(Hz)]，额定功率和额定频率，单位分别为伏安和赫兹。

Winding 1 parameters [V1(Vrms) R1(pu) L1(pu)]，绕组 1 参数：额定电压、电阻标幺值、漏感标幺值。

Winding 2 parameters [V2(Vrms) R2(pu) L2(pu)]，绕组 2 参数：额定电压、电阻标幺值、漏

感标幺值。

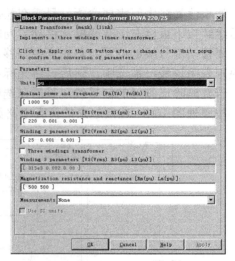

图 10-33　交流电压源参数设置对话框　　　图 10-34　变压器参数设置对话框

Three windings transformer，选中即为三绕组变压器，下面出现第三个绕组的参数设置。

Magnetization resistance and reactance [Rm(pu) Lm(pu)]，励磁电阻和电抗，标幺值。

Measurements，测量项，包括：None、Winding Voltages、Winding Currents、Magnetization Current 和 All Voltages and Currents。选中 None 表示不测量，选中 Winding Voltages 表示测量变压器一二次侧电压，选中 Winding Currents 表示测量一二次侧电流，选中 All Voltages and Currents 表示测量变压器以上所有的电压和电流。

二极管参数设置如图 10-35 所示，为了测量 D1 的电压和电流，选中了 D1 的 Show measurement port 项，其他参数四个二极管都相同，导通电阻 Ron 为 0.001Ω，导通电感 Lon 为 1μH，正向压降 Vf 为 0.8V，起始电流为 0A，不使用缓冲电路。

滤波电感、滤波电容和电阻都使用串联 RLC 分支模块，该模块的第一个参数选项是 Branch type，该选项包含 R、L、C 的所有组合，如图 10-36 所示。本例中电感 L、电容 C 和电阻分别设置为 10mH、4.7mF 和 1Ω。

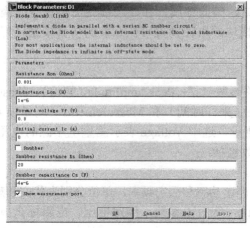 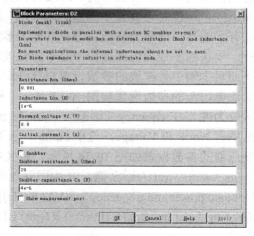

(a) 二极管 D1 参数设置　　　　　　　　　(b) 二极管 D2、D3、D4 参数设置

图 10-35　二极管参数设置对话框

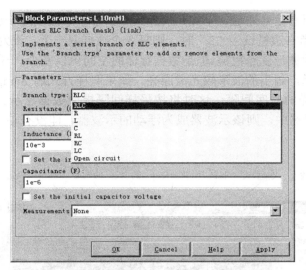

图 10-36　串联 RLC 分支模块参数设置对话框

通过使用信号分解模块可以把二极管 m 端口输出的电流和电压信号分成两路，信号分解模块可以把输入的一路向量信号根据需要分成多路信号，参数设置如图 10-37 所示。在 Number of outputs 选项中设置输出的路数，在 Display option 中选择信号分解模块的形状，有 none 和 bar 两种选择，通常选择 bar。

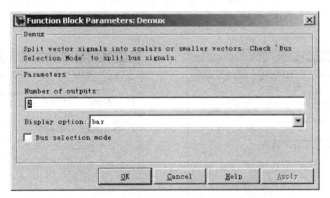

图 10-37　信号分解模块参数设置对话框

本例中用了三个示波器，示波器不仅可以显示波形，还可以同时保存波形数据。双击示波器模块图标，即可弹出示波器的窗口画面，如图 10-38 所示。在画面上有一栏工具按钮，单击这些按钮就可以得到相应的功能。

（1）示波器的参数

单击示波器参数按钮可以弹出示波器参数设置对话框，如图 10-39 所示。参数设置第一页为 General 设置，Number of axes 项用于设定示波器的 Y 轴数量，即示波器的输入信号端口的个数，其预设值为"1"，也就是说该示波器可以用来观察一路信号；将其设为"2"，则可以同时观察两路信号，并且示波器的图标也自动变为有两个输入端口，依次类推，这样一个示波器可以同时观察多路信号。第二项 Time range 用于设定示波器时间轴的最大值，一般可以选 auto（自动），这样 X 轴就自动以系统仿真参数设置中的起始和终止时间作为示波器的时间显示范围。第三项 Tick labels 用于选择标签的贴放位置，有 all、none 和 bottom axis only 三个选项，分别对应时间刻度值加到所有信号通道、不加、仅加到底部轴。第四项用于选择数据取样方式，其中 Decimation 方式是当右边栏设为"3"时，则每 3 个数据取一个，设为"5"时，则是 5 中取 1，设的数字越大显示的波形就越粗糙，但是数据存储的空间可以减少。一般该项保持预置值"1"，这样输入的数据都显示，画出的波形较光滑漂亮。如果取样方式选 Sample time 采样方式，则其右栏里输入的是采样的时间间隔，这时将按采样间隔提取数据显示。该页中还有一个选项"floating scope"，如果选中，则该示波器成为浮动的示波器，即没有输入接口，但可以接收其他模块发送来的数据。

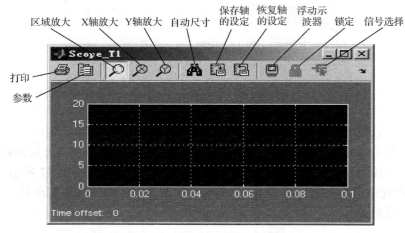

图 10-38　示波器波形显示界面

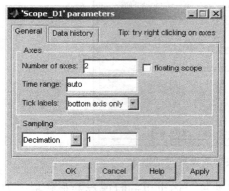

（a）General 设置

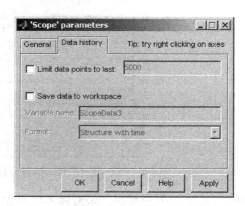

（b）Data history 设置

图 10-39　示波器参数设置对话框

示波器设置的第二页是数据页，这里有两项选择。第一项是数据点数，预置值是 5000，即可以显示 5000 个数据，若超过 5000 个数据，则删掉前面的保留后面的。也可以不选该项，这样所有数据都显示，在计算量大时对内存的要求高一些。如果选中了数据页的第二项"Save data to workspace"，即将数据放到工作空间去，则仿真的结果可以保存起来，并可以用 MATLAB 的绘图命令来处理，也可以用其他绘图软件画出更漂亮的图形。在保存数据栏下，还有两项设置，第一项是保存的变量名（Variable name），给数据起一个名，以便将来调用时识别。第二项是数据的保存格式（Format），该处有三个选择：Array 格式适用于只有一个输入变量的情况；Structure with time 和 Structure 这两种格式适用于以矢量表示的多个变量情况，并且前者同时保存数值和时间，后者仅保存数值。

（2）图形缩放

在示波器窗口菜单上有三个放大镜，分别可以用于图形的区域放大、X 轴向和 Y 轴向的图形放大。区域放大，首先在菜单上单击区域放大镜，然后在需放大的区域上按下鼠标左键并斜向拖拉，这时出现一个矩形框，用矩形框框住需要放大的局部图形，松开鼠标这部分图形就被放大了。X 轴向和 Y 轴向的放大，同样只要在选择菜单上的相应放大镜后按下鼠标左键，并沿 X 轴方向或 Y 轴方向拖拉即可。如果要恢复原来的图形，只要单击一下望远镜图标就可以了。

（3）坐标轴范围

示波器显示的变量一般是时间的函数，所以图形的 X 轴一般是时间，y 轴是对应的变量值。X 轴和 Y 轴的最大取值范围一般是自动设置的，利用放大镜功能可以在 X 轴和 Y 轴的范围内选取其中的一部分显示，但有时需要将 Y 轴的最大范围再扩大一些，以便使图形处于窗口的中间。在 Scope 窗口的图形部分单击鼠标右键，在弹出的功能菜单中选择 axes properties…项，即可打开 Y 轴范围限制对话框，如图 10-40 所示，在对话框中可重新设置 Y 轴范围，还可以给显示信号命名。

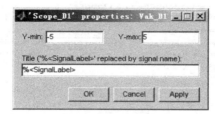

图 10-40 Y 轴范围设置

（4）浮动示波器（Floating scope）

浮动示波器是示波器使用的一项特殊功能，它不需要将示波器与外部模块图用线连接，就可以选择示波器的显示信号，使用很方便。将一个示波器变为浮动示波器，只要在示波器参数页上选中 floating scope 选项（见图 10-39（a）），关闭参数对话框后，示波器图标的输入端口就没有了，这时该示波器就变为一个浮动示波器。也可以从 Sinks 模型库中直接调用 floating scope 模块，效果是相同的。在仿真模型图上放置一个浮动示波器模块后，双击模块图标出现示波器窗口，在窗口的图形区域右击，在弹出的功能项中选择 Signal Selector 栏，则可以打开信号选择对话框，如图 10-41 所示。对话框右边列出了可供显示的信号名称，在信号名前的"□"内打"√"，则可以在示波器上观察该信号。

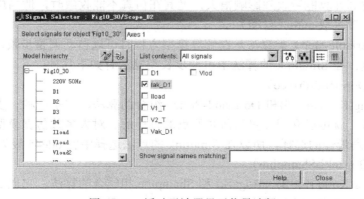

图 10-41 浮动示波器显示信号选择

3）设置仿真参数

在对绘制好的模型进行仿真前，还需要确定仿真的步长、时间和选取仿真的算法等，也就是设置仿真参数。设置仿真参数可单击 Simulink 窗口菜单上的 Simulation，在下拉的子菜单中单击 Configuration Parameters…命令或用"Ctrl+E"键，这时弹出仿真参数设置对话框，如图 10-42 所示。

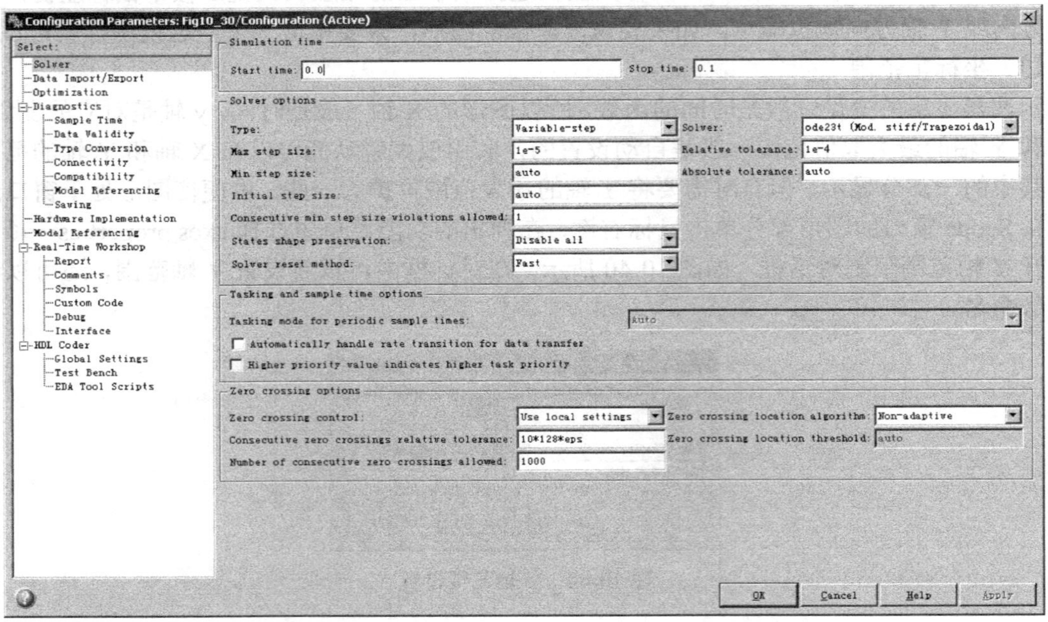

图 10-42　仿真参数设置对话框

对话框默认显示的是 Solver（算法）选项，其中仿真时间（Simulation time）有开始时间（Start time）和终止时间（Stop time）两项，连续系统中仿真时间一般从零开始，可以先预设一个仿真的终止时间，在仿真过程中如果预设的时间不足，可在当次仿真结束后修改。算法选择（Solver options）中计算类型（Type）有可变步长（Variable-step）和固定步长（Fixed-step）两种，如果选择 Variable-step，则最大步长（Max step size）、最小步长（Min step size）和初始步长（Initial step size）都可以设为自动（auto）。该栏中经常还要设置仿真误差，有相对误差（Relative tolerance）和绝对误差（Absolute tolerance）两项，系统默认的相对误差是 1e-3。选择合适的计算误差，对仿真的速度和仿真计算能否收敛影响很大，尤其在仿真不能收敛时，适当放宽误差可以取得效果，绝对误差一般可取 auto（自动）。

可变步长（Variable-step）类算法是在解算模型方程时可以自动调整步长，并通过减小步长来提高计算的精度。在 Simulink 的算法中可变步长类算法有如下几种：

（1）ode45（Dormand-Prince）

基于显式 Rung-Kutta(4, 5)和 Dormand-Prince 组合的算法，它是一种一步解法，即只要知道前一时间点的解，就可以立即计算当前时间点的方程解。对大多数仿真模型来说，首先使用 ode45 来解算模型是最佳的选择，所以在 Simulink 的算法选择中将 ode45 设为默认的算法。

（2）ode23（Bogacki-Shampine）

基于显式 Rung-Kutta(2, 3)、Bogacki 和 Shampine 相结合的算法，它也是一种一步算法。在容许误差和计算略带刚性的问题方面，该算法比 ode45 要好。

（3）ode113（Adams）

这是可变阶数的 Adams-Bashforth-Moulton PECE 算法，在误差要求很严时，ode113 算法较 ode45 更适合。ode113 是一种多步算法，也就是需要知道前几个时间点的值，才能计算出当前时间点的值。

（4）ode15s（Stiff/NDF）

一种可变阶数的 Numerical Differentiation Formulas（NDFs）算法，它相对 Backward Differentiation Formulas 算法（简称 BDFs 算法，也称 Gear 算法）较好。它是一种多步算法，当遇到带刚性（Stiff）问题或者使用 ode45 算法不行时，可以试试这种算法。

（5）ode23s（Stiff/Mod. Rosenbrock）

这是一种改进的二阶 Rosenbrock 算法。在容许误差较大时，ode23s 比 ode15s 有效，所以在解算一些带刚性的问题时，如果用 ode15s 处理不行的话，可以用 ode23s 算法。

（6）ode23t（Mod. Stiff/Trapezoidal）

这是一种采用自由内插方法的梯形算法。如果模型有一定刚性，又要求解没有数值衰减时，可以使用这种算法。

（8）ode23tb（stiff/TR-BDF2）

采用 TR-BDF2 算法，即在龙格-库塔法的第一阶段用梯形法，第二阶段用二阶的 Backward Differentiation Formulas 算法。从结构上讲，两个阶段的估计都使用同一矩阵。在容差比较大时，ode23tb 和 ode23t 都比 ode15s 要好。

（8）discrete（No Continuous States）

这是处理离散系统（非连续系统）的算法。

固定步长类算法在解算模型（方程）的过程中步长是固定不变的，在 Simulink 的算法中固定步长类算法有如下几种：

- ode5（Dormand-Prince）：采用 Dormand-Prince 算法，也就是固定步长的 ode45 算法。
- ode4（Rung-Kutta）：四阶的龙格-库塔法。
- ode3（Bogacki-Shampine）：采用 Bogacki-Shampine 算法。
- ode2（Heun）：一种改进的欧拉算法。
- ode1（Euler）：欧拉算法。
- discrete（No Continuous States）：不含积分的固定步长解法，它适用于没有连续状态仅有离散状态模型的计算。

在仿真过程中，用户要根据各种类型的模型的特点、各种数值积分方法的计算特点和适用范围，才能正确地选择恰当的算法，而这一点往往是使用者难以掌握的，现在还没有一种对所有模型都适用的算法，一个简单的办法是当一种算法不能完成模型的计算时，选用另一种算法试试，毕竟 Simulink 已经编入了当今主要的各种数值计算方法，如果还是不行，那就要对模型或参数做一定的修改了。在电力电子电路和调速控制系统仿真中一般都使用可变步长类算法。

另外，在 Configuration Parameters 设置对话框中还有 Data Import/Export、Optimization、Diagnostics 和 Real-Time Workshop 等其他选项内容，在此不再一一介绍，感兴趣的读者可参考 Help 文件。

4）运行仿真并观察仿真结果

在模块参数和仿真参数设置完毕后即可开始仿真。在菜单 Simulation 下选择 Start，立即开始仿真，若要中途停止仿真可以选择 Stop。更简单的方法是使用工具栏上的按钮"▶"。在模型的计算过程中,窗口下方的状态栏会提示计算的进程,对简单的模型这仅在一瞬间就完成了。在仿真计算中途,如果要修改模块参数或仿真时间等,则可以用 Simulation 菜单中的 Pause 命令或按钮"❚❚"暂停仿真。暂停之后要恢复仿真,则再次单击按钮"▶"仿真就可以继续进行下去。如果中途要结束仿真可以单击按钮"■"或使用 Simulation 菜单中的 Stop 命令。

在仿真完成后即可通过示波器来观察仿真的结果。双击示波器图标,即弹出示波器窗口显示输出波形。本例中得到的变压器一二次侧的电压波形如图 10-43 所示,二极管的电压和电流波形如图 10-44 所示,电阻 R 的电压和电流波形如图 10-45 所示。

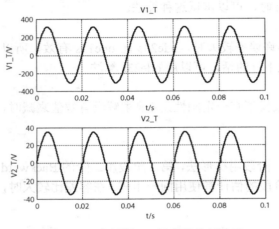

图 10-43 变压器一二次侧的电压波形

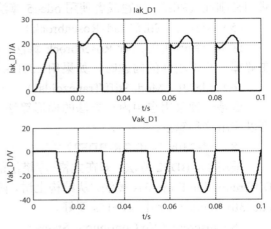

图 10-44 二极管的电压和电流波形

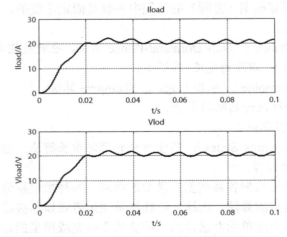

图 10-45 电阻 R 的电压和电流波形

2. 利用通用桥实现的单相桥式不控整流电路仿真

【例 10-2】 带 LC 滤波的单相桥式不控整流电路如图 10-46 所示,整流桥通过通用桥实现,输入正弦电压为 $u_1=220\sqrt{2}\sin\omega t$,输入电压频率为 50Hz,变压器容量为 1kVA,变压器变比为 220/25V,L=10mH,C=4700μF,负载为电阻 R=1Ω。要求:观察通用桥中二极管 D1 的电压、电流波形;观察通用桥输入和输出电压波形;观察电阻 R 的电压和电流波形。

单相桥式半控整流电路
仿真实训

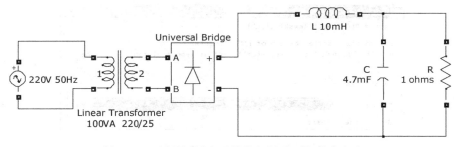

图 10-46 用通用桥实现的单相桥式不控整流电路

解：1）建立仿真模型

① 建立一个新的仿真模型文件，保存该文件并命名为 c10_2.mdl。

也可把模型 c10_1.mdl 另存为 c10_2.mdl，然后把四个二极管换成通用桥。

② 提取电路元器件模块。本电路需要的各模块路径如下：

- 交流电压源：SimPowerSystems→Electrical Sources→AC Voltage Source
- 线性变压器：SimPowerSystems→Elements→Linear Transformer
- 通用桥：SimPowerSystems→Power Electronics→Universal Bridge
- 串联 RLC 分支：SimPowerSystems→Elements→Series RLC Branch
- 万用表模块：SimPowerSystems→Measurements→Multimeter
- 终端模块：Simulink→Sinks→Terminator
- 电力系统图形用户界面（Powergui）模块：SimPowerSystems→powergui

③ 布局、连线。按原理图 10-46 连接起来的仿真电路如图 10-47 所示。

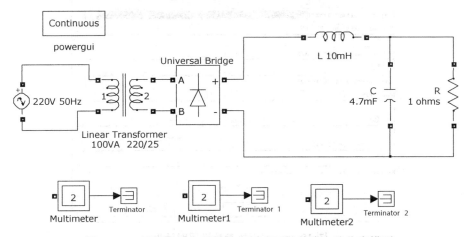

图 10-47 用通用桥实现的单相桥式不控整流电路仿真模型

2）设置模块参数

交流电压源、变压器、滤波电感、滤波电容和电阻的参数设置同上一节，只是把电阻的 Measurements 选项选为 Branch voltage and current，如图 10-48 所示，以便通过万用表测量电阻的电压和电流。因为使用了万用表的自动绘图功能，所以把万用表输出的信号送到了终端模块，表明该信号到此终止。

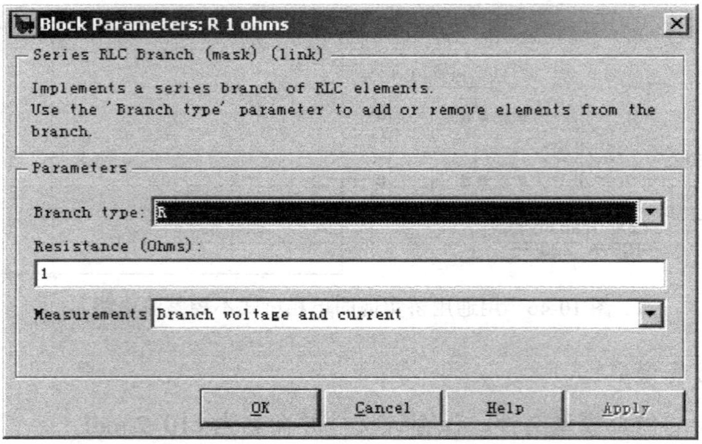

图 10-48 电阻参数设置对话框

通用桥参数设置对话框如图 10-49 所示，Number of bridge arms 选 2，即单相全桥结构，阻尼电阻 Rs 和阻尼电容 Cs 分别选 1000Ω 和 0.1μF，导通电阻 Ron 为 0.001Ω，导通电感 Lon 为 0，正向压降 Vf 为 0.8V。为了测量 D1 的电压和电流、整流桥的输入和输出电压，Measurements 选项选择 All voltages and currents。

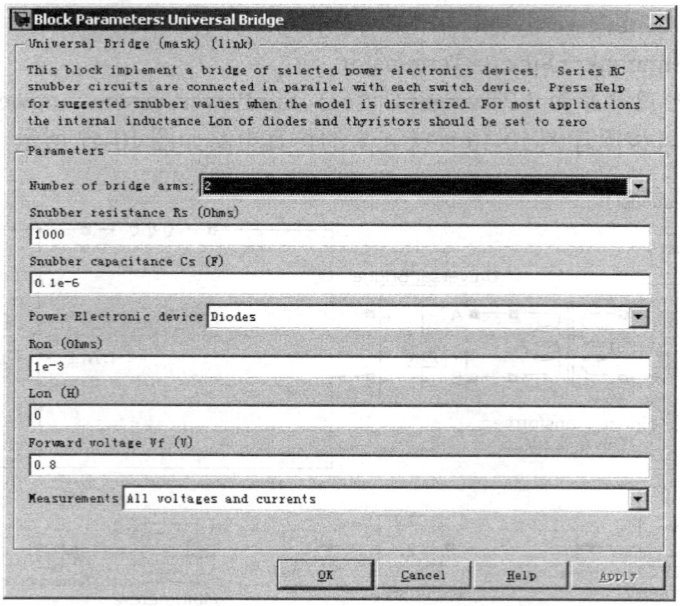

图 10-49 通用桥参数设置对话框

本例中用了三个万用表（Multimeter）模块分别来测量通用桥中二极管 D1 的电压和电流、通用桥的输入和输出电压、电阻 R 的电压和电流。

电力系统模块（PowerSystem）库中列入表 10-5 的功能模块都有一种比较特殊的参数——Measurements（测量参数）。它允许读者利用 Multimeter 模块测量与之相关的电压或电流。利用 Multimeter 模块，可以获得电压和电流参数，等价于在模型内部连接一个电压和电流测量模块。配合示波器，被测信号可以通过 Multimeter 模块得到仿真波形。

表 10-5　在 PowerSystem 库中具有 Measurements 参数的模块

模　块　名	模　块　名
AC Current Source（交流电流源）	PI Section Line（集中参数输电线路）
AC Voltage Source（交流电压源）	Saturable Transformer（饱和变换器）
Breaker（断路器）	Series RLC Branch（串联 RLC 分支）
Controlled Current Source（可控电流源）	Series RLC Load（串联 RLC 负载）
Controlled Voltage Source（可控电压源）	Surge Arrester（浪涌吸收器）
DC Voltage Source（直流电压源）	Three-Level Bridge（三电平桥）
Distributed Parameter Line（分布参数线）	Three-Phase Harmonic Filter（三相谐波滤波器）
Linear Transformer（线性变压器）	Three-Phase Load（Series and Parallel）（三相串联和并联负载）
Multi-Winding Transformer（多绕组变压器）	Three-Phase Branch（Series and Parallel）（三相串联和并联分支）
Mutual Inductance（耦合电感）	Three-Phase Transformer（Two and Three Windings）（三相两绕组或三绕组变压器）
Parallel RLC Branch（并联 RLC 分支）	Universal Bridge（通用桥）
Parallel RLC Load（并联 RLC 负载）	Zigzag Phase-Shifting Transformer（Z 形移相变压器）

在电路模型中拖进一个 Multimeter 模块，并双击其图标以打开图形用户界面 GUI，如图 10-50 所示。Multimeter 模块包括可选测量量列表（Available Measurements）和已选测量量列表（Selected Measurements）。可选测量量清单显示了 Multimeter 模块中的测量量。利用按钮">>"，从可选测量量列表中选择测量量。单击"Update"按钮来刷新 Multimeter 模块中的可选测量量。已选测量量列表框显示了 Multimeter 模块将要输出的测量量。可以利用"Up"、"Down"和"Remove"按钮来重新排列这些测量量。利用按钮"+/-"来使任何已选测量量反向输出。在已选量清单下方，还有一个"Plot selected measurements（绘制已选测量量波形）"的选项，如果选择了此项，则仿真停止后将在弹出的 MATLAB 图形窗口中显示出已选测量量的仿真波形图。

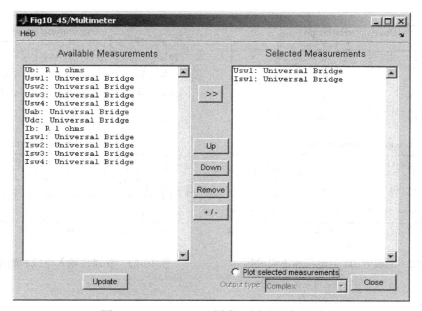

图 10-50　Multimeter 图表和图形用户界面

3)设置仿真参数

仿真参数设置对话框如图 10-51 所示。

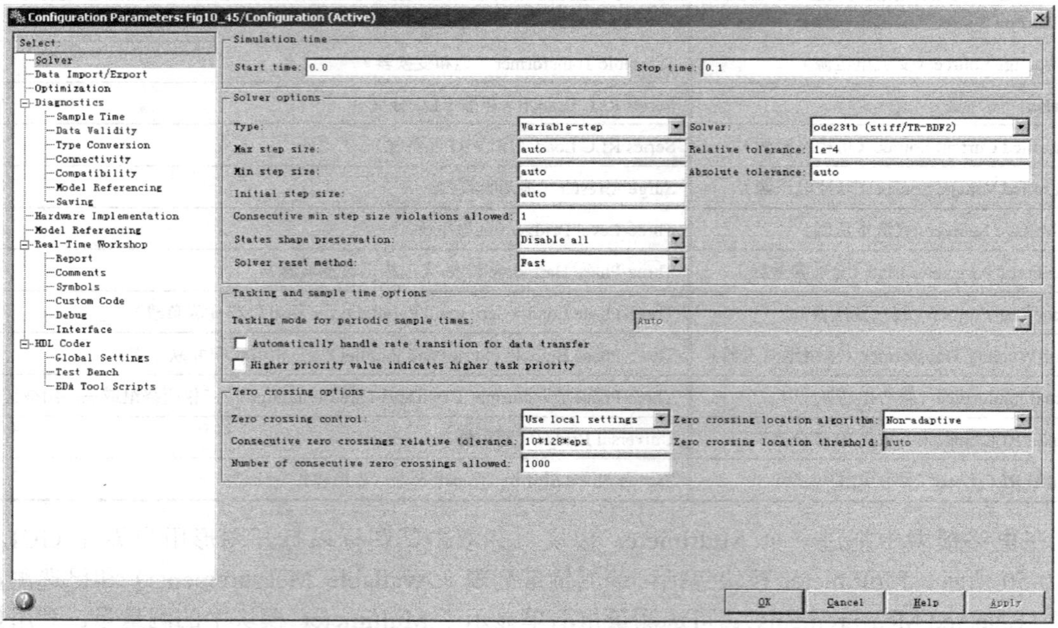

图 10-51 仿真参数设置对话框

4)运行仿真并观察仿真结果

在模块参数和仿真参数设置完毕后单击工具栏上的"▶"按钮开始仿真。在仿真完成后,万用表自动弹出三个仿真波形窗口,如图 10-52~图 10-54 所示,图 10-52 为二极管 D1 的电压和电流波形,图 10-53 为整流桥输入电压和输出电压波形,图 10-54 所示为电阻 R 的电压和电流波形。

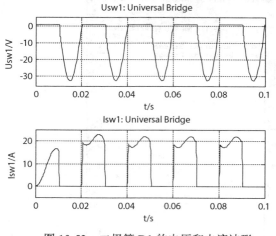

图 10-52 二极管 D1 的电压和电流波形

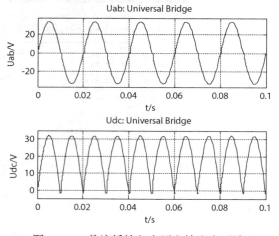

图 10-53 整流桥输入电压和输出电压波形

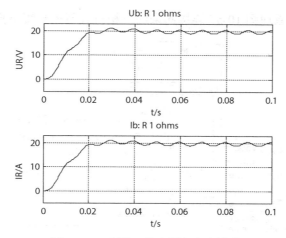

图 10-54 电阻 R 的电压和电流波形

3．三相桥式不控整流电路仿真

【**例 10-3**】 带 LC 滤波的三相桥式不控整流电路如图 10-55 所示，输入三相电源电压为 380V/50Hz，滤波电感 $L=100\mu H$，滤波电容 $C=500\mu F$，负载电阻 $R=20\Omega$。要求：观察整流桥中二极管 D1 的电压、电流波形；观察整流桥输入和输出电压波形；观察电阻 R 的电压和电流波形。

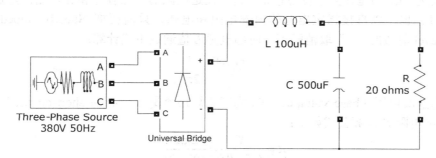

图 10-55 带 LC 滤波的三相桥式不控整流电路

解：1）建立仿真模型

① 建立一个新的仿真模型文件，保存该文件并命名为 c10_3.mdl。

② 提取电路元器件模块。本电路需要的各模块路径如下：

- 交流电压源：SimPowerSystems→Electrical Sources→Three-Phase Source
- 通用桥：SimPowerSystems→Power Electronics→Universal Bridge
- 串联 RLC 分支：SimPowerSystems→Elements→Series RLC Branch
- 万用表模块：SimPowerSystems→Measurements→Multimeter
- 三相电压电流测量模块：SimPowerSystems→Measurements→Multimeter
- 终端模块：Simulink→Sinks→Terminator
- 示波器：Simulink→Sinks→Scope
- 电力系统图形用户界面（Powergui）模块：SimPowerSystems→powergui

单相桥式全控整流电路仿真实训

③ 布局、连线。按原理图 10-55 连接起来的三相桥式不控整流仿真电路如图 10-56 所示。

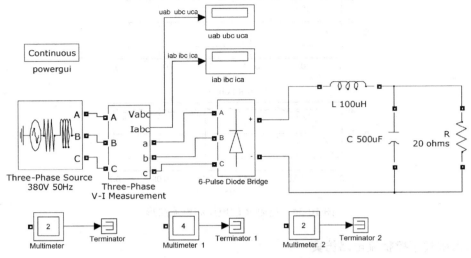

图 10-56 三相桥式不控整流电路仿真模型

2）设置模块参数

交流电压源模块参数设置如图 10-57 所示。线电压有效值 380V，频率 50Hz，相 A 相角 0°，内部连接方式选 Yg，即星接且中性点接地。通过设定电源的短路容量和 X/R 比来指定内部串联电阻和电感值。也可以直接指定电源的内部电阻和电感，只需要把 Specify impedance using short-circuit level 前边的 "√" 取消即可。内部电感 L 值通过下式计算：

$$L = \frac{(V_{\text{base}})^2}{P_{\text{sc}}} \cdot \frac{1}{2\pi f}$$

其中，V_{base} 为基准电压（base voltage），P_{sc} 为三相短路容量（3-phase short-circuit level at base voltage）。内部电阻 R 计算公式如下：

$$R = \frac{X}{(X/R)} = \frac{2\pi f L}{(X/R)}$$

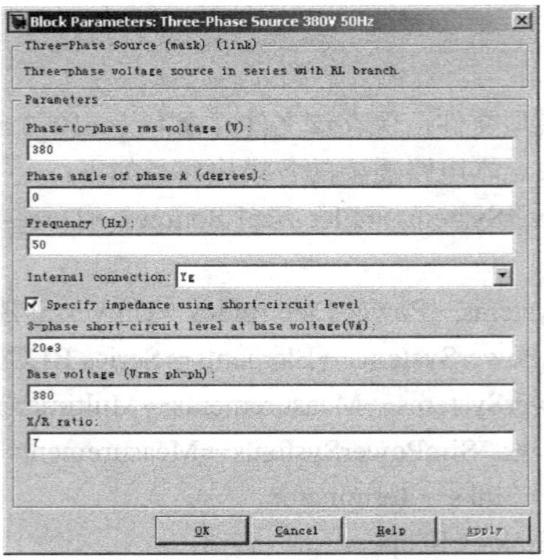

图 10-57 交流电压源模块参数设置

三相整流桥选用通用桥模块，参数设置如图 10-58 所示。

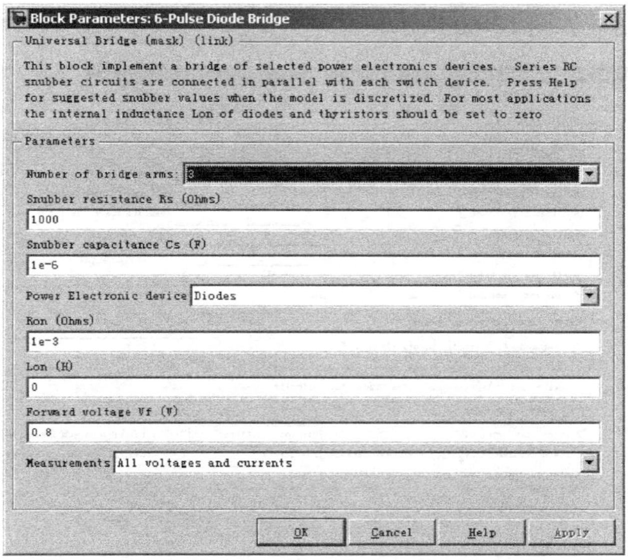

图 10-58 通用桥参数设置

三个万用表（Multimeter）模块分别用来测量整流桥中二极管 D1 的电压和电流、整流桥的输入和输出电压、电阻 R 的电压和电流。

整流桥输入的电压也可以通过三相电压电流模块测量（Three-Phase V-I Measurement），连线如图 10-56 中所示，参数设置如图 10-59 所示。Voltage measurement 项有 no、phase-to-ground、phase-to-phase 三个选项，分别表示不测量、测量三相相电压、测量三相线电压。Current measurement 项有 no、yes 两个选项，分别表示测量、不测量线电流。Use a label 选项如果选中，电压测量或电流信号需要指定一个符号名称，该信号将被指定的名称所表示，通过使用 From 模块可读取它们。Voltage in pu 和 Currents in pu 选项若被选中，则电压和电流将使用标幺值测量，在参数设置中需指定基准电压 Base voltage（Vrms phase-phase）和基准功率 Base power（VA 3 phase）。

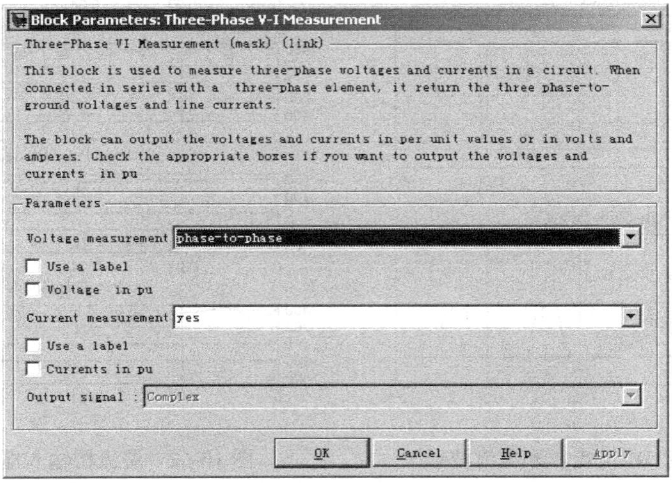

图 10-59 三相电压电流模块测量参数设置

3) 设置仿真参数

仿真参数设置对话框如图 10-60 所示。

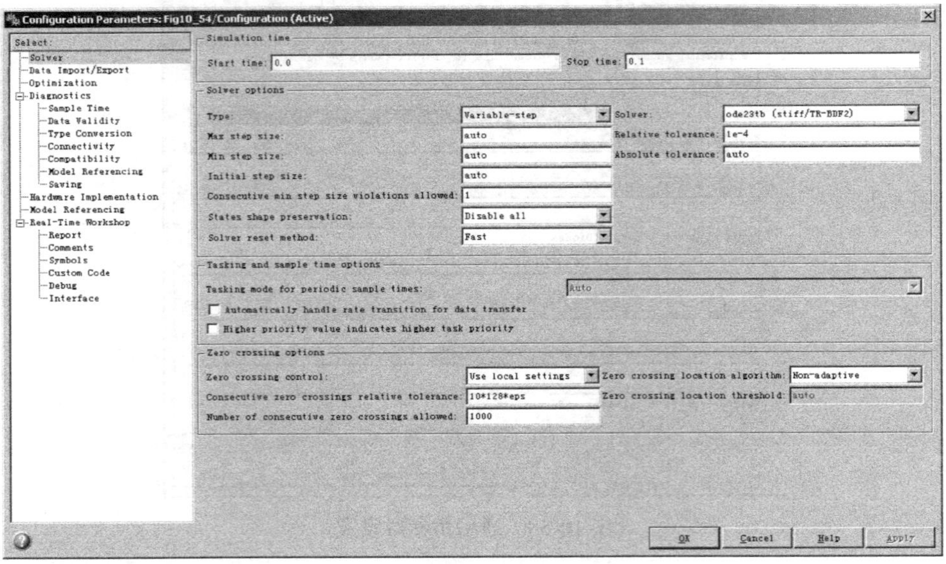

图 10-60 仿真参数设置对话框

4) 运行仿真并观察仿真结果

在模块参数和仿真参数设置完毕后单击工具栏上的"▶"按钮开始仿真。在仿真完成后,万用表自动弹出三个仿真波形窗口,如图 10-61～图 10-63 所示,图 10-61 为二极管 D1 的电压和电流波形,图 10-62 为整流桥输入电压和输出电压波形,图 10-63 所示为电阻 R 的电压和电流波形。

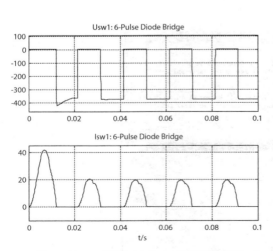

图 10-61 二极管 D1 的电压和电流波形

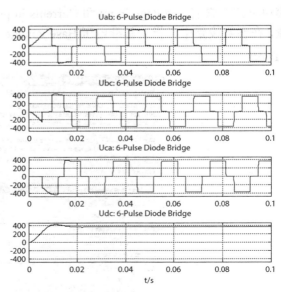

图 10-62 整流桥输入电压和输出电压波形

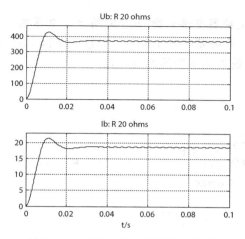

图 10-63 电阻 R 的电压和电流波形

三相电压电流模块测量的三相线电压和线电流如图 10-64 所示。

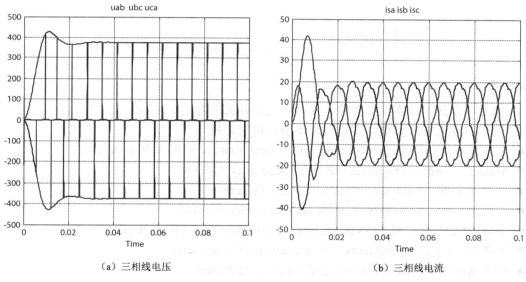

(a) 三相线电压   (b) 三相线电流

图 10-64 三相线电压和线电流

10.2.2 DC/DC 系统仿真

直流-直流变换器（DC/DC Converter）的功能是将直流电变为另一种固定电压或可调电压的直流电，包括直接-直流变换电路和间接直流变换电路。直接-直流变换电路也称斩波电路（DC Chopper），它的功能是将直流电变为另一种固定电压或可调电压的直流电，一般是指直接将直流电变为另一直流电，这种情况下输入与输出不隔离，下面通过实例介绍 DC/DC 系统的仿真。

1. 降压斩波电路仿真

直流降压变换器（Buck Chopper）用于降低直流电源的电压，使负载侧电压低于电源电压。降压变流器主电路的设计除要选择开关器件和二极管外，还需要确定滤波电感和电容的参数，这两个参数的计算是复杂的，但是采用仿真却很方便。

【例 10-4】 直流降压变换器电路如图 10-65 所示，电源电压 $E=200V$，降压后输出电压 $U_R=100V$，电阻负载为 5Ω，开关频率取 10kHz。观察 IGBT、二极管和滤波电感电流波形以及输出电压波形，并设计输出滤波电感和滤波电容值。

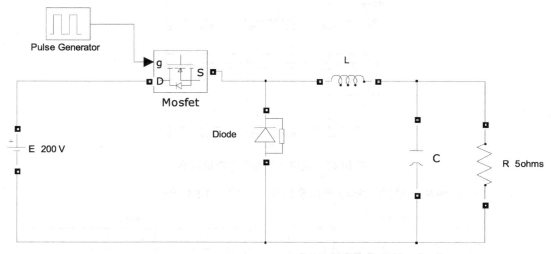

图 10-65　直流降压变换器电路

解：1）建立仿真模型

① 建立一个新的仿真模型文件，保存该文件并命名为 c10_4.mdl。

② 提取电路元器件模块。本电路需要的各模块路径如下：

- 直流电压源：SimPowerSystems→Electrical Sources→DC Voltage Source
- Mosfet：SimPowerSystems→Power Electronics→Mosfet
- 脉冲发生器：Simulink→Sources→Pulse Generator
- 二极管：SimPowerSystems→Power Electronics→Diode
- 串联 RLC 分支：SimPowerSystems→Elements→Series RLC Branch
- 万用表：SimPowerSystems→Measurements→Multimeter
- 信号选择模块：Simulink→Signal Routing→Selector
- 示波器：Simulink→Sinks→Scope
- 电力系统图形用户界面（Powergui）模块：SimPowerSystems→powergui

③ 布局、连线。按原理图 10-65 连接起来的直流降压变换器如图 10-66 所示。为了方便仿真波形的观察比较，把脉冲发生器的控制脉冲、Mosfet 的电流测量信号、二极管的电流测量信号、电感电流和电容端电压送入同一个示波器的 5 个通道。

2）设置模块参数

脉冲发生器参数设置如图 10-67 所示，脉冲幅值为 1，周期为 100μs，即 Mosfet 开关频率为 10kHz，脉冲宽度为 50%，即变换器开关器件的占空比取 0.5，脉冲相位延时为 0s。

Mosfet 参数设置如图 10-68 所示，Mosfet 导通电阻为 0.01Ω，反并二极管电感、电阻和正向压降分别为 0Ω、0.01Ω 和 0.8V，起始电流为 0A，缓冲电阻和缓冲电容分别为 $100k\Omega$ 和无穷大。因为要测 Mosfet 电流，因此选中显示测量端口选项。

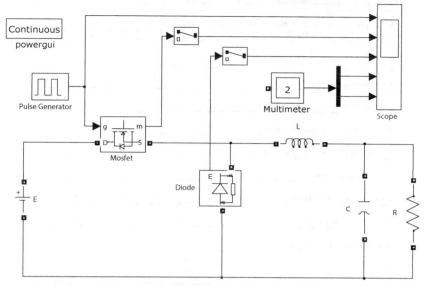

图 10-66　直流降压变换器电路仿真模型

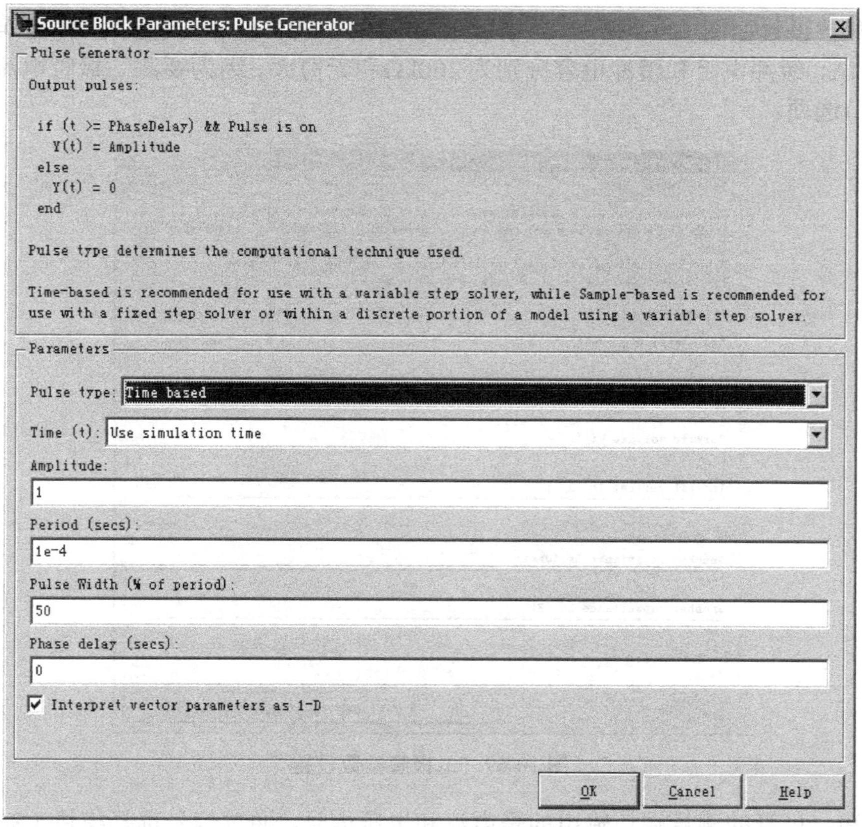

图 10-67　脉冲发生器参数设置

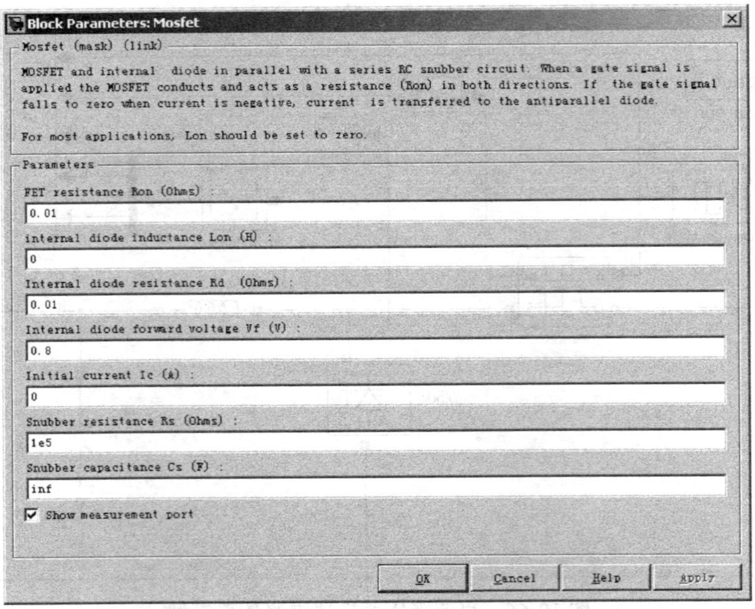

图 10-68　Mosfet 参数设置

二极管参数设置如图 10-69 所示，二极管导通电阻为 0.01Ω，导通电感为 0H，正向压降 0.8V，起始电流为 0A，缓冲电阻和缓冲电容分别为 100kΩ 和无穷大。因为要测二极管电流，因此选中显示测量端口选项。

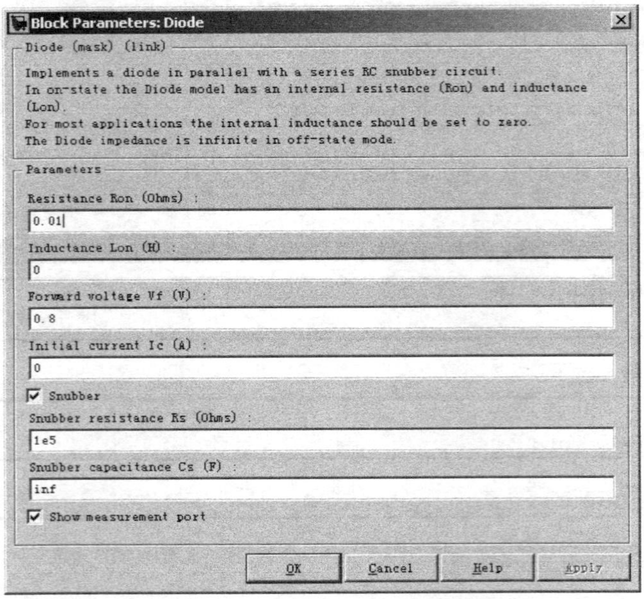

图 10-69　二极管参数设置

Mosfet 和二极管的测量端口输出的是电流和电压信号，通过信号选择模块（Selector）来选中它们的电流信号，信号选择模块可从一个矢量、矩阵或者多路信号中按要求选择并输出所需的信号。信号选择模块的参数设置如图 10-70 所示，根据输入维数（Number of input dimensions）值，会显示相应的索引设置项（indexing settings），表的每一行对应输入维数的一维。每一维的信号需要定义相应的信号元素,矢量信号应指定为 1 维,矩阵信号为 2 维。当设定为多维信号时,模块图标会相应改变。

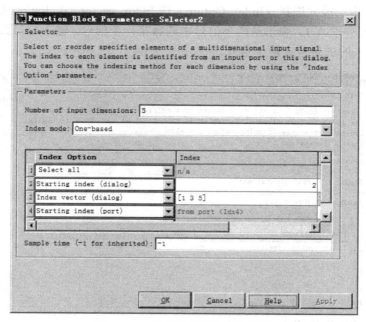

图 10-70 信号选择模块参数设置

例如,假定一个 5 维信号采用基于 1 的索引模式,那么在信号选择模块参数设置对话框中,会根据维数给出 5 行列表,每一行对应一维的元素,若按表 10-6 定义每维元素,则输出为:Y=U(1:end,2:6,[1 3 5],Idx4:Idx4+7,Idx5),其中,Idx4 和 Idx5 为第 4 维和第 5 维的索引端口。相应的信号选择模块图标如图 10-71 所示。

表 10-6 5 维元素索引参数表

	Index Option(索引方式选择)	Index(索引)	Output Size(输出元素个数)
1	Select all(选择所有元素)	不可设置	不可设置
2	Starting index (dialog)(起始索引号)	2	5
3	Index vector (dialog)(索引矢量)	[1 3 5]	不可设置
4	Starting index (port)(起始索引端口)	不可设置	8
5	Index vector (port)(起始索引矢量)	不可设置	不可设置

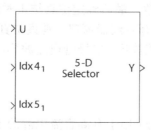

图 10-71 5 维信号选择模块图标

本例的信号选择模块参数设置如图 10-72 所示，输入维数为 1。索引模式（Index mode）有两种，基于 1（One-based）和基于 0（Zero-based），基于 1 则多维信号从 1 开始计数，基于 0 则从 0 开始计数。索引模式选择（Index Option）选 Index vector（dialog），表示通过对话框设置索引矢量，Index 列输入 1，表示从两个信号中选择第一个信号，输入端口数（Input port size）为 2，即该模块输入的矢量包含两个信号。

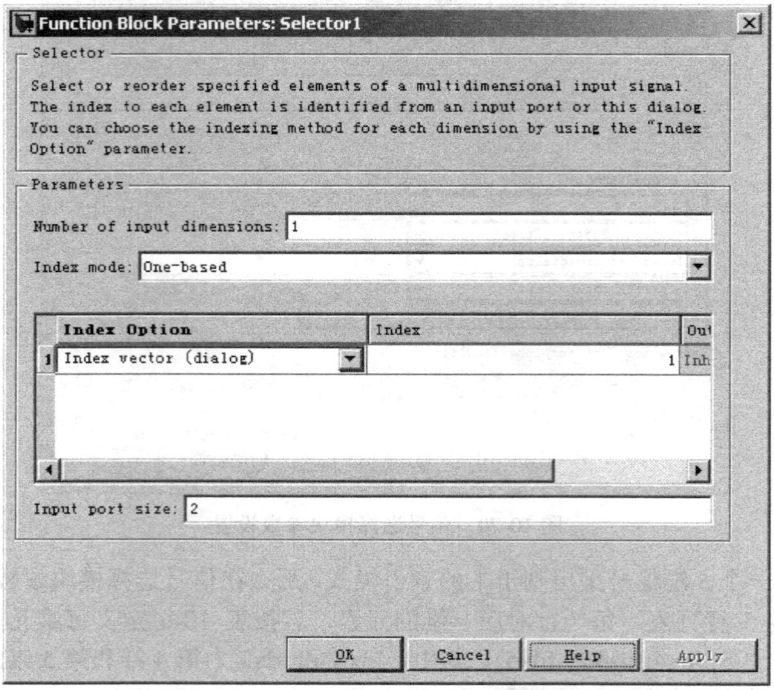

图 10-72　信号选择模块参数设置

示波器通道数设置为 5，直流电压源电压设置为 200V，负载电阻设置为 5Ω。滤波电感和电容值先根据经验设置，然后在仿真中进行调整。设置滤波电感和滤波电容的测量选项，测量滤波电感的电流和滤波电容的电压，在万用表中添加这两个信号并送到示波器的第 4 和第 5 通道进行显示。

仿真参数设置同前一节。

3）运行仿真并观察仿真结果

在模块参数和仿真参数设置完毕后单击工具栏上的"▶"按钮开始仿真。通过多次仿真，调节仿真时间和滤波电感、电容参数，最后确定仿真结束时间为 0.003s，滤波电感为 100μH，滤波电容为 10μF。在仿真完成后打开示波器窗口，观察仿真波形，如图 10-73 所示，从上到下依次为脉冲发生器波形、Mosfet 电流波形、二极管电流波形、电感电流波形、电容两端电压（即输出电压）。

2．升压斩波电路仿真

直流升压变换器（Buck Chopper）用于升高直流电源的电压，使负载侧电压高于电源电压。升压变流器主电路的设计除要选择开关器件和二极管外，还需要确定滤波电感和电容的参数，可采用仿真方法来确定。

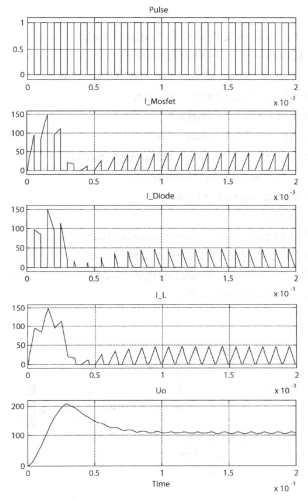

图 10-73 降压变换器仿真波形

【例 10-5】 直流升压变换器电路如图 10-74 所示,电源电压 24V,升压后输出电压 100V,且输出电压的脉动控制在 10% 以内,电阻负载为 5.0Ω,开关频率取 10kHz。通过仿真设计升压变换器的电感和电容参数,并观察仿真波形。

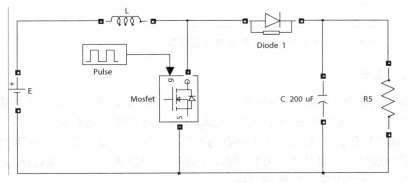

升压斩波电路仿真实训

图 10-74 直流升压变换器电路

解：1）建立仿真模型

① 建立一个新的仿真模型文件，保存该文件并命名为 c10_5.mdl。

② 提取电路元器件模块。仿真电路所需的各模块路径如下：

- 直流电压源：SimPowerSystems→Electrical Sources→DC Voltage Source
- Mosfet：SimPowerSystems→Power Electronics→Mosfet
- 脉冲发生器：Simulink→Sources→Pulse Generator
- 二极管：SimPowerSystems→Power Electronics→Diode
- 串联 RLC 分支：SimPowerSystems→Elements→Series RLC Branch
- 万用表：SimPowerSystems→Measurements→Multimeter
- 信号选择模块：Simulink→Signal Routing→Selector
- 示波器：Simulink→Sinks→Scope
- 电力系统图形用户界面（Powergui）模块：SimPowerSystems→powergui

③ 布局、连线。按原理图 10-74 连接起来的直流升压变换器如图 10-75 所示。为了方便仿真波形的观察比较，把脉冲发生器的控制脉冲、Mosfet 的电流测量信号、二极管的电流测量信号、电感电流和电容端电压送入同一个示波器的 5 个通道。

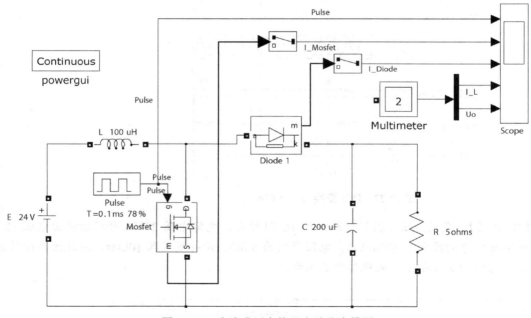

图 10-75　直流升压变换器电路仿真模型

2）设置模块和系统仿真参数

脉冲发生器参数设置如图 10-76 所示，脉冲幅值为 1，周期为 100μs，即 Mosfet 开关频率为 10kHz，脉冲宽度为 78%，即变换器开关器件的占空比取 0.78，脉冲相位延时为 0s。

Mosfet 参数设置如图 10-77 所示，Mosfet 导通电阻为 0.01Ω，反并二极管电感、电阻和正向压降分别为 0Ω、0.01Ω 和 0.8V，起始电流为 0A，缓冲电阻和缓冲电容分别为 100kΩ 和无穷大。因为要测 Mosfet 电流，因此选中显示测量端口选项。

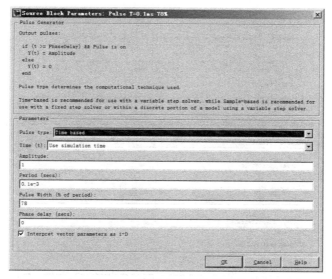

图 10-76 脉冲发生器参数设置

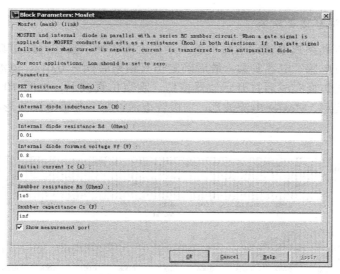

图 10-77 Mosfet 参数设置

二极管参数设置如图 10-78 所示,二极管导通电阻为 0.01Ω,导通电感为 0H,正向压降为 0.8V,起始电流为 0A,缓冲电阻和缓冲电容分别为 10Ω 和 0.01e-6。因为要测二极管电流,因此选中显示测量端口选项。

Mosfet 和二极管的电流信号通过信号选择模块(Selector)来选中,信号选择模块参数设置同上一节。

示波器通道数设置为 5,直流电压源电压设置为 24V,负载电阻设置为 5Ω。滤波电感和电容值先根据经验设置,然后在仿真中进行调整。设置滤波电感和滤波电容的测量选项,测量滤波电感的电流和滤波电容的电压,在万用表中添加这两个信号并送到示波器的第 4 和第 5 通道进行显示。

仿真参数设置同前一节。

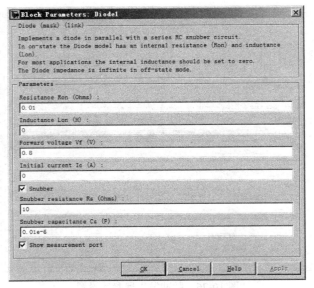

图 10-78　二极管参数设置

3）运行仿真并观察仿真结果

在模块参数和仿真参数设置完毕后单击工具栏上的"▶"按钮开始仿真。通过多次仿真，调节仿真时间和滤波电感、电容参数，最后确定仿真结束时间为 0.01s，滤波电感为 100μH，滤波电容为 200μF。在仿真完成后打开示波器窗口，观察仿真波形，如图 10-79 所示，从上到下依次为脉冲发生器波形、Mosfet 电流波形、二极管电流波形、电感电流波形、电容两端电压（即输出电压）。

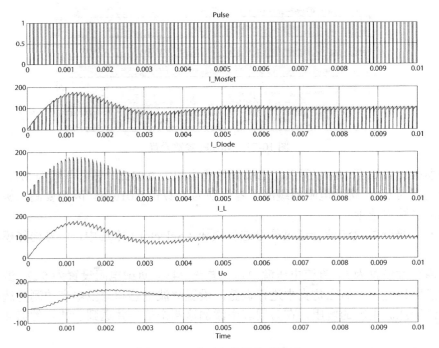

图 10-79　升压变换器仿真波形

输出电压波形放大后如图 10-80 所示,电压波动幅值为 8V,小于输出电压的 10%。

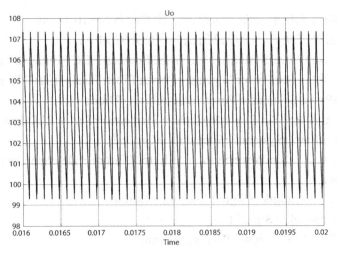

图 10-80 输出电压波形放大图

10.2.3 DC/AC 系统仿真

直流-交流变换器(DC/AC Converter)又称逆变器,其功能是将直流电变换为交流电。并且可以调节和控制交流输出的电压(电流)和频率。逆变器应用很广,因此在模型库中有专用的仿真模块:通用桥模块(Universal Bridge)和 PWM 脉冲发生器(PWM Generator),使逆变器的仿真很方便。下面通过实例介绍 DC/AC 系统的仿真。

1. 单相电压型 SPWM 逆变器仿真

【例 10-6】 单相全桥电压型 SPWM 逆变器电路如图 10-81 所示,直流电源电压 400V,逆变输出电压 320V,所带负载为阻感性负载,电阻 1Ω,电感 5mH,开关频率取 1080Hz。采用离散式仿真方法,采样频率为 162kHz,即每个载波周期采样 150 次,每个基波周期采样 3240 次。要求观察输出电压和电流波形,并分析输出电流的谐波含量。

单相桥式全控有源逆变电路仿真

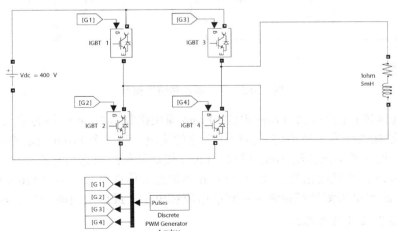

图 10-81 单相全桥电压型 SPWM 逆变器电路

解：1）建立仿真模型

① 建立一个新的仿真模型文件，保存该文件并命名为 c10_6.mdl。

② 提取电路元器件模块。仿真电路所需各模块路径如下：
- 直流电压源：SimPowerSystems→Electrical Sources→DC Voltage Source
- IGBT/Diode 模块：SimPowerSystems→Power Electronics→IGBT/Diode
- 二极管：SimPowerSystems→Power Electronics→Diode
- 串联 RLC 分支模块：SimPowerSystems→Elements→Series RLC Branch
- 接地模块：SimPowerSystems→Elements→Ground
- 离散 PWM 发生器：SimPowerSystems→Extra Library→Discrete Control Blocks→Discrete PWM Generator
- 信号分解模块：Simulink→Signal Routing→Demux
- Goto 模块：Simulink→Signal Routing→Goto
- From 模块：Simulink→Signal Routing→From
- 电流测量模块：SimPowerSystems→Measurements→Current Measurement
- 电压测量模块：SimPowerSystems→Measurements→Voltage Measurement
- 示波器：Simulink→Sinks→Scope
- 电力系统图形用户界面（Powergui）模块：SimPowerSystems→powergui

③ 布局、连线。按原理图 10-81 连接起来的逆变器如图 10-82 所示。离散脉冲发生器产生 4 路驱动信号通过经信号分解模块分开后分别送到 4 个 IGBT，为了避免连线混乱，仿真模型引入了 Goto 和 From 模块来实现信号的连接。

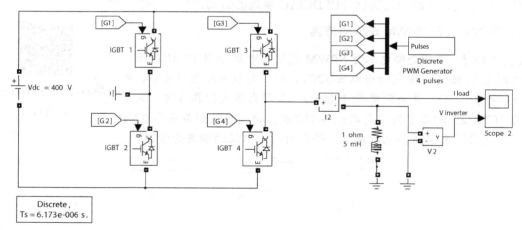

图 10-82 逆变器电路仿真模型

Goto 模块传送模块的输入给 From 模块，From 模块接收从 Goto 模块的输入。From 模块从相应的 Goto 模块接收信号，然后将它传出作为它的输出。每一个 From 模块都与一个 Goto 模块相关联，Goto 模块的输入传给 From 模块，From 模块又传给与它相连的模块。一个 From 模块只能从一个 Goto 模块接收信号，而一个 Goto 模块能够传送信号给多个 From 模块。

仿真通过电流和电压测量模块测量负载的电流和电压，最后送到同一个示波器显示。

2）设置模块和系统仿真参数

离散 PWM 发生器参数设置如图 10-83 所示，发生器模式采用两桥臂 4 脉冲模式，载波频率为 1080Hz，采样时间为 Ts。Ts 为系统定义的仿真时间，在仿真平台的 File→Model Properties 中设置，设置对话框如图 10-84 所示。PWM 发生器的调制信号选用内部产生模式，调制度为 0.8，输出电压频率为 50Hz，输出电压相位为 0°。

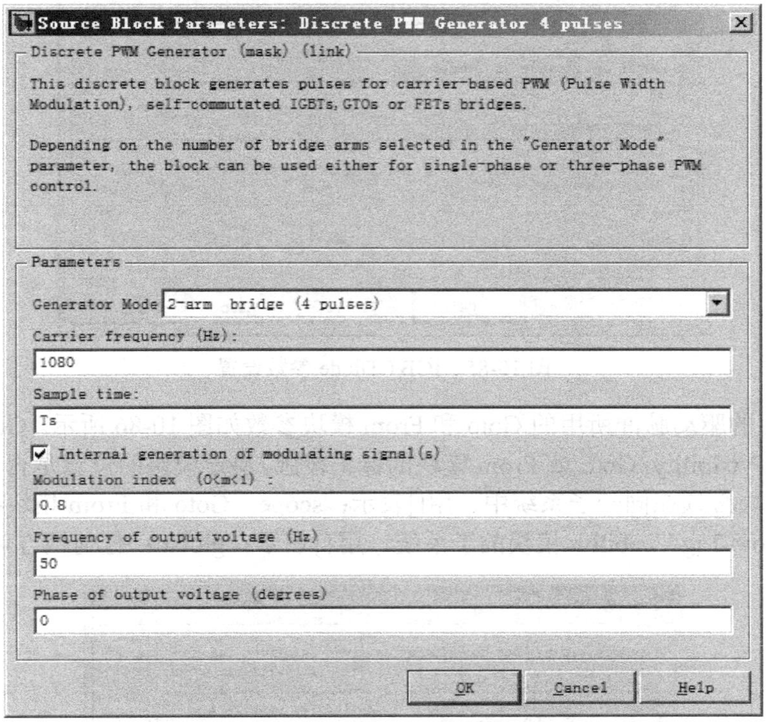

图 10-83 离散 PWM 发生器参数设置

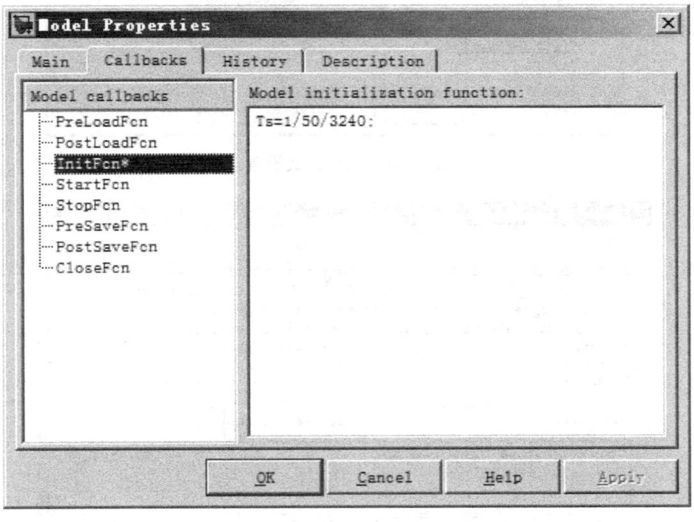

图 10-84 Model Properties 对话框

IGBT/Diode 参数设置如图 10-85 所示，导通电阻为 0.001Ω，缓冲电阻和缓冲电容分别为 100kΩ 和无穷大，不选中显示测量端口选项。

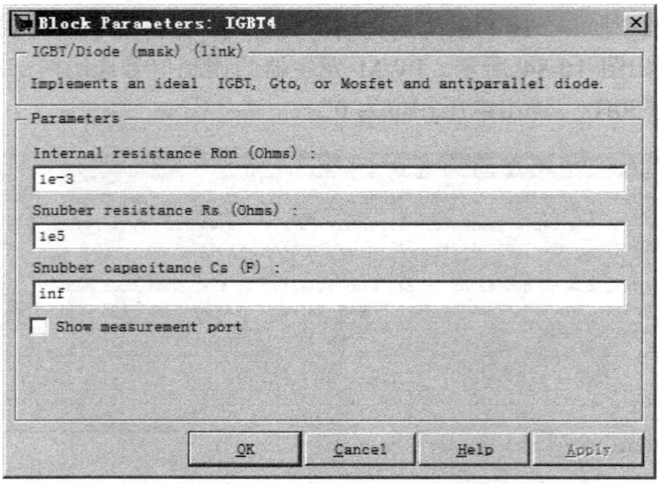

图 10-85 IGBT/Diode 参数设置

连接 IGBT1 的驱动脉冲所用的 Goto 和 From 模块参数如图 10-86 所示。Goto Tag：Goto 模块的标识符。Tag Visibility：Goto 或 From 模块的标记范围，决定模块的位置是否受到限制。local：Goto 和 From 模块必须在同一子系统中，用[]表示；scope：Goto 和 From 模块在同一子系统中或者层次低于 Goto Tag Visibility 模块的子系统，用{}表示；global：任何地方可用。

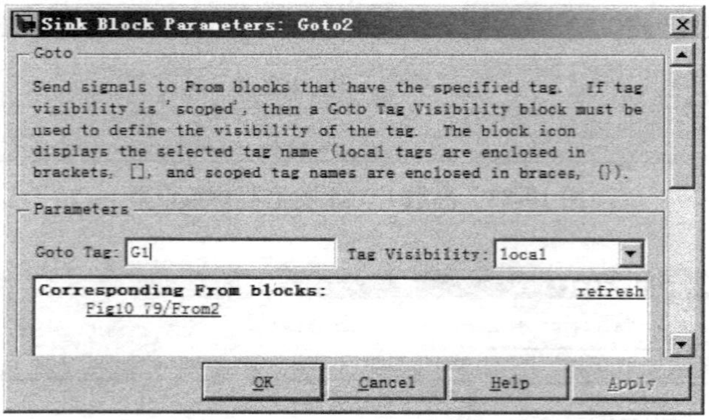

(a) Goto 模块参数设置

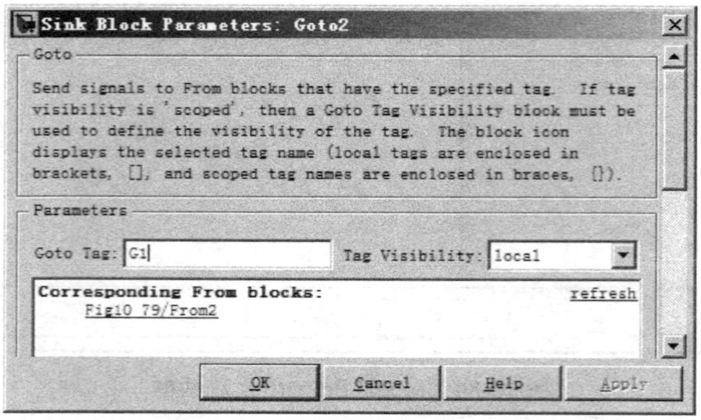

(b) From 模块参数设置

图 10-86 Goto 和 From 模块参数设置

示波器参数设置如图 10-87 所示。为了对示波器的波形数据进行谐波分析，需要把波形数据保存在工作空间中，数据变量名为 PWMWave，格式选为 Structure with time。

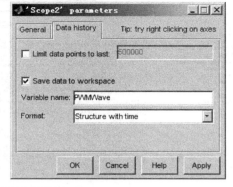

图 10-87　示波器参数设置

其他参数按仿真图中所给数值设置。在 Powergui 模块中把连续仿真模式（Continuous）改为离散仿真模式（Discretize electrical model），采样时间设置为 Ts，如图 10-88 所示。

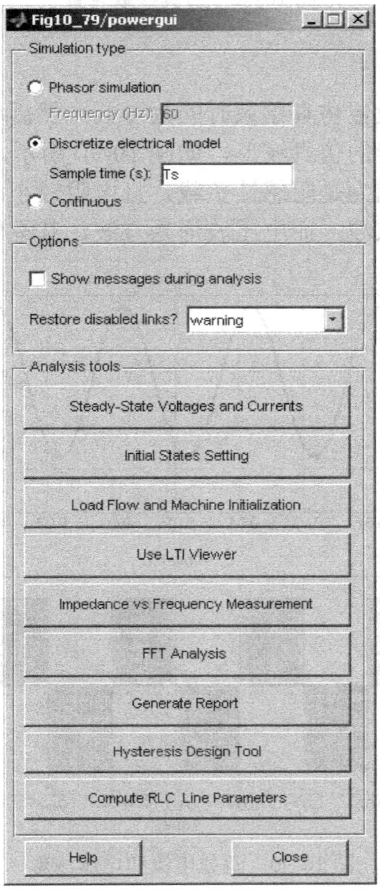

图 10-88　Powergui 属性界面

仿真参数设置如图 10-89 所示。

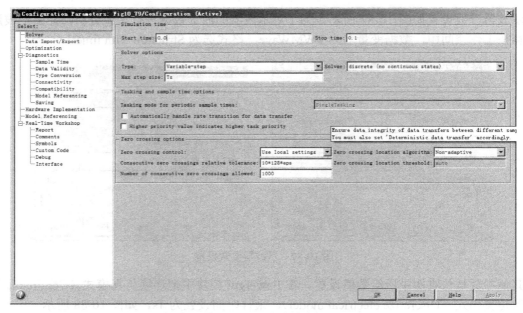

图 10-89 仿真参数设置

3) 运行仿真并观察仿真结果

在仿真平台的快捷菜单中设置仿真结束时间为 0.1s,然后单击工具栏上的"▶"按钮开始仿真。仿真结束后,观察示波器的仿真波形,如图 10-90 所示,通道 1 是负载电流,通道 2 是逆变器输出 PWM 电压波形。因为是阻感性负载,且电阻较小,电感较大,由于电感的滤波作用,负载电流稳定后近似为正弦波,而电压波形为方波,其幅值由直流侧电源电压决定。

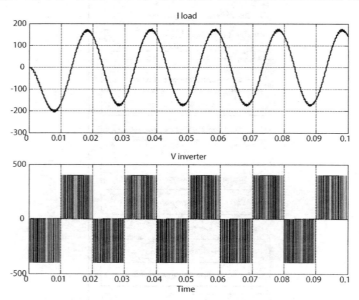

图 10-90 负载电流和电压波形

仿真完成后,双击 Powergui 模块,打开 Powergui 属性界面,单击 FFT Analysis 选项,打开 FFT Analysis 窗口,如图 10-91 所示。该窗口又分为 5 个子窗口,分别是信号分析窗口(Signal to analyze)、可选信号窗口（Available signals）、FFT 窗口（FFT window）、FFT 设置窗口（FFT settings）和 FFT 分析窗口（FFT analysis）。在可选信号窗口中选择需要进行谐波分析的变量，Structure 项选择示波器的变量名，本例中示波器变量名为 PWMWave，Input 项选择示波器输入信号的变量名，在此选择示波器的第 1 路信号 I load，Signal number 选择某一路信号中的一个信号，按编号选择，本例中第 1 路信号只有 1 个信号，默认选 1。选定后的信号波形在信号分析窗口中显示出来，有两种显示方式，第一种是显示信号的完整波形（Display selected signal），第二种是显示该信号被用来进行 FFT 分析的波形，具体选择在 FFT 窗口中设置。FFT 窗口中的 Start time（s）项填写 FFT 分析波形的起始时间，本例中设置为（0.1-2/50），即从仿真结束前两个基波周期开始分析，Number of cycles 设置为 2 个周期，Fundamental frequency（Hz）设置为 50Hz，这样，系统将以（0.1-2/50）s 开始的两个基波周期波形进行 FFT 分析，在信号分析窗口中该段波形用红色显示。FFT 设置窗口用来设置 FFT 分析后的数据显示类型（Display style）、频率轴单位（Frequency axis）和分析截止的最大频率（Max Frequency（Hz））。本例中的 FFT 分析结果采用柱状图显示，且各次谐波的柱状长度是以基波值为参考。频率轴以 Hertz 为单位，最大频率取 5000Hz。分析后的结构显示在 FFT 分析窗口中，可以看出负载电流的基波幅值为 171.7V，总谐波失真 THD 为 1.38%，开关次谐波最大不超过基波值的 1%，因此逆变器负载电流波形近似为正弦波。开关次谐波主要集中在 2160Hz 和 4320Hz 附近，这是因为离散 PWM 发生器的载波频率为 1080Hz，而发生器内部采用的是单极性倍频调制，因此逆变器实际的开关频率为 2160Hz，开关次谐波主要集中在开关频率的整数倍附近。

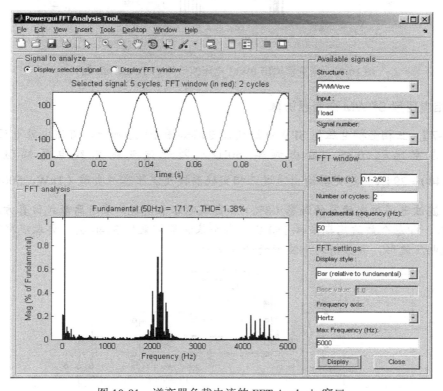

图 10-91　逆变器负载电流的 FFT Analysis 窗口

逆变器输出 PWM 电压波形的 FFT 分析如图 10-92 所示。在可选信号窗口的 Input 项中选择 V inverter，在信号分析窗口可看出，逆变器输出的是单极性 PWM 电压波形，红色部分是用于 FFT 分析两个周期的波形，电压在基波周期的正半周在 0 和 400V 之间变化，负半周在 0 和 −400V 之间变化。从 FFT 分析窗口中可看出，PWM 电压波形的基波电压幅值为 319.7V，理论值应为 0.8×400=320V，仿真和理论计算一致。THD 为 55.27%，谐波含量较高，开关次谐波含量较大，最大单次谐波（2×1080±50Hz）含量近似为 35%。

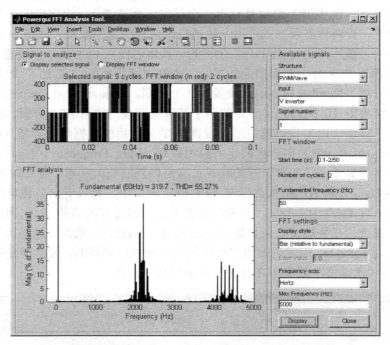

图 10-92　逆变器输出 PWM 电压波形的 FFT Analysis 窗口

2. 三相电压型 SPWM 逆变器仿真

【例 10-7】 三相全桥电压型 SPWM 逆变器电路如图 10-93 所示，直流电源电压 400V，开关控制，占空比取 0.85，输出频率 50Hz，因此逆变输出线电压幅值理论上为 $\frac{0.85}{2} \times \sqrt{3} \times 400 = 294 \text{V}$。逆变器输出通过三相变换器接交流阻容性负载（1kW，500var，50Hz，208Vrms）。滤波器通过变换器的漏感（8%）和负载电容来实现。采用离散式仿真方法，采样频率为 162kHz，即每个载波周期采样 150 次，每个基波周期采样 3240 次。要求观察逆变器输出电压和负载电压波形，并分析两个波形的谐波含量。

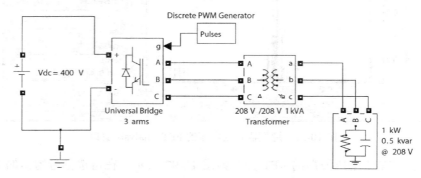

图 10-93　三相全桥电压型 SPWM 逆变器电路

解：1）建立仿真模型

① 建立一个新的仿真模型文件，保存该文件并命名为 c10_7.mdl。

② 提取电路元器件模块。为了简化仿真，本电路仿真采用通用桥模块来实现逆变器，所需各模块路径如下：

- 直流电压源：SimPowerSystems→Electrical Sources→DC Voltage Source
- 通用桥：SimPowerSystems→Power Electronics→Universal Bridge
- 三相变压器：SimPowerSystems→Elements→Three-Phase Transformer（Two Windings）
- 接地模块：SimPowerSystems→Elements→Ground
- 三相并联 RLC 模块：SimPowerSystems→Elements→Three-Phase Parallel RLC Load
- 离散 PWM 发生器：SimPowerSystems→Extra Library→Discrete Control Blocks→Discrete PWM Generator
- 电流测量模块：SimPowerSystems→Measurements→Current Measurement
- 电压测量模块：SimPowerSystems→Measurements→Voltage Measurement
- 示波器：Simulink→Sinks→Scope
- 电力系统图形用户界面（Powergui）模块：SimPowerSystems→powergui

③ 布局、连线。按原理图 10-93 连接起来的三相全桥电压型 SPWM 逆变器仿真电路如图 10-94 所示。仿真通过两个电压测量模块测量逆变桥输出线电压和负载线电压，然后送到同一个示波器显示。

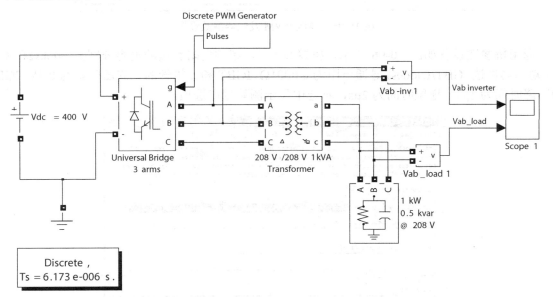

图 10-94　三相全桥电压型 SPWM 逆变器仿真模型

2）设置模块和系统仿真参数

离散 PWM 发生器参数设置如图 10-95 所示，发生器模式采用三桥臂 6 脉冲模式，载波频率为 1080Hz，采样时间为 Ts。Ts 为系统定义的仿真时间，在仿真平台的 File→Model Properties 中设置。PWM 发生器的调制信号选用内部产生模式，调制度为 0.85，输出电压频率为 50Hz，输出电压相位为 0°。

图 10-95 离散 PWM 发生器参数设置

通用桥参数设置如图 10-96 所示，桥臂数选 3，缓冲电阻和缓冲电容分别为 100kΩ 和无穷大，功率器件选 IGBT/Diodes，导通电阻为 0.0001Ω，IGBT 和二极管的正向压降均为 0.8V，IGBT 的下降时间为 1μs，拖尾时间为 2μs，不选中显示测量端口选项。

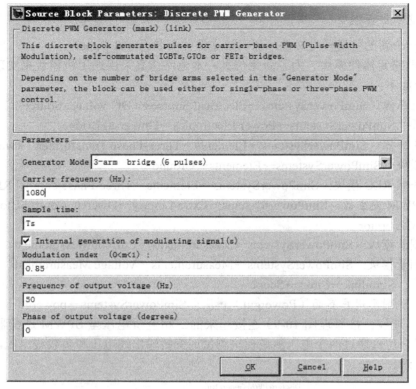

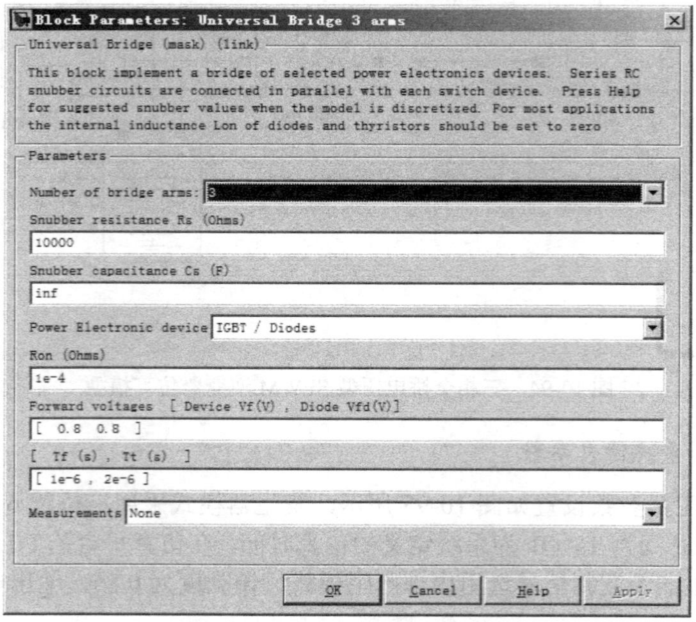

图 10-96 通用桥参数设置

变压器参数设置如图 10-97 所示。Winding 1（ABC 端口）角接，Winding 2（abc 端口）星接，且中性点接地。变压器单位采用标幺值（pu），额定容量和频率分别为 1000VA、50Hz。Winding 1 的线电压有效值、导线电阻、漏感分别为 208V、0.002Ω 和 0.04H，Winding 2 这三个参数同 Winding 1。变压器励磁电阻和励磁电感均为 200。

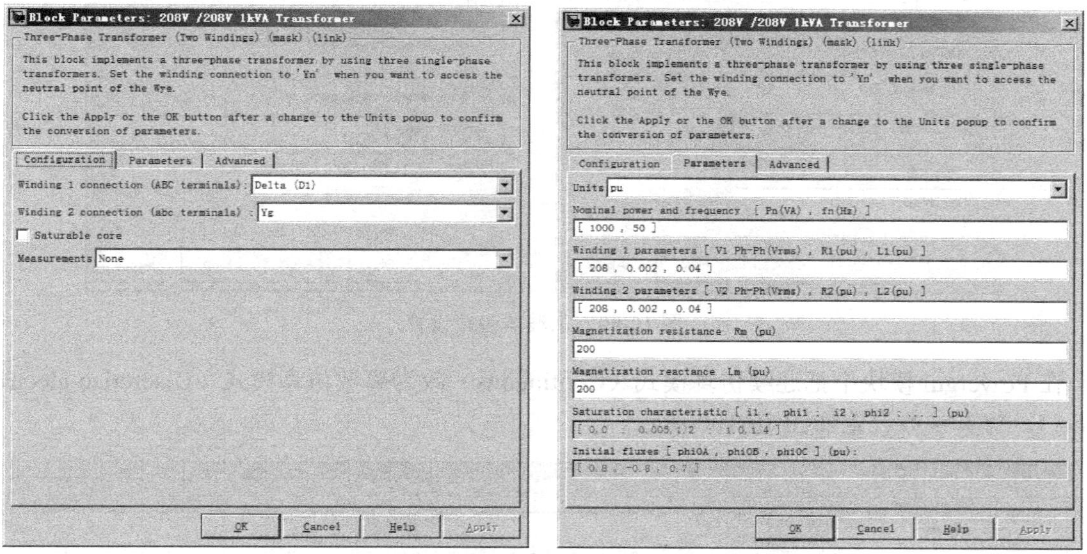

图 10-97 变压器参数设置

三相并联 RLC 负载参数设置如图 10-98 所示。连接方式为星接，且中性点接地。额定线电压和频率分别为 208V、50Hz。有功功率 1000W，感性无功功率 0var，容性无功功率 500var。

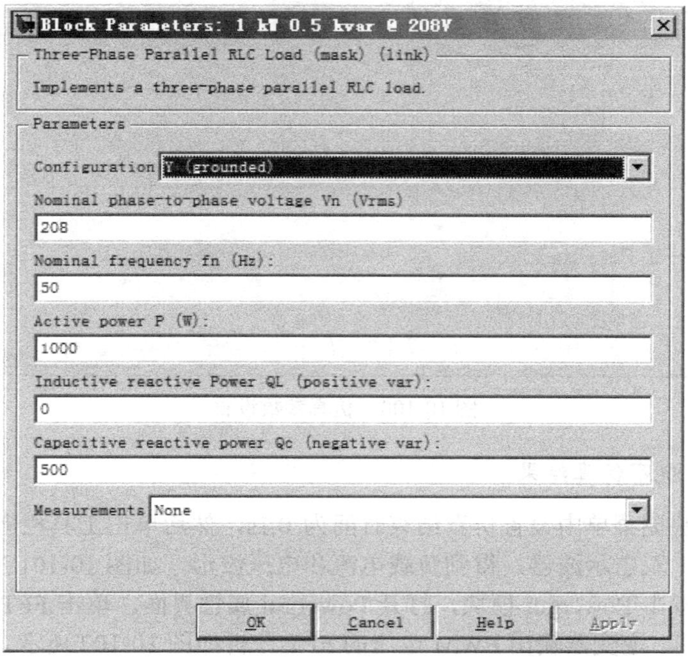

图 10-98 三相并联 RLC 负载参数设置

示波器参数设置如图 10-99 所示。为了对波形数据进行谐波分析，需要把波形数据保存在工作空间中，数据格式选为 Structure with time。

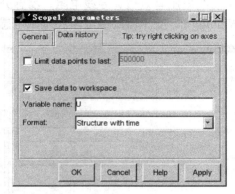

图 10-99　示波器参数设置

在 Powergui 模块中把连续仿真模式（Continuous）改为离散仿真模式（Discretize electrical model）。仿真参数设置如图 10-100 所示。

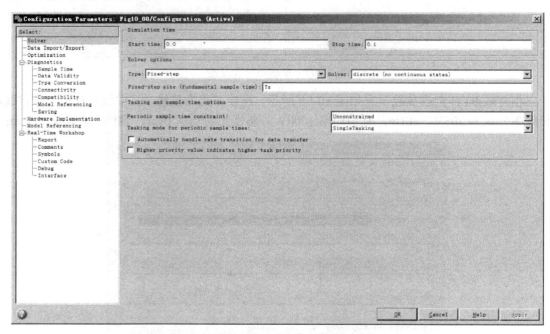

图 10-100　仿真参数设置

3）运行仿真并观察仿真结果

在仿真平台的快捷菜单中设置仿真结束时间为 0.1s，然后单击工具栏上的"▶"按钮开始仿真。仿真结束后，双击示波器，得到负载电流和电压波形，如图 10-101 所示。

仿真完成后，双击 Powergui 模块，打开 Powergui 属性界面，单击 FFT Analysis 选项，打开 FFT Analysis 窗口。逆变器输出 PWM 电压的 FFT 分析如图 10-102 所示。在可选信号窗口的 Input 项中选择 Vab inverter，在信号分析窗口可看出，逆变器输出的是单极性 PWM 电压波形，红色部分是用于 FFT 分析两个周期的波形，电压在基波周期的正半周在 0 和 400V 之间变化，负半周在 0 和-400V 之间变化。从 FFT 分析窗口中可看出，PWM 电压波形的基波电压幅值为 291.8V，理论值应为 294V，仿真和理论计算基本一致。THD 为 58.08%，谐波含量较高，开关次谐波含量较大，最大单次谐波（1080±50Hz）含量近似为 28%。

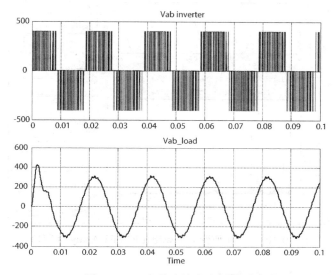

图 10-101　负载电流和电压波形

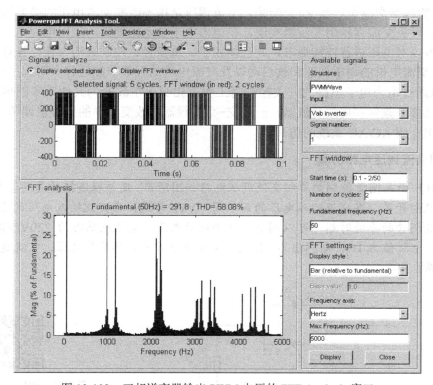

图 10-102　三相逆变器输出 PWM 电压的 FFT Analysis 窗口

逆变器负载电压 Vab_load 的 FFT 分析如图 10-103 所示。电压幅值为 302.1V，THD 为 1.18%，单次谐波最大值小于 2%。

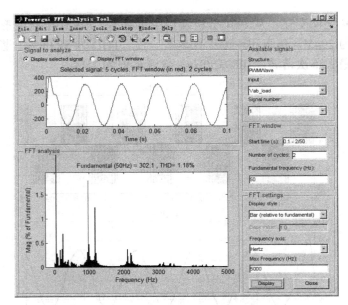

图 10-103 三相逆变器负载电压的 FFT Analysis 窗口

10.2.4 AC/AC 系统仿真

交-交变流包括交流调压和交-交变频。交流调压是指不改变交流电压的频率而只调节电压大小的方法。过去交流调压用变压器实现，在电力电子技术出现后，采用电力电子器件的交流调压器不仅可以对电压进行连续调节，并且体积小、重量轻、控制灵活方便，在灯光控制、家用风扇调速、交流电机的调压调速和软启动以及交流电机的轻载节能运行中得到了广泛的应用。交-交变频是通过电力电子电路的开关控制将工频三相交流电改变为其他频率的单相或三相交流电，也称直接变频器和周波变流器，一般交-交变频器在改变频率的同时也调节电压的大小。下面通过实例介绍 AC/AC 系统的仿真。

1. 单相交流调压电路仿真

【例 10-8】由晶闸管控制的单相交流调压电路如图所示。反并联连接的晶闸管 VT1 和 VT2 组成了交流双向开关，在交流输入电压的正半周，VT1 导通，在交流输入电压的负半周，VT2 导通，控制晶闸管的导通时刻，可以调节负载两端的电压。交流电压源为 220V/50Hz，负载为阻感性负载，电阻值为 1Ω，电感值为 10mH，要求通过仿真观察负载电压、电流随晶闸管触发角的变化关系。

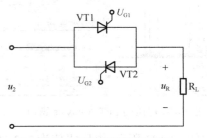

单相交流调压电路仿真实训

图 10-104 单相交流调压电路

解：1）建立仿真模型

① 建立一个新的仿真模型文件，保存该文件并命名为 c10_8.mdl。
② 提取电路元器件模块。仿真电路所需各模块路径如下：
- 交流电压源：SimPowerSystems→Electrical Sources→AC Voltage Source
- 晶闸管模块：SimPowerSystems→Power Electronics→Thyristor
- 串联 RLC 分支模块：SimPowerSystems→Elements→Series RLC Branch
- 接地模块：SimPowerSystems→Elements→Ground
- 连接端口模块：SimPowerSystems→Elements→Connection Port
- 电流测量模块：SimPowerSystems→Measurements→Current Measurement
- 电压测量模块：SimPowerSystems→Measurements→Voltage Measurement
- 电力系统图形用户界面（Powergui）模块：SimPowerSystems→powergui
- 终端模块：Simulink→Sinks→Terminator
- 输出端口模块：Simulink→Sinks→Out1
- 示波器：Simulink→Sinks→Scope
- 输入端口模块：Simulink→Sources→In1
- 常数模块：Simulink→Sources→Constant
- 增益模块：Simulink→Math Operation→Gain
- Sum 模块：Simulink→Math Operation→Sum
- 斜率设定模块：Simulink→Discontinuities→Rate Limiter
- 延迟模块：Simulink→Discontinuities→Relay

③ 布局、连线。单相交流调压电路的仿真模型如图 10-105 所示。模型由交流电源、反并联晶闸管模块 VT1,2、触发模块 Pulse1,2、阻感负载 RL 和示波器组成。

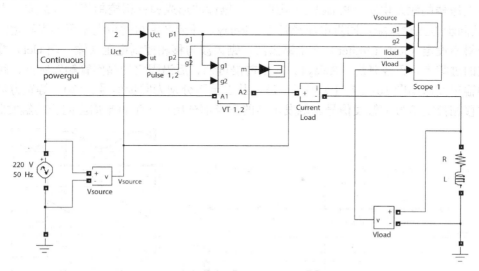

图 10-105 单相交流调压电路的仿真模型

其中双向晶闸管开关模块 VT1,2 的子系统如图 10-106 所示，在仿真平台建立该子系统，然后选中整个子系统，右击，在右键菜单中单击 Create Subsystem，即可产生该子系统模块，然后把模块名改为 VT1,2 即可。子系统的 A1 端和 A2 端分别是晶闸管双向开关的输入和输出端，通过连接端口模块（Connection Port）和上层系统建立联系，g1 和 g2 端分别是晶闸管 VT1 和 VT2 的触发端，m 端用于观测晶闸管 VT1 两端的电压和电流，用的分别是输入（In1）和输出端口模块（Out1）。

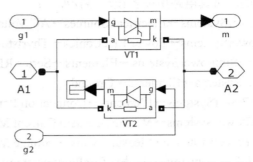

图 10-106 双向晶闸管开关模块子系统模型

交流调压晶闸管控制角 α 的移相范围是 180°，α=0° 的位置定在电源电压过零的时刻。在阻感负载时按控制角与负载阻抗角（$\varphi = \arctan(L/R)$）的关系，电路有两种工作状态：

$\varphi \leqslant \alpha \leqslant 180°$ 时，调压器输出电压和电流的正负半周是不连续的，在此范围内调节控制角，负载的电压和电流将随之变化。

$0° \leqslant \alpha \leqslant \varphi$ 时，调压器输出处于失控状态，即虽然控制角变化，但负载电压不变，且是与电源电压相同的完整正弦波。这是因为阻感负载电流滞后于电压，因此如果控制角较小，在一个晶闸管电流尚未下降到零前，另一个晶闸管可能已经触发（但不能导通），一旦电流下降到零，如果另一个晶闸管的触发脉冲还存在，则该晶闸管立即导通，使负载上的电压成为连续的正弦波，出现失控现象。正因为如此，交流调压器晶闸管必须采用后沿固定在 180° 的宽脉冲触发方式，以保证晶闸管能正常触发。根据以上要求设计的交流调压器触发电路如图 10-107（a）所示。

交流调压器的触发电路（Pulse1,2）由同步、锯齿波形成和移相控制等环节组成。电路的输入端 ut 是同步电压输入端，同步电压经延迟（Relay）环节产生与同步电压正半周等宽的方波，该方波经斜率设定（Rate Limiter）产生锯齿波，锯齿波与移相控制电压（输入端 Uct）叠加，调节锯齿波的过零点，再经延迟（Relay1）产生前沿可调、后沿固定的晶闸管触发脉冲，触发电路各部分的输出波形如图 10-107（b）所示。波形从上至下分别为同步信号、180° 等宽方波、锯齿波、叠加移相控制信号和触发信号。触发电路的下半部分用于产生负半周晶闸管的触发脉冲。

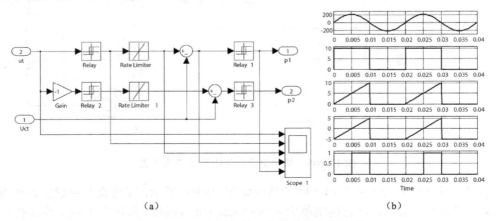

图 10-107 双向晶闸管开关模块子系统模型

仿真通过电流和电压测量模块分别测量交流电压源电压、负载电流和负载电压，最后送到同一个示波器显示。

2）设置模块和系统仿真参数

交流电压源电压为220V，频率为50Hz。负载 $R=1\Omega$，$L=10\mathrm{mH}$。晶闸管参数设置如图10-108所示，导通电阻为0.001Ω，缓冲电阻和缓冲电容分别为1000Ω和无穷大，选中显示测量端口选项。

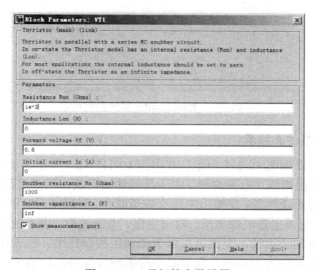

图10-108　晶闸管参数设置

4个Relay模块参数设置如图10-109所示。

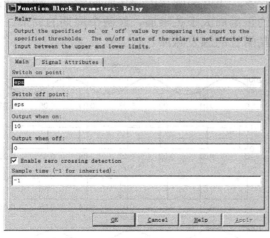
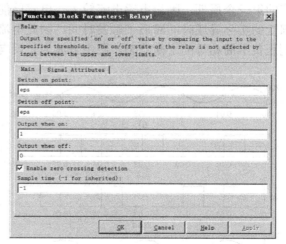

（a）Relay 和 Relay 2　　　　　　　　　　（b）Relay 1 和 Relay 3

图10-109　Relay模块参数设置

两个Rate Limiter模块参数设置如图10-110所示。

其他参数按仿真图中所给数值设置。

仿真参数设置：仿真结束时间0.06s，仿真算法ode23tb。

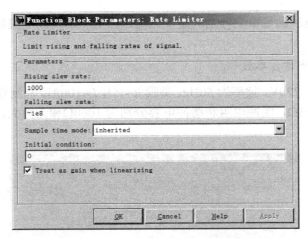

图 10-110　Rate Limiter 模块参数设置

3）运行仿真并观察仿真结果

启动仿真，仿真结果如图 10-111 所示。其中图 10-111（a）所示为移相控制电压 $U_{ct}=5V$ 时的电源电压、调压器输出电压、电流波形。由于晶闸管的斩波作用并且控制角较大，输出电压、电流波形的正负半周是不连续的，使输出电压有效值减小，实现了对交流电压的调节。图 10-111（b）所示为 $U_{ct}=2V$ 时的调压器电源电压、输出电压、电流波形，由于控制角较小（$0°\leq\alpha\leq\varphi$），输出电压和电流为完整的正弦波，交流调压器失去调压控制作用。比较电流和晶闸管的触发脉冲，可以看到在正向电流尚未为零前，反向晶闸管的触发脉冲已经到来，如果触发脉冲很窄，在正向电流到零时反向晶闸管的触发脉冲已经消失，则反向晶闸管就不能导通，因此需要采用宽脉冲触发方式，且脉冲的后沿应设在 180° 的位置，和交流调压器的移相范围相适应。在电流的第一个周期，因为电感电流较大，电感储能较多，正向晶闸管的导通时间较长，使反向晶闸管的实际导通时间滞后于触发时间，因此电流的正半周大于负半周，经两个周期的调节，达到正负半周相等的平衡状态。图中方波为正反向晶闸管的触发脉冲。

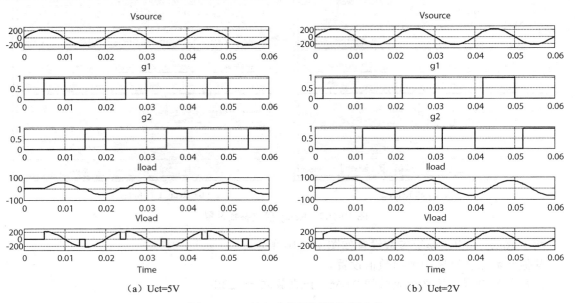

（a）Uct=5V　　　　　　　　　　　　　　（b）Uct=2V

图 10-111　单相交流调压器仿真波形

2. 单相 AC-DC-AC 电路仿真

【例 10-9】 单相 AC-DC-AC 电路如图 10-112 所示。交流电压源为 1000V/50Hz，经变压器降压后进行不控整流，整流输出电压是脉动波形，采用 LC 滤波器进行滤波，滤波电感 L_1=100mH，滤波电容 C_1=2mF，对应的截止频率约为 11Hz。滤波后的电压经过可控桥式逆变、LC 滤波后变成交流电压给负载供电，逆变输出的滤波电感 L_2=30mH，滤波电容 C_2=300μF。负载为纯阻性负载 1000V/50Hz/100kW，通过改变 PWM 发生器的调制度可以改变输出电压的大小，改变发生器的频率改变逆变器的输出频率。要求通过仿真观察整流桥输出电压波形、整流滤波后的电压波形，观察逆变桥输出电压波形、逆变滤波后的电压波形。

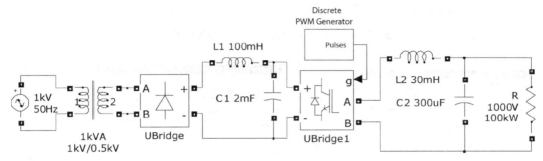

图 10-112　单相 AC-DC-AC 电路

解：1）建立仿真模型

① 建立一个新的仿真模型文件，保存该文件并命名为 c10_9.mdl。

② 提取电路元器件模块。仿真电路所需各模块路径如下：

- 交流电压源：SimPowerSystems→Electrical Sources→AC Voltage Source
- 线性变压器：SimPowerSystems→Elements→Linear Transformer
- 通用桥：SimPowerSystems→Power Electronics→Universal Bridge
- 串联 RLC 分支：SimPowerSystems→Elements→Series RLC Branch
- 离散 PWM 发生器：SimPowerSystems→Extra Library→Discrete Control Blocks→Discrete PWM Generator
- 串联 RLC 负载：SimPowerSystems→Elements→Series RLC Load
- 万用表：SimPowerSystems→Measurements→Multimeter
- 电力系统图形用户界面（Powergui）模块：SimPowerSystems→powergui

③ 布局、连线。按原理图 10-112 连接起来的单相 AC-DC-AC 电路的仿真模型如图 10-113 所示。仿真通过三个万用表模块分别显示电源电压和变压器二次侧电压波形、整流桥输出电压和整流滤波后电压波形、逆变桥输出电压和逆变滤波后电压波形。仿真波形直接通过万用表绘图功能来显示。

2）设置模块和系统仿真参数

交流电压源幅值电压为 1000V，频率为 50Hz。变压器参数设置如图 10-114 所示，离散 PWM 发生器参数设置如图 10-115 所示，整流桥 UBridge 和逆变桥 UBridge1 的参数设置分别如图 10-116 和图 10-117 所示，负载参数设置如图 10-118 所示。

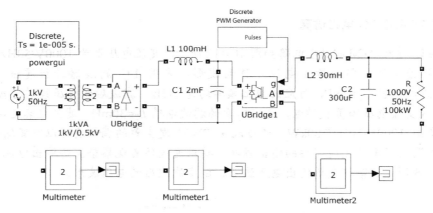

图 10-113 单相 AC-DC-AC 电路的仿真模型

图 10-114 变压器参数设置

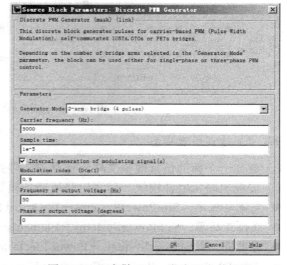

图 10-115 离散 PWM 发生器参数设置

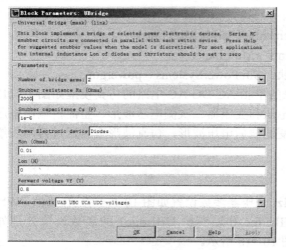

图 10-116 整流桥参数设置

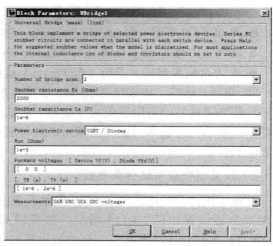

图 10-117 逆变桥参数设置

第 10 章 电力电子系统仿真

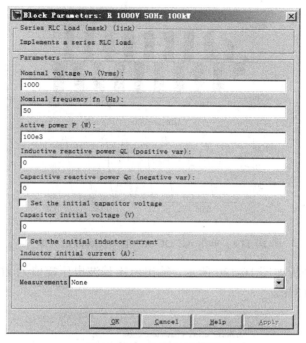

图 10-118　负载参数设置

其他参数按仿真图中所给数值设置。万用表 Multimeter 用了显示电源电压和变压器二次侧电压波形,万用表 Multimeter1 显示整流桥输出电压和整流滤波后电压波形,万用表 Multimeter2 显示逆变桥输出电压和逆变滤波后电压波形。

仿真参数设置：仿真结束时间为 0.2s,仿真算法为 ode23tb。

3）运行仿真并观察仿真结果

启动仿真,仿真结果如图 10-119（a）、（b）、（c）所示,分别为电源电压和变压器二次侧电压波形、整流桥输出电压和整流滤波后电压波形、逆变桥输出电压和逆变滤波后电压波形。

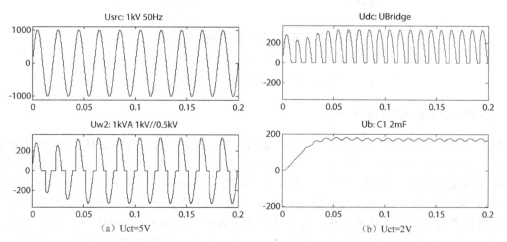

图 10-119　单相 AC-DC-AC 电路仿真波形

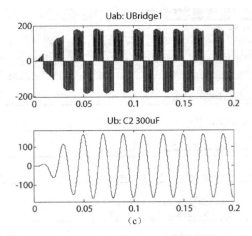

图 10-119 单相 AC-DC-AC 电路仿真波形（续）

负载电压的谐波分析如图 10-120 所示，输出电压基波电压幅值为 166.1V，THD 为 0.31%，单次谐波最大值约为 0.3%。

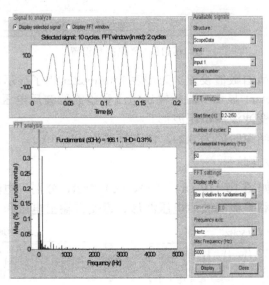

图 10-120 负载电压的谐波分析

3. 三相 AC-DC-AC 电路仿真

【例 10-10】 三相 AC-DC-AC 主电路如图 10-121 所示。25kV/60Hz/10MVA 的三相交流电压源经 25kV/600V/50kVA 变压器降压后，再通过一个 AC-DC-AC 变换器给一个 50Hz/380V/50kW 的负载供电。Y/△ 变压器二次侧的 60Hz/600V 电压通过一个六脉冲二极管桥整流，整流后的脉动直流电压经过滤波后变成比较平滑的直流电压，然后加到一个两电平的 IGBT 逆变器产生 50Hz 的交流电压，逆变器采用 PWM 方式运行，PWM 的载波频率为 2kHz。整个电路采用离散仿真方式，采样周期为 2μs。电路的具体参数值见图中所示，要求通过仿真观察整流桥输出电压波形、整流滤波后的电压波形，观察逆变桥输出电压波形、逆变滤波后的电压波形。

第 10 章 电力电子系统仿真

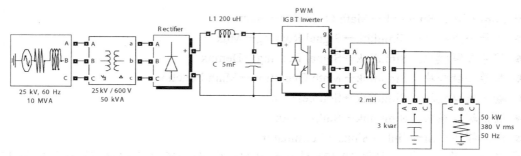

图 10-121 三相 AC-DC-AC 主电路

解：1）建立仿真模型

① 建立一个新的仿真模型文件，保存该文件并命名为 c10_10.mdl。

② 提取电路元器件模块。仿真电路所需各模块路径如下：

- 三相交流电压源：SimPowerSystems→Electrical Sources→Three-Phase Source
- 三相两绕组变压器：SimPowerSystems→Elements→Three-Phase Transformer（Two Winding）
- 通用桥：SimPowerSystems→Power Electronics→Universal Bridge
- 串联 RLC 分支：SimPowerSystems→Elements→Series RLC Branch
- 三相串联 RLC 分支：SimPowerSystems→Elements→Three-phase Series RLC Branch
- 三相串联 RLC 负载：SimPowerSystems→Elements→Three-phase Series RLC Load
- 三相并联 RLC 负载：SimPowerSystems→Elements→Three-phase Parallel RLC Load
- 离散 PWM 发生器：SimPowerSystems→Extra Library→Discrete Control Blocks→Discrete PWM Generator
- 单位延时模块：Simulink→Discrete→Unit Delay
- 常数模块：Simulink→Sources→Constant
- 电流测量模块：SimPowerSystems→Measurements→Current Measurement
- 电压测量模块：SimPowerSystems→Measurements→Voltage Measurement
- 三相电压电流测量模块：SimPowerSystems→Measurements→Three-phase VI Measurement
- 万用表：SimPowerSystems→Measurements→Multimeter
- 信号选择模块：Simulink→Signal Routing→Selector
- 示波器：Simulink→Sinks→Scope
- 电力系统图形用户界面（Powergui）模块：SimPowerSystems→powergui

仿真模型中建了一个 Voltage Regulator 子系统，该子系统中又使用了以下模块：

- 离散虚拟锁相环模块：SimPowerSystems→Extra Library→Discrete Control Blocks→Discrete Virtual PLL
- 离散 PI 控制器模块：SimPowerSystems→Extra Library→Discrete Control Blocks→Discrete PI Controller
- abc_to_dq0 坐标变换模块：SimPowerSystems→Extra Library→Measurements→abc_to_dq0 Transformation
- dq0_to_abc 坐标变换模块：SimPowerSystems→Extra Library→Measurements→dq0_to_abc Transformation

- Sum 模块：Simulink→Math Operation→Sum
- 信号合成模块：Simulink→Signal Routing→Mux
- 信号分解模块：Simulink→Signal Routing→Demux
- 数学函数模块：Simulink→Math Operation→Math Function
- 输入端口模块：Simulink→Sources→In1
- 输出端口模块：Simulink→Sinks→Out1
- 终端模块：Simulink→Sinks→Terminator

③ 布局、连线。按原理图 10-121 连接起来的三相 AC-DC-AC 电路仿真模型如图 10-122 所示。负载电压通过 Voltage Regulator 调整到 1pu（有效值 380V），Voltage Regulator 子系统如图 10-123 所示，负载三相电压信号 Vabc(pu)通过 abc_to_dq 坐标变换后，与参考电压进行比较，然后通过离散 PI 调节器进行调节，调节后的信号经 and dq_to_abc 坐标变换后输出到离散 PWM 发生器，去产生 6 个 IGBT 驱动脉冲信号。Voltage Regulator 的第二个输出返回一个调制度数据。

采用一个万用表模块来观测二极管和 IGBT 的电流波形，采用三个电压测量模块测量直流母线电压 Vdc、逆变桥输出线电压 Vab_inv 和负载电压 Vab_load。为了对 Scope1 的波形数据进行进一步的信号处理，需要把 Scope1 的波形数据保存到工作空间。

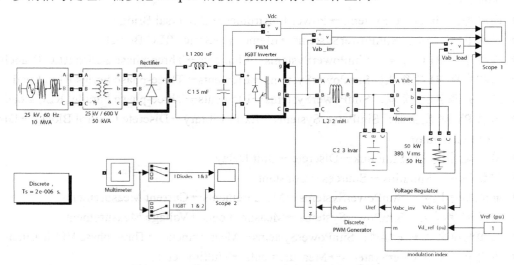

图 10-122　单相 AC-DC-AC 变频电路的仿真模型

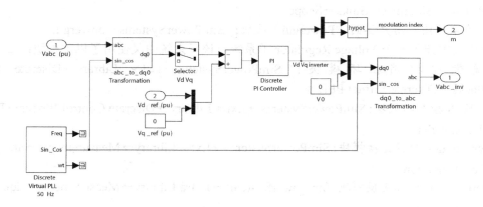

图 10-123　Voltage Regulator 子系统

2）设置模块和系统仿真参数

仿真各模块参数设置如图 10-124 所示。

（a）三相电压源参数设置

（b）变压器参数设置

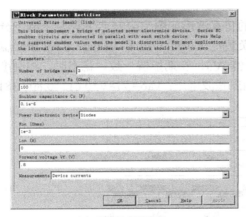

（c）整流桥参数设置

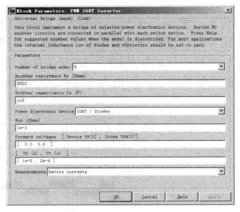

（d）逆变桥参数设置

（e）C2 参数设置　　　　　　　　　　（f）负载参数设置

图 10-124　仿真模块参数设置

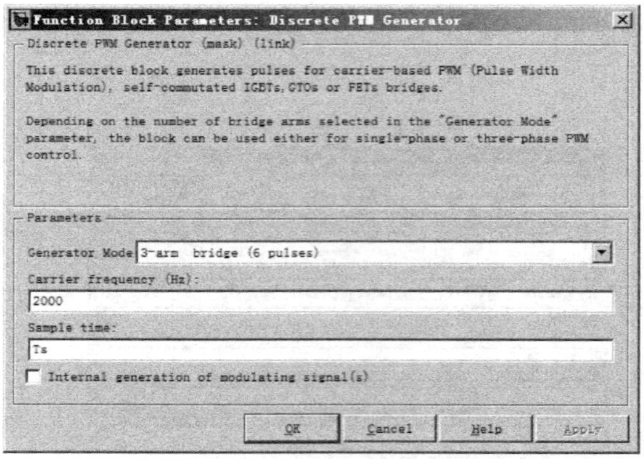

(g) 离散 PWM 发生器参数设置 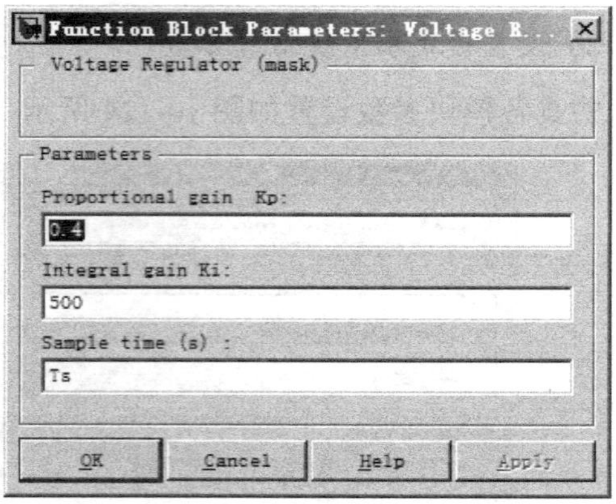　　　　　　(h) Voltage Regulator 参数设置

图 10-124　仿真模块参数设置（续）

其他参数按仿真图中所给数值设置。

仿真参数设置：仿真结束时间为 0.1s，仿真算法为 ode23tb。

3）运行仿真并观察仿真结果

启动仿真，50ms 后系统达到稳态，Scope1 的仿真波形如图 10-125 所示，从上到下分别为直流母线电压 Vdc、逆变桥输出线电压 Vab_inv、负载电压 Vab_load 和 Voltage Regulator 输出的调制度信号。负载电压的幅值约为 537V（有效值 380V），和期望值一致。稳态时，调制度的均值为 0.80，直流母线电压的均值为 778V。逆变器输出基波电压：Vab= 778V*0.612*0.80 =381V rms。

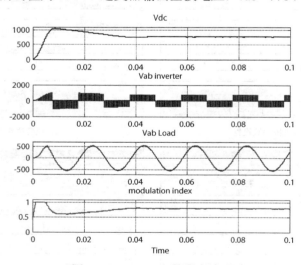

图 10-125　Scope1 的仿真波形

Scope2 的仿真波形如图 10-126 所示，通道 1 为整流桥中二极管 1 和 3 的电流波形，通道 2 为逆变桥的 IGBT1 和 IGBT2 的电流波形。IGBT1 和 IGBT2 的电流是互补的，正电流流过 IGBT，负电流流过 IGBT 的反并二极管。

逆变桥输出电压和负载电压的谐波分析如图 10-127 所示。逆变桥输出 PWM 电压波形中的谐波含量较大，主要集中在 2kHz 的整数倍频率附近，这些谐波经过三相滤波器后被有效滤除，负载电压的基波幅值为 537.3V（有效值 380V），THD 为 2.00%，单次谐波最大值小于 1.5%。

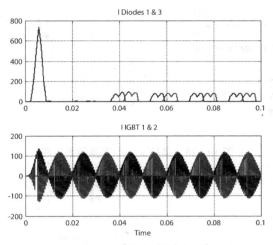

图 10-126　Scope2 的仿真波形

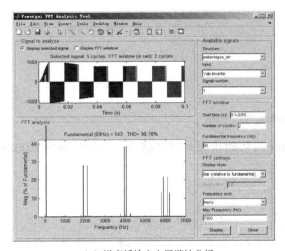

（a）逆变桥输出电压谐波分析

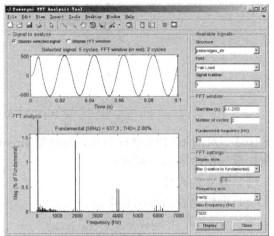

（b）负载电压的谐波分析

图 10-127　FFT 分析

习题

10-1　单相交流电压源仿真电路如图 10-128 所示，要求：
（1）建立电路仿真模型；
（2）得到仿真结果。

10-2　Breaker 仿真电路如图 10-129 所示，Timer 改变幅值的时间分别为 0、0.04s 和 0.08s，相应幅值分别为 0、1 和 0，Breaker 导通电阻为 0.001Ω，初始状态为开路。交流电压源和负载参数如图所示。要求：
（1）建立仿真模型；
（2）得到 Timer 输出波形、流过 Breaker 的电流波形，并把两个波形放到示波器的一个通道中显示。

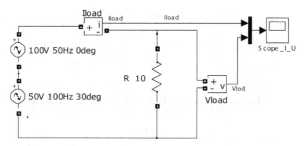

图 10-128 单相交流电压源仿真电路

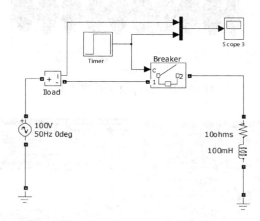

图 10-129 Breaker 仿真电路

10-3 对图 10-130 进行仿真，断路器 Breaker 的初始状态为打开状态，动作时间为 0.002s，其他参数如图中所示。要求：

（1）建立仿真模型；

（2）得到电容的电压和电流波形。

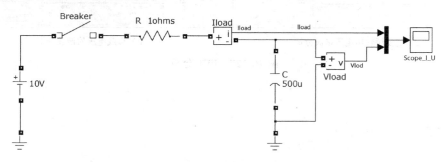

图 10-130 对图形进行仿真

10-4 如图 10-131 所示一阶 RC 电路，$R=1000\Omega$，$C=10^{-3}F$，仿真该电路在单位阶跃电压输入时的输出响应。输入单位阶跃信号为

$$u_i(t)=\begin{cases}0 & t<0.1s\\ 1 & t\geq 0.1s\end{cases}$$

要求：

（1）建立传递函数仿真模型，并进行仿真，得到输出波形；

（2）建立电路仿真模型，并进行仿真，得到输出电压波形。

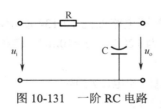

图 10-131　一阶 RC 电路

10-5　带 LC 滤波的桥式不控整流电路如图 10-132 所示，输入正弦电压为 $u_1=220\sin\omega t$，变压器容量为 100VA，变压器变比为 120/24V，L=10mH，C=4700μF，负载为电阻 R=1Ω。要求：

（1）建立该电路的仿真模型；
（2）得到负载电流波形；
（3）得到输出电压波形；
（4）得到流过整流二极管 VD1 的电流波形；
（5）得到整流二极管 VD1 两端的电压波形。

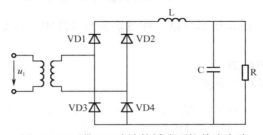

图 10-132　带 LC 滤波的桥式不控整流电路

10-6　单相桥式全控整流电路如图 10-133 所示，交流电源电压为 220V，频率为 50Hz，变压器一二次侧额定电压分别为 220V 和 100V，阻感负载，R=0.5Ω，L=10mH，触发角 α=60°时，要求：

（1）建立单相桥式全控整流电路的仿真模型；
（2）得到负载电压、电流波形；
（3）得到晶闸管 1 的电压和电流波形；
（4）得到输出电压的平均值。

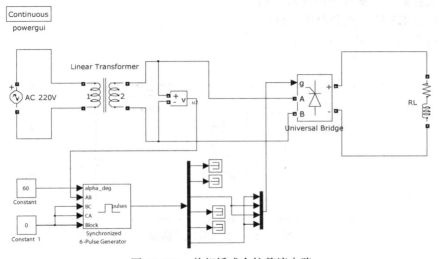

图 10-133　单相桥式全控整流电路

10-7 带 LC 滤波的桥式不控整流电路如图 10-134 所示，输入正弦电压为 $u_1=120\sqrt{2}\sin\omega t$，变压器容量为 100VA，变压器变比为 120/24，L=10mH，C=4700μF，负载为电阻 R=1Ω。要求：

（1）建立该电路的仿真模型；
（2）得到整流二极管 VD1 的电流和电压波形；
（3）得到电阻 R 的电压和电流波形。

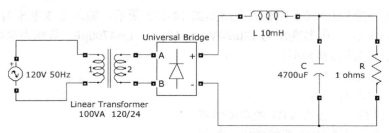

图 10-134　带 LC 滤波的桥式不控整流电路

10-8 构建如图 10-135 所示仿真电路，各模块参数按图中所给参数设置，要求：
（1）建立仿真模型；
（2）得到输出电压和电流波形；
（3）得到 IGBT 的电压和电流波形。

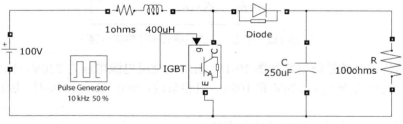

图 10-135　仿真电路

10-9 直流升压变换器如图 10-136 所示，E=24V，电感 L=0.1mH，电阻负载 R=5Ω，电容 C=100μF，脉冲发生器的开关周期为 0.2ms，脉冲宽度为 78%。要求：
（1）建立直流升压变换器的仿真模型；
（2）得到 IGBT 的电流和电压波形；
（3）得到负载电压和电流波形。

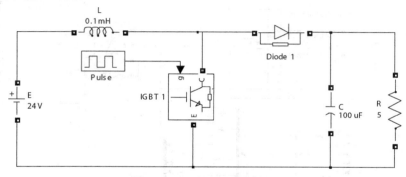

图 10-136　直流升压变换器

10-10 直流降压变换器如图 10-137 所示，E=200V，输出电压 U_R=140V，电阻负载 R=5Ω，电感 L=0.01H，开关周期为 2ms。输出电压和输入电压的关系为

$$U_R = \frac{t_{on}}{T}E = \alpha E$$

要求：
（1）建立直流降压变换器的仿真模型；
（2）得到 IGBT 的电流波形；
（3）得到输出电压波形。

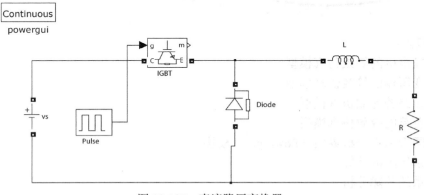

图 10-137 直流降压变换器

第 11 章 电力系统仿真

本章知识点：
- 同步发电机的等效仿真模型
- 电力变压器的等效仿真模型
- 输电线路的等效仿真模型
- 电力负荷的等效仿真模型
- 电力图形用户分析界面（Powergui）模块
- 电力系统潮流计算
- 电力系统故障分析

基本要求：
- 了解电力系统四种元件（同步发电机、电力变压器、输电线路和负荷）的等效仿真模型的使用方法
- 掌握电力图形用户分析界面（Powergui）模块的使用方法
- 掌握基于 MATLAB\Simulink 的简单潮流计算方法
- 掌握基于 MATLAB\Simulink 的电力系统故障分析方法

能力培养目标：

通过本章的学习，使学生具有基于 MATLAB/Simulink 的电力系统建模和分析的基本能力。通过对各种电力系统元件等效仿真模型的选取和参数设置、电力系统整体模型的搭建和故障信号的设置、仿真参数的设置和仿真运行、仿真结果的分析和处理等过程的训练，培养学生的动手能力和工程实践能力。

本章将基于 MATLAB/Simulink 进行电力系统计算机仿真，首先介绍电力系统四种元件（同步发电机、电力变压器、输电线路和负荷）的等效仿真模型，然后介绍 MATLAB/Simulink 在简单潮流计算和故障分析中的应用实例。

11.1 电力系统元件仿真模型介绍

本节介绍电力系统四种元件（同步发电机、电力变压器、输电线路和负荷）的等效仿真模型，熟练掌握这些仿真模型的参数设置方法是应用 MATLAB/Simulink 进行电力系统计算机仿真的基础。

11.1.1 同步发电机仿真模型

同步发电机的数学模型由电压方程、磁链方程和运动方程组成。在 dq0 坐标系下,同步发电机的电压方程为

$$\begin{cases} u_\mathrm{d} = R_\mathrm{s} i_\mathrm{d} + \dfrac{\mathrm{d}\psi_\mathrm{d}}{\mathrm{d}t} - \omega_\mathrm{R}\psi_\mathrm{q} \\ u_\mathrm{q} = R_\mathrm{s} i_\mathrm{q} + \dfrac{\mathrm{d}\psi_\mathrm{q}}{\mathrm{d}t} + \omega_\mathrm{R}\psi_\mathrm{d} \\ u_\mathrm{fd} = R_\mathrm{fd} i_\mathrm{fd} + \dfrac{\mathrm{d}\psi_\mathrm{fd}}{\mathrm{d}t} \\ u_\mathrm{kd} = R_\mathrm{kd} i_\mathrm{kd} + \dfrac{\mathrm{d}\psi_\mathrm{kd}}{\mathrm{d}t} \\ u_\mathrm{kq} = R_\mathrm{kq} i_\mathrm{kq} + \dfrac{\mathrm{d}\psi_\mathrm{kq}}{\mathrm{d}t} \end{cases} \qquad (11\text{-}1)$$

式中,u 为各绕组端电压;i 为各绕组电流;R 为定子每相绕组电阻;ψ 为各绕组磁链;下标 d、q 表示 dq0 坐标系中直轴和交轴;下标 f 表示励磁绕组;下标 k 表示阻尼绕组。

磁链方程为

$$\begin{cases} \psi_\mathrm{d} = L_\mathrm{d} i_\mathrm{d} + L_\mathrm{md} i_\mathrm{fd} + L_\mathrm{md} i_\mathrm{kd} \\ \psi_\mathrm{q} = L_\mathrm{q} i_\mathrm{q} + L_\mathrm{mq} i_\mathrm{kq} \\ \psi_\mathrm{fd} = L_\mathrm{fd} i_\mathrm{fd} + L_\mathrm{md} i_\mathrm{d} + L_\mathrm{md} i_\mathrm{kd} \\ \psi_\mathrm{kd} = L_\mathrm{kd} i_\mathrm{kd} + L_\mathrm{md} i_\mathrm{d} + L_\mathrm{md} i_\mathrm{fd} \\ \psi_\mathrm{kq} = L_\mathrm{kq} i_\mathrm{kq} + L_\mathrm{mq} i_\mathrm{q} \end{cases} \qquad (11\text{-}2)$$

式中,L_d、L_q 为定子绕组直轴、交轴的自感;L_fd 表示直轴电枢绕组间互感;L_md、L_mq 为励磁电感的直轴和交轴分量;L_kd、L_kq 为阻尼绕组电感的直轴和交轴分量。

转子运动方程为

$$\begin{cases} \Delta\omega(t) = \dfrac{1}{2H}\int_0^t (T_\mathrm{m} - T_\mathrm{e})\mathrm{d}t - k_\mathrm{d}\Delta\omega(t) \\ \omega(t) = \Delta\omega(t) + \omega_0 \end{cases} \qquad (11\text{-}3)$$

式中,$\Delta\omega(t)$ 为发电机转子的角速度偏差,H 为惯性系数,T_m 为机械转矩,T_e 为电磁转矩,k_d 为阻尼系数,$\omega(t)$ 为发电机转子转速,ω_0 为初始速度。

SimPowerSystems/machines 库中的同步发电机仿真模型有简化同步电机模型和详细同步电机模型两类,下面分别进行介绍。

1. 简化同步电机模型

简化同步电机模型仅考虑转子二阶动态模型,同时忽略了暂态凸极效应,以及电枢互感、励磁绕组和阻尼绕组漏感,采用由理想电压源串联 RL 线路组成的等值电路,其中 RL 表示电机内阻抗。

根据参数单位的不同,简化同步电机模块分为标幺制模块(Simplified Synchronous Machine pu Units)和国际单位制模块(Simplified Synchronous Machine SI Units)。简化同步电机模块的端口有四个,功能如下:

- P_m：机械功率输入。其值大于零，可为常数也可为原动机输出。
- E：内部电势，可为常数，也可直接连接自动电压调节器输出端。
- A、B、C：发电机定子输出电压。
- m：测量值输出，共包含 12 个信号，如表 11-1 所示。

表 11-1 简化同步电机模型的 m 端口输出信号

端 口 号	端 口 名	含 义	单 位
1~3	is_abc	定子三相电流	A 或 p.u.
4~6	vs_abc	定子三相电压	V 或 p.u.
7~9	e_abc	发电机内部三相电源电压	V 或 p.u.
10	Thetam	转子角度	rad
11	wm	转子角速度	rad/s 或 p.u.
12	Pe	电磁功率	VA 或 p.u.

采用参数对话框可以设置简化同步电机模型的参数，各个参数定义如表 11-2 所示。

表 11-2 简化同步电机模型参数

参 数	含 义
Connection type	接线类型，分为 3 线 Y 形连接和 4 线 Y 形连接（即 Y_N 形）
Nominal power, L-L voltage and frequency	三相额定视在功率 P_n（VA）、额定线电压有效值 V_n（V）、额定频率 f_n（Hz）
Inertia, friction factor and pairs of poles	发电机转动惯量 J（kg·m²）或惯性时间常数 H（s）、阻尼系数 K_d（转矩的标幺值/转速的标幺值）和极对数 p
Internal impedance	发电机单相绕组的内部电阻 R（Ω 或 p.u.）和电抗 L（H 或 p.u.）。允许 $R=0$，但 L 必须大于零
Initial conditions	发电机的初始速度偏移 $\Delta\omega$（%），转子初始角 θ（°），线电流幅值 i_a、i_b、i_c（A 或 p.u.）和相角 ph_a、ph_b、ph_c（°）。可由 Powergui 模块自动获取

2. 详细同步电机模型

使用详细同步电机模块可以对隐极或凸极式同步电机进行仿真，而且可以通过设置机械功率使同步电机处于发电机状态或电动机状态。设置机械功率为正值时，同步电机处于发电机运行模式；机械功率为负值时，处于电动机运行模式。详细同步电机仿真模型的电气部分用 5 阶状态方程（式（11-1）和（11-2））表示，机械系统模型与简化模型相同。详细同步电机模块共分三种，分别为标幺制基本模型（Synchronous Machine pu Fundamental）、国际单位制基本模型（Synchronous Machine SI Fundamental）和标幺制标准模型（Synchronous Machine pu Standard）。

详细同步电机模型的端口功能如下：
- P_m：发电机的机械输入功率，可以是函数也可以是原动机输出。
- V_f：由励磁调节器提供的励磁电压。
- m：测量值输出，共包含 22 个信号，如表 11-3 所示。

表 11-3 详细同步电机模型的 m 端口输出信号

端口号	端口名	含义	单位
1~3	is_abc	定子三相电流	A 或 p.u.
4~5	is_qd	定子 q 轴和 d 轴电流	A 或 p.u.
6~9	ik_qd	励磁电流、q 轴和 d 轴阻尼绕组电流	A 或 p.u.
10~11	phim_qd	q 轴和 d 轴的磁通量	Vs 或 p.u.
12~13	vs_qd	定子 q 轴和 d 轴电压	V 或 p.u.
14	d_theta	转子角偏移量	rad
15	wm	转子角速度	rad/s
16	Pe	电磁功率	VA 或 p.u.
17	dw	转子角速度偏移	rad/s
18	theta	转子机械角	rad
19	Te	电磁转矩	N·m 或 p.u.
20	Delta	功率角	deg
21、22	Peo, Qeo	输出的有功和无功功率	VA 或 p.u.

利用参数对话框可以设置同步电机模型的参数,下面分别说明三种同步电机详细模型的参数设置。

(1) p.u.基本同步电机模块

该模块的参数如表 11-4 所示。

表 11-4 p.u.基本同步电机模块的参数

参数	含义
Preset model	提供预定的额定发电机机械和电气系统参数。若不采用,选择 No
Mechanical input	发电机的机械输入,包括机械转矩 T_m 和发电机转子转速 ω
Show detailed parameters	若在 Preset model 中选择 No,则激活该模块,显示详细参数
Rotor type	转子类型,可选凸极机或隐极机
Nom. power, L-Lvolt, and freq	设定同步发电机的三相额定功率 P_n(VA)、额定线电压有效值 V_n(V)、额定频率 f_n(Hz) 和励磁电流 i_{fn}(A)
Stator	归算到定子侧的发电机定子电阻 R_s(p.u.)、漏抗 L_1(p.u.) 和 dq 轴励磁电抗 L_{md}、L_{mq}(p.u.)
Field	归算到定子侧的励磁绕组电阻 R_f(p.u.) 和漏抗 L'_{fd}(p.u.)
Dampers	归算到定子侧的阻尼绕组 dq 轴电阻 R_{kd}、R_{kq}(p.u.) 和漏抗 L_{1kd}、L_{1kd}(p.u.)
Coeff. of inertia, friction factor and pole pairs	发电机的转动惯量 J(kg·m²) 或惯性时间常数 H(s)、衰减系数 F(p.u.) 和极对数 p
Init. cond.	发电机的初始速度偏移 $\Delta\omega$(%)、转子初始角 θ(°)、线电流幅值 i_a、i_b、i_c(p.u.),相角 ph_a、ph_b、ph_c(°) 和励磁电压 U_f(p.u.)。可由 Powergui 模块自动获取
Simulate saturation	设定发电机定子和转子铁芯是否处于饱和状态

(2) SI 基本同步电机模块

该模块的参数设置与 p.u.基本同步电机模块相似,唯一区别在于该模块输入参数采用国际单位制。

(3) p.u.标准同步电机模块

该模块的大部分参数设置与 p.u.基本同步电机模块相同,其特有的参数如表 11-5 所示。

表 11-5 p.u.标准同步电机模块的参数

参　数	含　义
Reactances	包括 d 轴同步电抗 X_d、暂态电抗 X_d'、次暂态电抗 X_d'',q 轴同步电抗 X_q、暂态电抗 X_q'、次暂态电抗 X_q'' 和漏抗 X_l。所有参数均为标幺值
daxis time constants;qaxis time constant	d 轴和 q 轴时间常数的类型
Time constants	d 轴和 q 轴的时间常数(s)
Stator resistance	定子电阻 R_s (p.u.)

11.1.2 变压器仿真模型

电力变压器大多数做成三相,由于运输安装等原因,容量特别大的也有做成单相的,在使用时再组合成三相变压器。根据绕组数,又分为双绕组变压器和三绕组变压器。

SimPowerSystems 库提供了三相双绕组和三相三绕组变压器模块,两个模块的参数设置类似。下面以三相双绕组变压器为例,说明参数设置方法。

变压器模块的端口 ABC、abc 分别为变压器两侧三相绕组端口。变压器绕组的接线方式包括:Y 形接线方式、Yn 形接线方式、Yg 形接线方式(模块内部接地)、△(D1)形接线方式(△绕组滞后 Y 绕组 30°),△(D11)形接线方式(△绕组超前 Y 绕组 30°)。

三相双绕组变压器模块的参数设置如表 11-6 所示。

表 11-6 三相双绕组变压器模块的参数

参　数	含　义
Units	可选有名值(SI)或标幺值(pu)
Nominal power and frequency	额定功率(VA)和额定频率(Hz)
Winding1 (ABC) connection	一次绕组的接线方式
Winding parameters	一次绕组的线电压有效值(V)、电阻(p.u.)和漏抗(p.u.)
Winding2 (abc) connection	二次绕组的接线方式
Winding parameters	二次绕组的线电压有效值(V)、电阻(p.u.)和漏抗(p.u.)
Saturable core	若选择该项,则模拟具有饱和状态铁芯的变压器
Magnetization resistance Rm	变压器的励磁电阻(p.u.)
Magnetization resistance Lm	变压器的励磁电感(p.u.)
Saturation characteristics	饱和特性,包含电流/磁链的序列值
Specify initial fluxes	给定变压器磁链初始值,用[phi0A phi0B phi0c]表示
Measurements	三相变压器绕组的电压、电流、磁链等的测量

11.1.3 输电线路模型

输电线路的特性可以用电阻、电抗、电纳和电导四个参数反映。根据研究的问题不同,输电线路模型可以采用Π形集中参数等值电路模块或分布参数模块。当仅需分析线路端口状况时，可以不考虑线路分布特性，采用Π形集中参数模型；当线路较长或需要研究暂态过程时，应该使用分布参数线路模块。下面介绍电力系统分析中常用的输电线路等值模型。

1) Π形等值电路模块

包括单相线路模块（Single-phase Line）和三相线路模块（Three-phase Line），两个模块的参数相似。其中，三相线路模块参数设置如表11-7所示。

表11-7 三相线路模块的参数

参 数	含 义
Frequency used for RLC specifications	计算线路参数所用的频率（Hz）
Resistance per unit length	线路单位长度的正序和零序电阻（Ω/km）
Inductance per unit length	线路单位长度的正序和零序电感（H/km）
Capacitance per unit length	线路单位长度的正序和零序电容（F/km）
Length	输电线路长度（km）
Number of pi sections	集中Π形等值电路的个数，最小值为1
Measurements	线路发送端和接收端的电压、电流的测量

2) 分布参数等值电路模块

三相分布参数等值电路模块的参数设置如表11-8所示。

表11-8 三相分布参数等值电路模块的参数

参 数	含 义
Number of phases N	相数
Frequency used for RLC specifications	用于计算RLC参数的频率
Resistance per unit length，Inductance per unit length，Capacitance per unit length	用矩阵表示的单位长度电阻、电感和电容
Line length	线路长度
Measurements	线路发送端和接收端的线电压的测量

11.1.4 负荷模型

为了简化分析，一般将接在同一母线上的各类用电设备及相关的变配电设备合并为一个综合用电负荷。电力系统负荷模型分为静态模型和动态模型。静态模型表示电力系统稳态下，负荷功率与电压和频率之间的关系；动态模型表示随时间变化的负荷功率与电压和频率之间的关系。常用负荷模型包括含源等值阻抗（导纳）模型、恒定阻抗（导纳）模型、异步电动机等值电路模型以及这些模型的不同组合。

静态负荷模型：在给定频率时负荷阻抗为常数，负荷吸收的有功功率和无功功率与负荷的电压平方成正比，因此可用恒阻抗支路模拟负荷。

SimPowerSystems库提供了4个静态负荷模型模块，即单相并联RLC负荷（Parallel RLC Load）模块、单相串联RLC负荷（Series RLC Load）模块、三相并联RLC负荷（Three-Phase Parallel RLC Load）模块和三相串联RLC负荷（Three-Phase Series RLC Load）模块。这4个模块的参

数类似，三相串联 RLC 负荷模块的参数如表 11-9 所示。

表 11-9 三相串联 RLC 负荷模块的参数

参 数	含 义
Configuration	接线方式，包括 Yn 形、Y 形、中性点通过其他元件接地和三角形接线方式
Nominal phase-to-phase voltage Vn	额定线电压
Nominal frequency fn	额定频率
Active power P	有功功率
Inductive reactive power QL	感性无功功率
Capacitive reactive power Qc	容性无功功率
Measurements	端电压和通过电流的测量输出

动态负荷模型：动态负荷模型的有功功率和无功功率可以表示为正序电压的函数或者直接受外部信号的控制。如果负荷端电压低于设定的最小值，则负荷阻抗保持常数；当负荷端电压高于设定的最小值时，负荷的有功功率和无功功率为

$$P(s) = P_0 \left(\frac{U}{U_0}\right)^{n_p} \frac{(1+T_{p1}s)}{(1+T_{p2}s)}, Q(s) = Q_0 \left(\frac{U}{U_0}\right)^{n_q} \frac{(1+T_{q1}s)}{(1+T_{q2}s)} \tag{11-4}$$

式中，U_0 为正序电压的初始值；P_0、Q_0 为对应初始电压的有功功率和无功功率初始值；U 为正序电压；n_p、n_q 为负荷性质指数（通常取值 1~3）；T_{p1}、T_{p2} 为有功功率时间常数；T_{q1}、T_{q2} 为无功功率时间常数。对于恒电流负荷，$n_p=1$，$n_q=1$；对于恒阻抗负荷，$n_p=2$，$n_q=2$。

SimPowerSystems 库中三相动态负荷模块（Three-Phase Dynamic Load）的参数如表 11-10 所示。

表 11-10 三相动态负荷模块的参数

参 数	含 义
Nominal L-L voltage and frequency	额定电压有效值和额定频率
Active-reactive power at initial voltage	初始电压为 U_0 时的有功功率 P_0（W）和无功功率 Q_0（var）
Initial positive-sequence voltage Vo	初始正序电压的幅值和相角
External control of PQ	选中时，可通过外部信号控制负荷有功功率和无功功率
Parameters[np nq]	负荷特性参数 n_p、n_q
Time constants[Tp1 Tp2 Tq1 Tq2]	时间常数 T_{p1}、T_{p2}、T_{q1}、T_{q2}
Minimum voltage Vmin	初始状态的最小电压，当负荷电压低于此值时，负荷的阻抗为常数

异步电动机模型：异步电动机电气部分采用如下 4 阶状态方程描述

$$\begin{cases} u_{qs} = R_s i_{qs} + \dfrac{\mathrm{d}}{\mathrm{d}t}\psi_{qs} + \omega\psi_{ds} \\ u_{ds} = R_s i_{ds} + \dfrac{\mathrm{d}}{\mathrm{d}t}\psi_{ds} - \omega\psi_{qs} \\ u'_{qr} = R'_r i'_{qr} + \dfrac{\mathrm{d}}{\mathrm{d}t}\psi'_{qr} + (\omega-\omega_r)\psi'_{dr} \\ u'_{dr} = R'_r i'_{dr} + \dfrac{\mathrm{d}}{\mathrm{d}t}\psi'_{dr} - (\omega-\omega_r)\psi'_{qr} \end{cases} \tag{11-5}$$

式中，所有参数都归算到定子侧，u_{qs} 和 u_{ds} 为定子绕组交直轴电压；u'_{qr} 和 u'_{dr} 为转子绕组交直轴电压；i_{qs}、i_{ds}、i'_{qr} 和 i'_{dr} 分别为定、转子绕组的交直轴电流；R_s 和 R'_r 分别为定、转子绕组的电阻；ψ_{ds}、ψ_{qs} 为定子 d 轴和 q 轴磁通分量；ψ'_{dr}、ψ'_{qr} 为转子 d 轴和 q 轴磁通分量。

转子运动方程如下：

$$\begin{cases} \dfrac{d\omega_m}{dt} = \dfrac{1}{2H}(T_e - F\omega_m - T_m) \\ \dfrac{d\theta_m}{dt} = \omega_m \end{cases} \tag{11-6}$$

式中，T_m 为加在电动机轴上的机械转矩；T_e 为电磁转矩；θ_m 为转子机械角位移；ω_m 为转子机械角速度；H 为电动机惯性常数；F 为定常阻尼系数。

在 SimPowerSystems 库中提供了分别采用标幺值和有名值计算的异步电动机模型模块。异步电动机模块有 1 个输入端口、6 个电气连接端口和 1 个输出端口。输入端口 T_m 为转子轴上的机械转矩，可直接连接 Simulink 信号。机械转矩为正时，表示异步电动机运行在电动机状态；机械转矩为负时，表示异步电动机运行在发电机状态。电气连接端口 A、B、C 为电动机的定子电压输入，可直接连接三相电压；电气连接端口 a、b、c 为转子电压输出，一般短接在一起或者连接到其他附加电路中。输出端口 m 为测量输出，由 21 路信号组成，见表 11-11。

表 11-11 异步电动机模型的 m 端口输出信号

端口号	端口名	含义	单位
1~3	ir_abc	转子三相电流	A 或 p.u.
4~5	ir_qd	q 轴和 d 轴转子电流	A 或 p.u.
6~7	phir_qd	q 轴和 d 轴转子磁通量	V·s 或 p.u.
8~9	vr_qd	q 轴和 d 轴转子电压	V 或 p.u.
10~12	is_abc	定子三相电流	A 或 p.u.
13~14	is_qd	q 轴和 d 轴定子电流	A 或 p.u.
15~16	phis_qd	q 轴和 d 轴定子磁通量	V·s 或 p.u.
17~18	vs_qd	定子 q 轴和 d 轴电压	V 或 p.u.
19	wm	转子角速度	rad/s
20	Te	电磁转矩	N·m 或 p.u.
21	Thetam	转子角位移	rad

异步电动机模块的参数设置如表 11-12 所示。

表 11-12 异步电动机模块的参数

参数	含义
Preset model	不使用系统预定模型，选 NO
Mechanical input	可选择施加于电动机轴上的转矩，也可以选择电动机转子转速作为输入
Show detailed parameters	选中后可观察和修改电动机参数
Rotor type	定义转子结构，分为绕线式和鼠笼式两种
Reference frame	定义电动机模块的坐标系，可选 Park 变换、静止坐标系或同步旋转坐标系

续表

参　数	含　义
Nominal power, voltage and frequency	额定视在功率、线电压有效值、额定频率
Stator resistance and inductance	定子电阻和漏抗
Rotor resistance and inductance	转子电阻和漏抗
Mutual inductance Lm	电动机互感
Inertia constant, friction factor, and pairs of poles	转动惯量、阻尼系数和极对数
Initial conditions	初始条件，包括初始转差率、转子初始角、定子电流幅值和相角

11.1.5　电力图形用户分析界面模块

Powergui 模块（Power Graphical User Interface）是 Simulink 为电力系统仿真提供的图形用户分析界面。下面分别介绍 Powergui 模块各个窗口的功能。

1）Powergui 模块主窗口

包括仿真类型（Simulation type）和分析工具（Analysis tools）两部分。

（1）仿真类型

● 相量法仿真（Phasor Simulation）

选中时，将在指定频率（Frequency）下执行相量仿真。

● 离散化电气模型（Discretize electrical model）

选中时，将在指定采样时间（Sample time）下进行离散化仿真分析和计算。若采样时间等于 0，则表示采用连续仿真分析。

● 连续系统仿真（Continuous）

选中时，则表示采用连续仿真分析。

● 显示分析信息（Show messages during analysis）

选中时，命令窗口中显示系统仿真过程中的相关信息。

（2）分析工具

包括稳态电压电流分析（Steady-State Voltages and Currents）、初始状态设置（Initial States Setting）、潮流计算和电机初始化（Load Flow and Machine Initialization）、LTI 视窗（Use LTI Viewer）、阻抗频率相关特性测量（Impedance vs Frequency Measurement）、FFT 分析（FFT Analysis）、报表生成（Generate Report）、磁滞特性设计工具（Hysteresis Design Tool）、计算 RLC 线路参数（Compute RLC Line Parameters）等分析工具。

2）稳态电压电流分析窗口

稳态电压电流分析窗口界面属性参数的含义如表 11-13 所示。

表 11-13　稳态电压电流分析窗口界面属性参数

参　数	含　义
Steady state values	电压、电流稳态值
Units	指定电压、电流值为峰值（Peak values）或有效值（RMS）
Frequency	电压、电流的频率

续表

参　数	含　义
States	电容电压和电感电流的稳态值
Measurements	测量模块测量到的电压、电流的稳态值
Sources	电源的电压、电流的稳态值
Nonlinear elements	非线性元件的电压、电流的稳态值
Format	电压和电流的显示格式
Update Steady State Values	更新稳态电压、电流值

3）初始状态设置窗口

在该窗口可以设置仿真初始状态为稳态或者其他指定状态。该窗口中的参数含义如表11-14所示。

表11-14　初始状态设置窗口参数

参　数	含　义
Initial electrical state values for simulation	状态变量初始值
Set selected electrical state	设置状态变量初始值
Force initial electrical states	设置初始状态，选择从稳态（To Steady State）、零初始状态（To Zero）或模块设置状态（To Block Settings）开始仿真
Reload states	重载初始状态
Format	电压和电流的格式
Sort values by	排序初始状态

4）潮流计算和发电机初始化窗口

潮流计算和发电机初始化窗口的参数含义如表11-15所示。

表11-15　潮流计算和发电机初始化窗口参数

参　数	含　义
Machine load flow	发电机潮流
Machines	显示简化同步发电机、详细同步发电机、异步发电机和动态负荷名称
Bus type	选择节点类型。对PV节点，可设置机端电压和有功功率；对PQ节点，可设置有功功率和无功功率；对平衡节点，可设置端电压有效值和相角。对于异步发电机，仅需输入机械功率；对于三相动态负荷，则需设置有功功率和无功功率
Terminal voltage UAB	设置输出线电压
Active power	设置有功功率
Active power guess	对于平衡节点，设置发电机有功功率初始值
Reactive power	设置无功功率
Phase of UAN voltage	对于平衡节点，指定a相相电压的相角
Load flow initial condition	选择"Auto"时，系统自动调节负荷潮流初始状态。选择"Start from previous solution"时，以上次仿真结果作为初始值

11.2 潮流计算的应用实例

柔性交流输电系统潮流
计算程序设计

【例 11-1】对图 11-1 所示的两机五节点电力系统进行 MATLAB 建模，并利用 Powergui 模块完成电力系统潮流计算。考虑选择基准电压为各级线路的平均额定电压，因此基准电压分别为 10.5kV 和 115kV，基准容量选为 100MV·A。

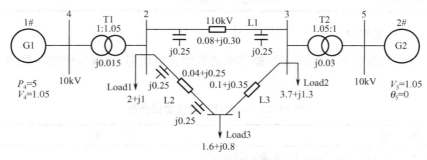

图 11-1 两机五节点系统

解：1）选择仿真模块和搭建仿真系统

建立一个新的仿真模型文件，保存该文件并命名为 c11_1.mdl。在 SimPowerSystems 库中选取以下各仿真模块，并进行基本设置。

（1）发电机仿真模块

两台发电机均选用 p.u.标准同步电机模块"Synchronous Machine pu Standard"，使用标幺值参数，以转子 dq 坐标系为参考，定子绕组为 Y 形连接。

（2）变压器仿真模块

两台变压器均选用三相两绕组变压器模块"Three-phase Transformer（Two Windings）"，采用 Y-Y 接线方式。

（3）线路仿真模块

系统中带有对地导纳的线路选用三相 Π 形等值模块"Three Phase PI Section Line"，没有对地导纳的线路选用三相串联 RLC 支路模块"Three Phase Series RLC Branch"。

（4）负荷仿真模块

考虑到母线 1～3 上的负荷具有恒功率特性，选择动态负荷模型"Three-Phase Dynamic Load"进行仿真。

（5）母线仿真模块

为了方便测量母线电压和流过的功率，选择三相电压电流测量元件"Three-Phase V-I Measurement"来仿真系统中的母线。

选定系统中各个元件的仿真模块后，就可以搭建仿真系统模型，如图 11-2 所示。

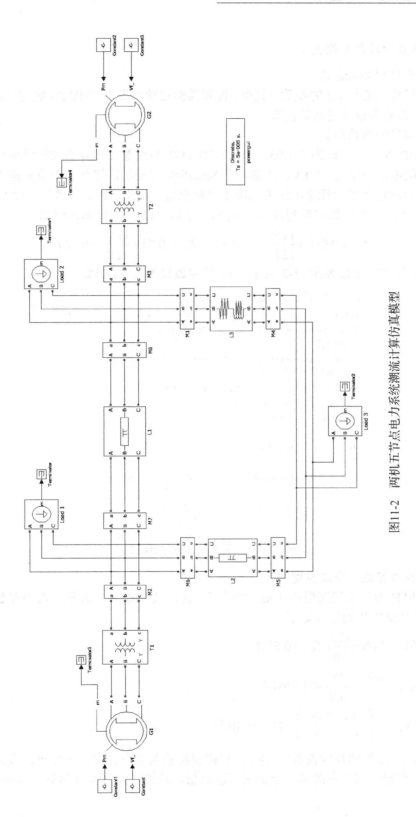

图11-2 两机五节点电力系统潮流计算仿真模型

2）模型参数的计算及设置

（1）发电机模型参数设置

打开发电机模块 G1、G2 的参数对话框，设置其额定功率为 100MV·A，额定电压为 10.5kV，频率为 50Hz，其他参数采用默认设置。

（2）变压器模型参数设置

图 11-1 中的变压器变比为 1:1.05，因此在图 11-2 中设置变压器模块的低压侧额定电压为 10.5kV，高压侧额定电压为 121kV。注意，在 Simulink 的变压器等标幺制仿真模型中，各阻感参数是在其自身额定功率和额定电压为基准下的标幺值。因此，将变压器 T1、T2 的额定容量均设置成 100MV·A，可以计算归算到高压侧的变压器 T1、T2 的电感标幺值如下：

$$L_{T_1} = 0.015 \times \frac{115^2}{121^2} = 0.0135，\quad L_{T_1} = 0.03 \times \frac{115^2}{121^2} = 0.027$$

变压器 T1 的其他参数如图 11-3 所示，T2 的参数设置与 T1 类似。

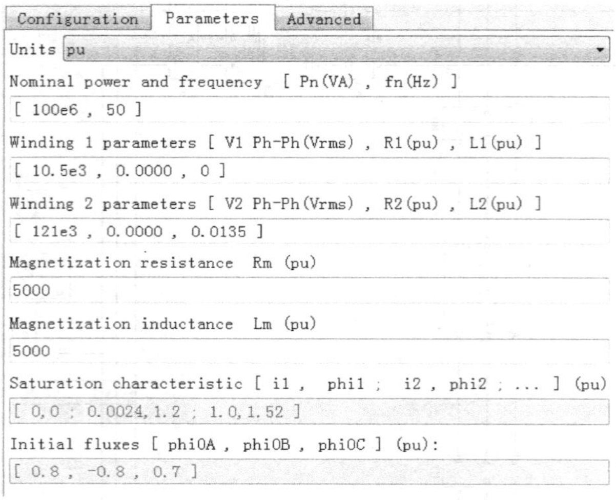

图 11-3 变压器 T1 的参数设置

（3）线路模型参数计算及设置

无论是三相 Π 形等值线路模块还是三相串联 RLC 支路模块，其参数均为有名值。以线路 L1 为例，其有名值参数的计算如下：

电阻有名值：$0.08 \times \dfrac{115^2}{100} \Omega = 10.58\Omega$

电感有名值：$\dfrac{0.3}{314} \times \dfrac{115^2}{100} = 0.1264\text{H}$

电容有名值：$1 / \left(\dfrac{314}{0.5} \times \dfrac{115^2}{100} \right) = 12.04 \times 10^{-5}\text{F}$

为了方便，将线路的长度设置为 1km，这样直接输入以上计算结果即可。线路 L1 的参数设置如图 11-4 所示，模型中的零序参数采用默认值。线路 L2、L3 的参数计算设置过程与 L1 相同。

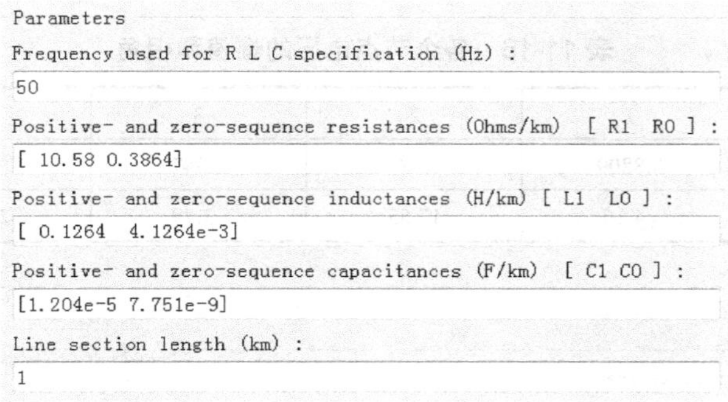

```
Parameters
Frequency used for R L C specification (Hz) :
50
Positive- and zero-sequence resistances (Ohms/km)   [ R1  R0 ] :
[ 10.58  0.3864]
Positive- and zero-sequence inductances (H/km) [ L1  L0 ] :
[ 0.1264  4.1264e-3]
Positive- and zero-sequence capacitances (F/km)   [ C1  C0 ] :
[1.204e-5  7.751e-9]
Line section length (km) :
1
```

图 11-4　线路 L1 的参数设置

（4）负荷模型参数设置

当动态负荷的终端电压高于设定的最小电压时，负荷的有功功率和无功功率按式（11-4）变化。系统中负荷 Load1、Load2、Load3 所接母线均为 PQ 节点，要求负载有恒定功率的输出（输入），因此设置 P_0、Q_0 为系统指定的有功功率和无功功率值，控制负荷性质的指数 n_p、n_q，有功功率、无功功率动态特性的时间常数 T_{p1}、T_{p2}、T_{q1}、T_{q2} 均设置为 0。负荷 Load1 的参数设置如图 11-5 所示。

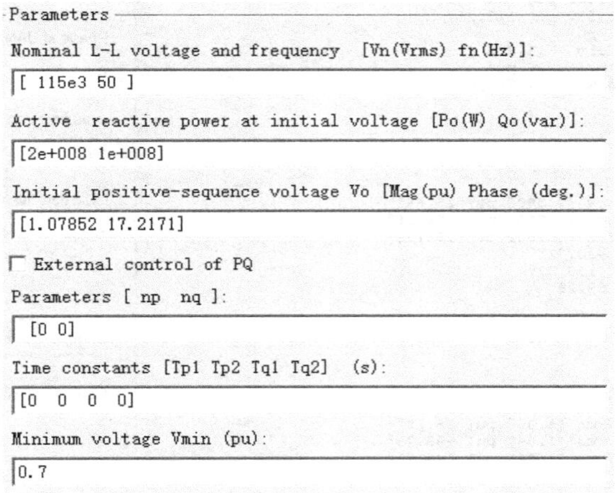

```
Parameters
Nominal L-L voltage and frequency   [Vn(Vrms) fn(Hz)]:
[ 115e3  50 ]
Active   reactive power at initial voltage [Po(W) Qo(var)]:
[2e+008  1e+008]
Initial positive-sequence voltage Vo [Mag(pu) Phase (deg.)]:
[1.07852  17.2171]
□ External control of PQ
Parameters [ np  nq ]:
[0  0]
Time constants [Tp1 Tp2 Tq1 Tq2]   (s):
[0  0  0  0]
Minimum voltage Vmin (pu):
0.7
```

图 11-5　负荷 Load1 的参数设置

（5）Powergui 模块参数设置

在完成以上设置后，就要利用 Powergui 模块进行节点类型、初始值等参数的综合设置。双击 Powergui 模块图标，在主界面下打开"潮流计算和电机初始化"窗口。在电机列表中选择发电机 G2，设置其为平衡节点"Swing bus"，输出线电压设置为 10500V（对应的标幺值为 1.05），电机 a 相相电压的相角为 0，频率为 50Hz；选择发电机 G1，设置其为 PV 节点，输出线电压设置为 10500V（对应标幺值 1.05），有功功率为 500MW。

3）潮流计算

在完成所有的设置工作后，单击"潮流更新（Update Load Flow）"，就能得到潮流计算的结果，如图 11-6 所示。各个节点电压的幅值和相角如表 11-16 所示。

表 11-16　各个节点电压的幅值和相角

节　　点	1	2	3	4	5
电压幅值（p.u.）	0.8809	1.084	1.047	1.05	1.05
电压相角（°）	-4.16	17.53	-3.79	21.11	0

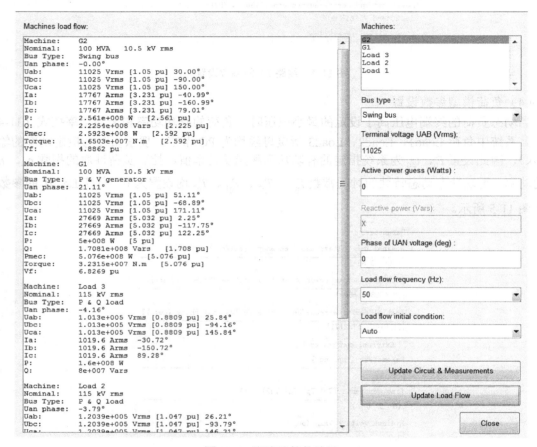

图 11-6　潮流计算的结果

11.3　电力系统短路故障分析的应用实例

在电力系统可能发生的各种故障中，危害较大且发生概率较高的首推短路故障。所谓短路，是指电力系统正常运行情况以外的相与相或相与地（或中性线）之间的连接。电力系统短路故障分析旨在研究电力系统中由于短路故障所引起的电磁暂态过程，计算短路电流、线路残压等数据，可为选择电气设备、整定继电保护装置、比较和评价电气主接线方案提供依据。

本节通过无穷大功率电源供电系统三相短路和同步发电机机端突然发生三相短路两个仿真实例，介绍使用 Simulink 进行电力系统短路故障分析的基本方法和步骤。

11.3.1 无穷大电源供电系统三相短路仿真

在电力系统分析中,如果短路点距离发电厂很远,短路容量相对于所连接电网很小,常常可以假设所连接电网构成了短路点的无穷大电源,其电压幅值和频率均保持恒定,内阻抗为零。实际上,真正的无穷大功率电源是不存在的,但当供电电源的内阻抗小于短路回路总阻抗的 10% 时,则可以认为供电电源为无穷大功率电源。此时,外电路发生短路对电源影响很小,可近似地认为电源电压幅值和频度保持恒定。

【例 11-2】 考虑如图 11-7 所示的无穷大电源供电系统,仿真在 0.02s 时变压器低压母线发生三相短路故障。假设线路参数为 $L=100{\rm km}$, $x_1=0.4\Omega/{\rm km}$, $r_1=0.17\Omega/{\rm km}$,变压器的额定容量 $S_N=25{\rm MV\cdot A}$,短路电压 $U_s\%=10.5$,短路损耗 $\Delta P_s=135{\rm kW}$,空载损耗 $\Delta P_0=22{\rm kW}$,空载电流 $I_0\%=0.8$,变比 $k_T=110{\rm kV}/11{\rm kV}$,高低压绕组均为 Y 形连接,并设供电点 S 的电压为 110kV。

图 11-7 无穷大电源供电系统

解:(1) 仿真模块选择和系统搭建

建立一个新的仿真模型文件,保存该文件并命名为 c11_2.mdl。在 SimPowerSystems 和 Simulink 库中选取以下模块:无穷大功率电源 10000MV·A、110kV(Three-phase source)、三相并联 RLC 负荷模块 5MW(Three-Phase Load RLC)、串联 RLC 支路(Three-Phase Series RLC Branch)、双绕组变压器模块(Three-Phase Transformer,Two Windings)、三相故障模块(Three-Phase Fault)、三相电压电流测量模块(Three-Phase V-I Measurement)、示波器模块(Scope)、电力系统图形用户界面(Powergui)。

根据图 11-7,搭建无穷大电源供电系统的仿真图,如图 11-8 所示。

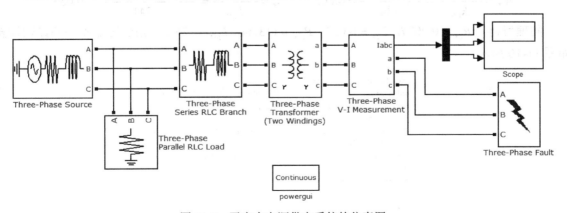

图 11-8 无穷大电源供电系统的仿真图

(2) 仿真模块参数设置

电源模块的参数设置如图 11-9 所示,其中电源内阻设置为一个非常小的值。

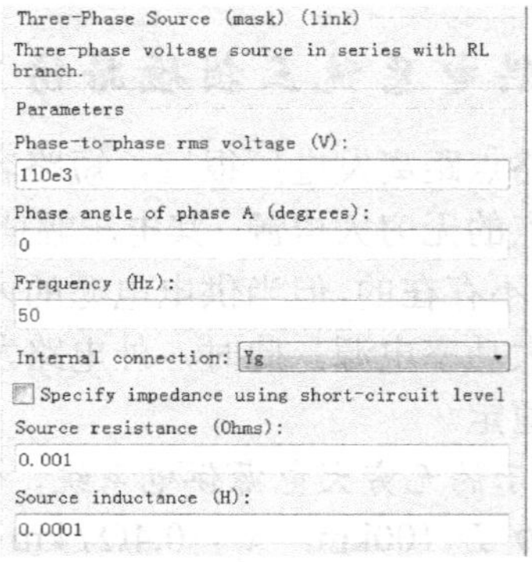

图 11-9 电源模块的参数设置

对于变压器仿真模块,如果采用标幺值,则需要计算以额定功率和一次、二次侧各自的额定线电压为基准值的两侧绕组漏感和电阻的标幺值,以及以额定功率和一次侧额定线电压为基准值的励磁电阻和励磁电感的标幺值。

变压器的励磁电阻为 $\dfrac{110^2}{22}\times 10^3 = 55000\Omega$

变压器的励磁电感为 $\left(\dfrac{100\times 110^2}{0.8\times 25}\right)\Big/100\pi = 192.7\text{H}$

一次侧的基准值为

$$R_{1\cdot B}=\dfrac{(110)^2}{25}=484\Omega,\quad L_{1\cdot B}=\dfrac{(110)^2}{20\times 2\times 3.14\times 50}=1.541\text{H}$$

二次侧的基准值为

$$R_{2\cdot B}=\dfrac{(11)^2}{20}=4.84\Omega,\quad L_{2\cdot B}=\dfrac{(11)^2}{20\times 2\times 3.14\times 50}=0.0154\text{H}$$

因此,一次绕组漏感和电阻的标幺值为

$$R_{1*}=\dfrac{0.5\times R_T}{R_{1\cdot B}}=\dfrac{0.5\times 2.614}{484}=0.0027,\quad L_{1*}=\dfrac{0.5\times L_T}{L_{1\cdot B}}=\dfrac{0.5\times 50.82/100\pi}{1.541}=0.053$$

同理可得,$R_{2*}=0.0027$,$L_{2*}=0.053$,$R_{m*}=113.64$,$L_{m*}=125.1$,则变压器模块的参数设置如图 11-10 所示。

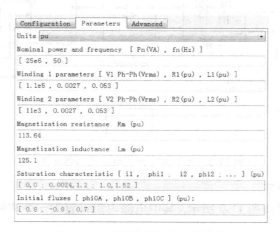

图 11-10 变压器模块的参数设置

输电线路仿真模块需要计算线路电感的有名值：
$$L_\mathrm{L} = \frac{40}{2 \times 3.14 \times 50} = 0.127\mathrm{H}$$

因此，输电线路模块的参数设置如图 11-11 所示。

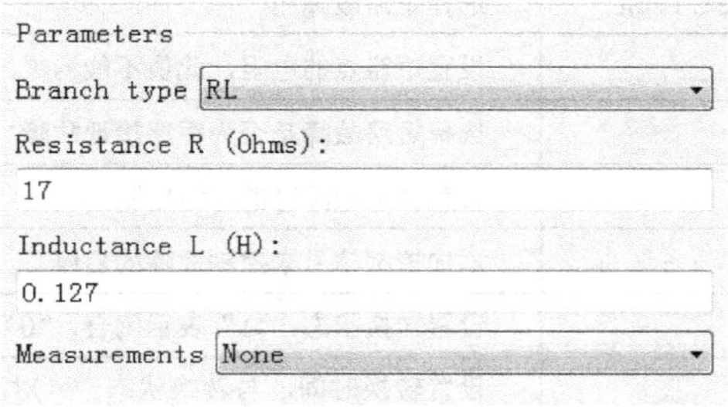

图 11-11　输电线路模块的参数设置

三相电压电流测量模块相当于电压、电流互感器，可以将变压器低压侧电压、电流信号转变成 Simulink 信号，其参数设置如图 11-12 所示。这里只测量电流。

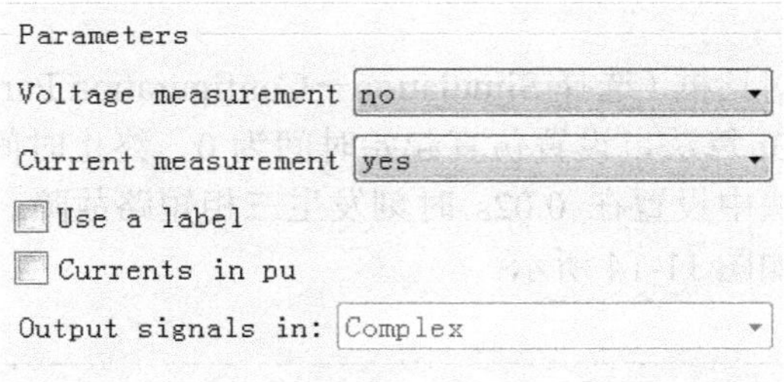

图 11-12　三相电压电流测量模块的参数设置

在三相线路故障模块中需要设置故障点故障类型等参数，如图 11-13 所示。

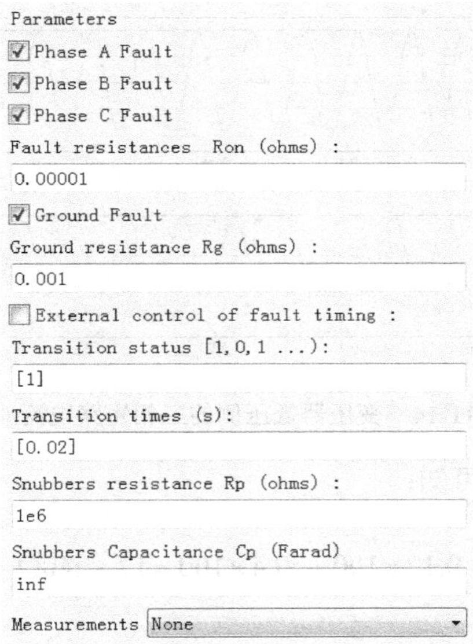

图 11-13　三相线路故障模块的参数设置

该模块的各个参数说明如表 11-17 所示。

表 11-17 三相线路故障模块的参数说明

参　数	含　义
Phase A Fault、Phase B Fault、Phase C Fault	选择短路故障相
Fault resistances	设置短路点的电阻，此值不能为零
Ground Fault	选择短路故障是否为短路接地故障
Ground resistances	设置接地故障时的大地电阻
External control of fault timing	添加控制信号来控制故障的启停
Transition status	设置转换状态，"1"表示闭合，"0"表示断开
Transition times	设置转换时间，与转换状态一一对应。例如 Transition status 为[1 0]，Transition times 为[0.2 1.0]，表示 0.2s 时发生故障，1.0s 时故障解除
Snubbers Resistance、Snubbers Capacitance	设置并联缓冲电路的过渡电阻和过渡电容
Measurements	选择测量值

（3）短路故障仿真

打开设置仿真参数的对话框（选择 Simulation→Configuration Parameters），选择适于刚性微分方程求解的变步长 ode23t 算法，设置仿真起始时间为 0，终止时间为 0.2s，其他参数采用默认值。在三相线路故障模块中设置在 0.02s 时刻发生三相短路故障。运行仿真，可得变压器低压侧的三相短路电流波形如图 11-14 所示。

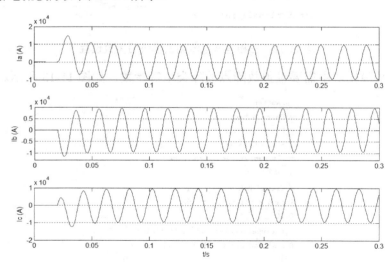

图 11-14 变压器低压侧的三相短路电流波形

根据电力系统参数，计算可知：
线路阻抗为

$$0.17 \times 100 + j0.4 \times 100 = 17 + j40 \Omega$$

变压器阻抗为

$$135 \times \frac{110^2}{25^2} \times 10^{-3} + j \frac{10.5}{100} \times \frac{110^2}{25} = 2.614 + j50.82 \Omega$$

短路电流周期分量的幅值为

$$I_{\mathrm{m}} = \frac{\sqrt{2} \times 110}{\sqrt{3} \times \sqrt{(2.614+17)^2 + (50.82+40)^2}} \frac{110}{11} = 9.67\mathrm{kA}$$

时间常数 T_{a} 为

$$T_{\mathrm{a}} = \frac{(40+50.82)/100\pi}{2.614+17} = 0.0147\mathrm{s}$$

则短路冲击电流为

$$i_{\mathrm{im}} \approx (1+\mathrm{e}^{-0.01/0.0147}) \times 9.67 = 14.57\mathrm{kA}$$

由图 11-14 可见,短路电流周期分量的幅值为 9.60kA,冲击电流为 14.67kA,与理论计算相比稍有差别,这是由于电源模块的内阻设置不为零而造成的。

11.3.2 同步发电机突然短路的暂态过程仿真

在实际电力系统中,如果短路点距离同步发电机很近(例如同步发电机机端突发三相对称短路的情况),同步发电机的内部也要出现暂态过程,其机端电压和频率都将发生变化,此时上一节中使用的无穷大电源供电系统处理方法将不再适用。实际上,由于同步发电机内部定子绕组和转子绕组存在着复杂的电磁耦合关系,突发短路后的暂态过程非常复杂,定子绕组电流中将含有非周期分量、基频分量及倍频分量,转子绕组电流中也将含有非周期分量、基频分量。而且,定子和转子绕组电流同时出现,相互影响,彼此依存。同时,定子和转子绕组中的电阻又导致相应的电流分量以不同的时间常数衰减。因此,理论上精确分析计算同步发电机突发短路的暂态过程通常是非常困难的。

本节介绍利用 Simulink 进行同步发电机机端突然发生三相对称短路的仿真方法。由于同步发电机转子惯性很大,可以假设在暂态过程期间,同步发电机保持同步转速,频率恒定。同时假定在短路前后,励磁电压保持不变。

【例 11-3】 已知一台有阻尼绕组同步发电机,参数如下:①额定参数 $P_{\mathrm{N}} = 150\mathrm{MW}$, $\cos\varphi_{\mathrm{N}} = 0.85$, $U_{\mathrm{N}} = 10.5\mathrm{kV}$, $f_{\mathrm{N}} = 50\mathrm{Hz}$。②标幺电抗 $x_{\mathrm{d}} = 1.0$, $x_{\mathrm{q}} = 0.6$,定子电阻 $r = 0.005$,定子漏抗 $x_{\sigma\mathrm{a}} = 0.15$,励磁绕组时间常数 $T'_{\mathrm{d0}} = 5\mathrm{s}$,直轴电枢反应电抗 $x_{\mathrm{ad}} = 0.85$,交轴电枢反应电抗 $x_{\mathrm{aq}} = 0.45$,励磁绕组漏抗 $x_{\sigma\mathrm{f}} = 0.18$,直轴和交轴阻尼绕组漏抗 $x_{\mathrm{aD}} = 0.1$ 和 $x_{\sigma\mathrm{Q}} = 0.25$,定子绕组和励磁绕组都开路时,直轴阻尼绕组时间常数 $T_{\mathrm{D}} = 2\mathrm{s}$,交轴阻尼绕组时间常数 $T''_{\mathrm{q0}} = 1.4\mathrm{s}$,直轴暂态电抗 $x'_{\mathrm{d}} = 0.3$,直轴次暂态电抗 $x''_{\mathrm{d}} = 0.21$,交轴次暂态电抗 $x''_{\mathrm{q}} = 0.31$。对上述参数的发电机发生三相短路的暂态过程进行仿真。

解:(1) 仿真模块选择和系统搭建

建立一个新的仿真模型文件,保存该文件并命名为 c11_3.mdl。所用仿真模块与 11.3.1 节类似,搭建 Simulink 仿真模型,如图 11-15 所示。

(2) 仿真模块参数设置

根据计算,时间常数:$T'_{\mathrm{d}} = 1.64\mathrm{s}$,$T''_{\mathrm{d}} = 0.34\mathrm{s}$。

同步发电机模块的参数设置如图 11-16 所示。

升压变压器模型的参数设置如图 11-17 所示。

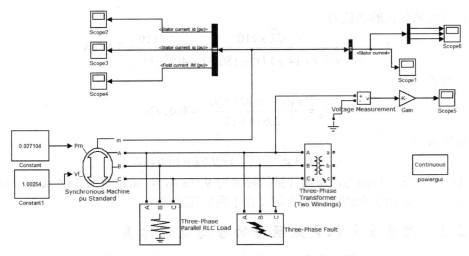

图 11-15 同步发电机机端突发三相对称短路的仿真模型

Configuration | Parameters | Advanced

Nominal power, line-to-line voltage, frequency [Pn(VA) Vn(Vrms) fn(Hz)]:

[150E6 10500 50]

Reactances [Xd Xd' Xd'' Xq Xq'' Xl] (pu):

[1.0, 0.3, 0.21, 0.6, 0.31, 0.15]

d axis time constants: Open-circuit

q axis time constants: Short-circuit

Time constants [Tdo' Tdo'' Tq''] (s):

[1.64, 0.34, 1.4]

Stator resistance Rs (pu):

0.005

Inertia coeficient, friction factor, pole pairs [H(s) F(pu) p()]:

[3.2 0 32]

Initial conditions [dw(%) th(deg) ia, ib, ic(pu) pha, phb, phc(deg) Vf(pu)]:

[0 -89.0703 0.0271815 0.0271815 0.0271815 -4.43095 -124.431 115.569 1.00254]

☐ Simulate saturation

图 11-16 同步发电机模块的参数设置

Configuration | Parameters | Advanced

Units pu

Nominal power and frequency [Pn(VA) , fn(Hz)]

[160e6 , 50]

Winding 1 parameters [V1 Ph-Ph(Vrms) , R1(pu) , L1(pu)]

[10.5e3 , 0.0027 , 0.08]

Winding 2 parameters [V2 Ph-Ph(Vrms) , R2(pu) , L2(pu)]

[242e3 , 0.0027 , 0.08]

Magnetization resistance Rm (pu)

500

Magnetization inductance Lm (pu)

500

Saturation characteristic [i1 , phi1 ; i2 , phi2 ; ...] (pu)

[0,0 ; 0.0024,1.2 ; 1.0,1.52]

Initial fluxes [phi0A , phi0B , phi0C] (pu):

[0.8 , -0.8 , 0.7]

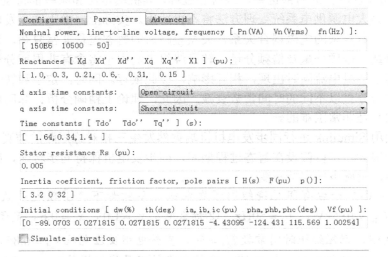

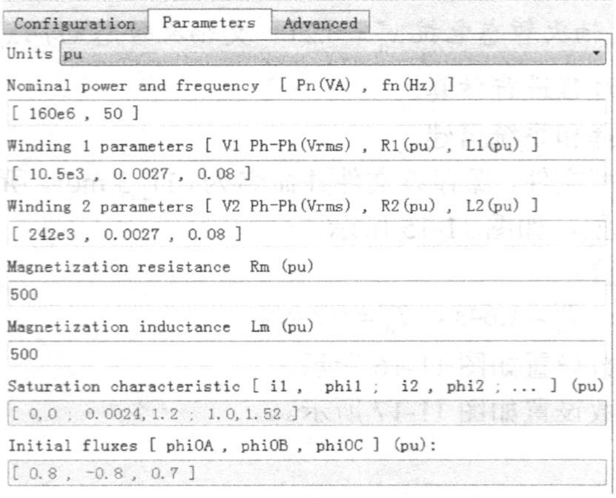

图 11-17 升压变压器模型的参数设置

由于同步发电机模块为电流源输出,因此在其端口并联了一个有功功率为 5MW 的负荷模块。

(3) 短路故障仿真

仿真开始前,要利用 Powergui 模块对电机进行初始化设置。打开潮流计算和电机初始化窗口,设置参数如图 11-18 所示。图中设定同步发电机为平衡节点"Swing bus"。初始化后,与同步发电机模块输入端口相连的两个常数模块 Pm 和 Vf 以及图 11-18 中的"Init.Cond."将会自动设置。

```
Machines load flow:
Machine:      Synchronous Machine pu Standard
Nominal:      150 MVA    10.5 kV rms
Bus Type:     Swing generator
Uan phase:    -0.00°
Uab:          10500 Vrms  [1 pu] 30.00°
Ubc:          10500 Vrms  [1 pu] -90.00°
Uca:          10500 Vrms  [1 pu] 150.00°
Ia:           293.05 Arms [0.03553 pu] -3.44°
Ib:           293.05 Arms [0.03553 pu] -123.44°
Ic:           293.05 Arms [0.03553 pu] 116.56°
P:            5.32e+006 W   [0.03547 pu]
Q:            3.2e+005 Vars [0.002133 pu]
Pmec:         5.321e+006 W  [0.03547 pu]
Torque:       5.4199e+005 N.m  [0.03547 pu]
Vf:           1.0028 pu
```

图 11-18 潮流计算和电机初始化窗口的设置参数

从图 11-18 中还可以看出,a 相电流滞后 a 相电压 3.44°,即 0.19ms。因此,在故障模块中设置发生三相短路故障的时间为 0.02019s,对应于 $\alpha_0=0$,其他参数采用默认设置。

选择 ode15s 算法,仿真的结束时间取为 1s。开始仿真,得到发电机端突然三相短路后的三相定子电流波形如图 11-19 所示,其中 a 相定子电流的冲击电流标幺值为 9.1081。短路后定子电流的 d 轴和 q 轴分量 i_d、i_q 以及励磁电流 i_f 的仿真波形如图 11-20 所示。

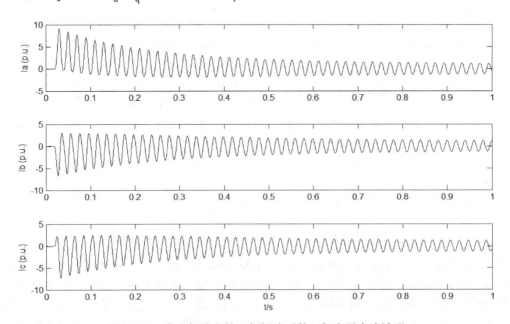

图 11-19 发电机端突然三相短路后的三相定子电流波形

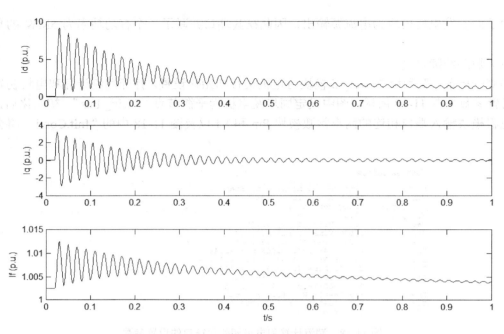

图 11-20　定子电流的 d 轴和 q 轴分量以及励磁电流的仿真波形

改变故障模块中的短路类型，就可以仿真同步发电机发生各种不对称短路时的故障情况。例如，设置在 0.02019s 时发生 BC 两相短路故障。开始仿真，得到发电机端突然两相短路后的三相定子电流仿真波形如图 11-21 所示。

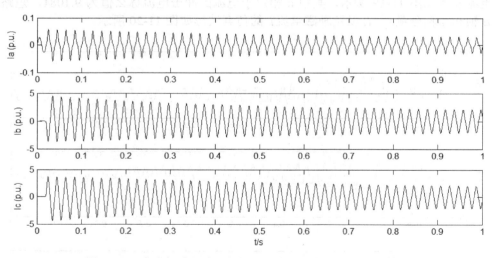

图 11-21　发电机端突然两相短路后的三相定子电流仿真波形

另外，利用 SimPowerSystems/Extra Library/Measurements 中的"FFT 模块"和"三相序分量模块"就可以分析出短路电流中的直流分量和倍频分量，以及正序、负序和零序分量。例如，图 11-22 为发电机机端突发三相短路后的定子电流的直流分量、基频分量和倍频分量幅值。由图 11-22 可见，定子电流直流分量在 0.7s 左右基本衰减到零，基频分量的幅值衰减较慢，而倍频分量的幅值较小，且衰减非常快，只存在于短路后 0.02s 左右，与理论分析基本一致。

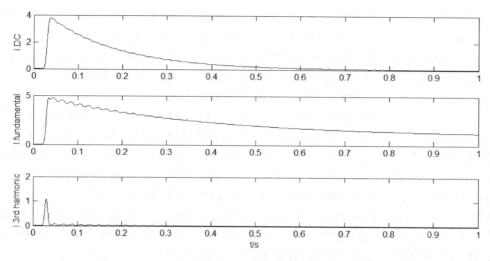

图 11-22　定子电流的直流分量、基频分量和倍频分量幅值

习题

11-1　在高压输电系统中线路电阻远小于电抗，且线路两端的电压相位非常接近，由此可以得到高压输电系统中有功/无功分布的重要特点：有功功率分布主要受电压相角的影响，无功功率分布主要受电压幅值的影响。

请对于图 11-23 所示的四节点电力系统（参数见表 11-18）进行潮流计算，比较相角与幅值对有功功率和无功功率的影响，定量分析高压输电系统中有功/无功分布规律。

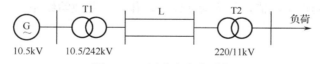

图 11-23　四节点电力系统

表 11-18　参数设置

R_{T1}	X_{T1}	R_L	X_L	$B_L/2$	R_{T2}	X_{T2}	负荷
0.0001	0.058	0.01	0.11	0.15	0.001	0.051	1.7+j0.8

11-2　高压输电线路在空载运行时会出现工频过电压现象。考虑一条长度为 220km 的 220kV 单回架空电力线路，电力线路的参数为 $r_0 = 0.108\Omega/km$，$x_0 = 0.42\Omega/km$，$b_0 = 2.66\times10^{-6} S/km$。试设计一个仿真实验以验证工频过电压现象。提示：线路一端直接连接发电机，另一端空载，然后比较两端电压。

11-3　考虑图 11-23 所示的四节点电力系统，参数见表 11-18。假设负荷是变化的，最大负荷为 1.8+j0.9，最小负荷为 0.9+j0.45。试设计仿真实验，完成以下任务：

（1）发电机在最大和最小负荷下都以额定电压运行，T1 和 T2 变压器高压绕组在主接头上运行。计算 T2 变压器低压侧电压变化范围。

（2）发电机在最大和最小负荷下都以额定电压运行，T2 变压器高压绕组在主接头上运行。

T1 采用普通变压器，高压绕组固定在适当分接头处运行，使得 T2 变压器低压侧电压在最大负荷时，达到线路额定电压的 105%。假设 T1 高压侧电压为 242±4×2.5%kV。

（3）发电机在最大和最小负荷下都以额定电压运行，T1 变压器高压绕组在主接头上运行。T2 采用普通变压器，高压绕组固定在适当分接头处运行，使得 T2 变压器低压侧电压在最大负荷时，达到线路额定电压的 105%。假设 T2 高压侧电压为 220±4×2.5%kV。

（4）发电机在最大和最小负荷下都以额定电压运行，T2 变压器高压绕组在主接头上运行。T1 采用有载调压变压器，高压绕组可以随负荷变化而调整分接头位置。确定最大负荷和最小负荷时分接头位置，使得 T2 变压器低压侧电压在最大负荷时，达到线路额定电压的 105%，最小负荷时，达到线路额定电压的 100%。假设 T1 高压侧电压为 242±8×1.25%kV。

（5）发电机在最大和最小负荷下都以额定电压运行，T1 变压器高压绕组在主接头上运行。T2 采用有载调压变压器，高压绕组可以随负荷变化而调整分接头位置。确定最大负荷和最小负荷时分接头位置，使得 T2 变压器低压侧电压在最大负荷时，达到线路额定电压的 105%，最小负荷时，达到线路额定电压的 100%。假设 T2 高压侧电压为 220±8×1.25%kV。

（6）T1 和 T2 变压器高压绕组在主接头上运行。发电机机端电压可以在最大和最小负荷时调整，试确定在最大和最小负荷时发电机机端电压，使得 T2 变压器低压侧电压在最大负荷时，达到线路额定电压的 105%，最小负荷时，达到线路额定电压的 100%。

（7）发电机在最大和最小负荷下都以额定电压运行，T1 变压器高压绕组在主接头上运行。T2 采用普通变压器，高压绕组固定在适当分接头处运行。T2 低压侧母线并联可投切电容器，试确定电容器容量和 T2 分接头位置，使得 T2 变压器低压侧电压在最大负荷时，达到线路额定电压的 105%。假设 T2 高压侧电压为 220±4×2.5%kV。

（8）在问题（7）的基础上，假设线路 L 上串联了补偿电容器，补偿比为 0.5。

11-4 请在 11.3.1 节的基础上，为无穷大电源供电系统三相短路设计继电保护装置仿真模块。提示：继电保护装置的基本功能是首先测量保护安装处电流，然后将该电流与预设的动作电流比较，如果超过动作电流值，则驱动断路器动作，切断故障线路。

参 考 文 献

[1] 杨家，许强，徐鹏，余成波．控制系统 Matlab 仿真与设计[M]．北京：清华大学出版社，2012．

[2] 薛毅．实用数据分析与 MATLAB 软件[M]．北京：北京工业大学出版社，2015．

[3] 苏小林，赵巧娥．Matlab 及其在电气工程中的应用（第 3 版）[M]．北京：机械工业出版社，2014．

[4] 王正林，王胜开，陈国顺，王琪．Matlab/Simulink 与控制系统仿真（第 3 版）[M]．北京：电子工业出版社，2012．

[5] 林永照．数字信号处理实践与应用——MATLAB 话数字信号处理[M]．北京：电子工业出版社，2015．

[6] 周博．MATLAB 工程与科学绘图[M]．北京：清华大学出版社，2015．

[7] 姜健飞，吴笑千，胡良剑．数值分析及其 MATLAB 实验（第 2 版）[M]．北京：清华大学出版社，2015．

[8] 于群．MATLAB/Sinulink 电力系统建模与仿真[M]．北京：机械工业出版社，2012．

[9] 洪乃刚．电力电子和电力拖动控制系统的 MATLAB 仿真[M]．北京：机械工业出版社，2012．

[10] 李爱军．电力电子变流技术操作实训及仿真[M]．北京：机械工业出版社，2011．

[11] 宋志安．MATLAB/Simulink 机电系统建模与仿真[M]．北京：国防工业出版社，2015．

[12] 科克．机器人学、机器视觉与控制——MATLAB 算法基础[M]．北京：电子工业出版社，2016．

[13] 卓金武．MATLAB 在数学建模中的应用（第 2 版）[M]．北京：北京航空航天大学出版社，2014．

[14] 于群，曹娜．电力系统继电保护原理及仿真[M]．北京：机械工业出版社，2015．

[15] 哈恩，瓦伦丁著．龙伟译．MATLAB 原理与应用（第 5 版）——工程问题求解与科学计算[M]．北京：清华大学出版社，2014．

[16] 赵海滨，等．MATLAB 应用大全[M]．北京：清华大学出版社，2012．

[17] 李柏年，吴礼斌．MATLAB 数据分析方法[M]．北京：机械工业出版社，2012．

[18] 阿塔韦著．鱼滨，等译．MATLAB 编程与工程应用（第 2 版）[M]．北京：电子工业出版社，2013．

[19] 温正．精通 MATLAB 科学计算[M]．北京：清华大学出版社，2015．

反侵权盗版声明

电子工业出版社依法对本作品享有专有出版权。任何未经权利人书面许可,复制、销售或通过信息网络传播本作品的行为,歪曲、篡改、剽窃本作品的行为,均违反《中华人民共和国著作权法》,其行为人应承担相应的民事责任和行政责任,构成犯罪的,将被依法追究刑事责任。

为了维护市场秩序,保护权利人的合法权益,我社将依法查处和打击侵权盗版的单位和个人。欢迎社会各界人士积极举报侵权盗版行为,本社将奖励举报有功人员,并保证举报人的信息不被泄露。

举报电话:(010)88254396;(010)88258888
传　　真:(010)88254397
E-mail:　dbqq@phei.com.cn
通信地址:北京市海淀区万寿路 173 信箱
　　　　　电子工业出版社总编办公室
邮　　编:100036